国家重点研发计划成果

山区和边远灾区应急供水与净水一体化关键技术与装备丛书

江苏省"十四五"时期重点出版物规划项目

丛书主编　袁寿其

机动式应急管线系统关键技术及应用

JIDONGSHI YINGJI GUANXIAN XITONG

GUANJIAN JISHU JI YINGYONG

张世富　张　玉　著

江苏大学出版社

JIANGSU UNIVERSITY PRESS

镇　江

图书在版编目（CIP）数据

机动式应急管线系统关键技术及应用 / 张世富，张玉著. -- 镇江：江苏大学出版社，2024. 12. --（山区和边远灾区应急供水与净水一体化关键技术与装备）.
ISBN 978-7-5684-2377-9

Ⅰ. TU81

中国国家版本馆CIP数据核字第2024MG3731号

机动式应急管线系统关键技术及应用

著　　者/张世富　张　玉

责任编辑/仲　蕙

出版发行/江苏大学出版社

地　　址/江苏省镇江市京口区学府路 301 号(邮编：212013)

电　　话/0511-84446464(传真)

网　　址/http：//press. ujs. edu. cn

排　　版/镇江文苑制版印刷有限责任公司

印　　刷/南京艺中印务有限公司

开　　本/718 mm×1 000 mm　1/16

印　　张/19.25

字　　数/335 千字

版　　次/2024 年 12 月第 1 版

印　　次/2024 年 12 月第 1 次印刷

书　　号/ISBN 978-7-5684-2377-9

定　　价/96.00 元

如有印装质量问题请与本社营销部联系(电话:0511-84440882)

编委会

主　任　张世富　张　玉

编　委　刘梁华　王云龙　陈　畅
　　　　　朱　光　许　红　李学新

丛 书 序

中国幅员辽阔，山区面积约占国土面积的三分之二，地理地质和气候条件复杂，加之各种突发因素的影响，不同类型的自然灾害事件频发。尤其是山区和边远地区，既是地震、滑坡等地质灾害的频发区，又是干旱等气候灾害的频发区，应急供水保障异常困难。作为生存保障的重要生命线工程，应急供水既是应急管理领域的重大民生问题，也是服务乡村振兴、创新和完善应急保障技术能力的国家重大需求，更是国家综合实力和科技综合能力的重要体现。因此，开展山区及边远灾区应急供水关键技术研究，研制适应多种应用场景的机动可靠、快捷智能的成套装备，提升山区及灾害现场的应急供水保障能力，不仅具有重要的科学与工程应用价值，还体现了科技工作者科研工作"四个面向"的责任和担当。

目前，我国应急供水保障技术及装备能力比较薄弱，许多研究尚处于初步发展阶段，并且缺少系统化和智能化的技术融合，这严重制约了我国应急管理领域综合保障水平的提升，成为亟待解决的重大民生问题。为此，国家科技部在"十三五"期间设立了"重大自然灾害监测预警与防范""公共安全风险防控与应急技术装备"等重点专项，并于2020年10月批准了由江苏大学牵头，联合武汉大学、中国地质调查局武汉地质调查中心、国家救灾应急装备工程技术研究中心、中国地质环境监测院、中国环境科学研究院、江苏盖亚环境科技股份有限公司、重庆水泵厂有限责任公司、湖北三六一一应急装备有限公司、绵阳市水务（集团）有限公司9家相关领域的优势科研单位和生产企业，组成科研团队，共同承担国家重点研发计划项目"山区和边远灾区应急供水与净水一体化装备"（2020YFC1512400）。

历经3年的自主研发与联合攻关，科研团队聚焦山区和边远灾区应急供水保障需求，以攻克共性科学问题、突破关键技术、研制核心装备、开展集成示范为主线，综合利用理论分析、仿真模拟、实验研究、试验检测、工程示范等研究方法，进行了"找水—成井—提水—输水—净水"全链条设计和成体系研究。科研团队揭示了复杂地质环境地下水源汇流机理、地下水源多元异质信息快速感知机理和应急供水复杂适应系统理论与水质水量安全调控机制，突破了应急水源智能勘测、水质快速检测、滤管/套管随钻快速成井固井、找水—定井—提水多环节智能决策与协同、多级泵非线性匹配、机载空投及高效净水、管网快速布设及控制、装备集装集成等一批共性关键技术，研制了一系列核心装备及系统，构建了山区及边远灾区应急供水保障装备体系，提出了从应急智能勘测找水到智慧供水、净水的一体化技术方案，并成功在汶川地震的重灾区——四川省北川羌族自治县曲山镇黄家坝村开展了工程应用示范。科研团队形成的体系化创新成果"面向国家重大需求、面向人民生命健康"，服务乡村振兴战略，成功解决了山区和边远灾区应急供水的保障难题，提升了我国应急救援保障能力，是这一领域的重要引领性成果，具有重要的工程应用价值和社会经济效益。

作为高校出版机构，江苏大学出版社专注学术出版服务，与本项目牵头单位江苏大学国家水泵及系统工程技术研究中心有着长期的出版选题合作，其中，所完成的2020年度国家出版基金项目"泵及系统理论与关键技术丛书"曾获得第三届江苏省新闻出版政府奖提名奖，在该领域产生了较大的学术影响。此次江苏大学出版社瞄准科研工作"四个面向"的发展要求，在选题组织上对接体现国家意志和科技能力、突出创新创造、服务现实需求的国家重点科研项目成果，与项目科研团队密切合作，打造"山区和边远灾区应急供水与净水一体化装备"学术出版精品，并获批为江苏省"十四五"重点出版物规划项目。这一原创学术精品归纳和总结了山区和边远灾区应急供水与净水领域最新、最具代表性的研究进展，反映了跨学科专业领域自主创新的重要成果，填补了国内科研和出版空白。丛书的出版必将助推优秀科研成果的传播，服务经济社会发展和乡村振兴事业，服务国家重大需求，为科技成果的工程实践提供示范和指导，为繁荣学术事业发挥积极作用。是为序。

2024 年 10 月

前　言

机动式管线诞生于20世纪30年代末，在二战中被广泛用于后勤保障。由于机动式管线展收速度快、使用方便，符合灾害救援时效性和灵活性的要求，因此近年来逐渐被应用于应急供水、森林灭火等救灾活动中。当前水运危化品泄漏应急处置的关注点主要是对已泄漏至水体的危化品进行封堵、清除等，对危化品泄漏源头处理的关注则较少。结合机动式应急管线装备系统在美俄等军队登陆作战中的应用基础，可将机动式管线应用于水域危化品泄漏时船载液态危化品的应急输转。

本书以机动式应急管线水域救援基础理论及关键技术为研究对象，第1章概述了机动式管线技术的发展及应用，第2章主要介绍机动式管线在水域中的载荷计算方法，第3章着重描述水域漂浮软管的力学模型和复杂载荷分析与计算，第4章侧重分析漂浮钢质管线的强度及稳定性，第5章重点介绍钢管沉底敷设的理论分析和技术应用，第6章简要介绍了漂浮转接平台的部分研究成果，第7章介绍了机动式应急管线在水域危化品应急救援中的工程实例。

本书呈现了大量理论研究成果和部分工程应用实例，可给应急救援装备领域的科研人员提供参考，亦可作为工程领域工作者的参考书目。

钟韡、杨泽林、李洪、朱绍宇对本书的编写提供了很大帮助，在此谨向他们致以衷心的感谢。感谢本书审稿专家的倾力指导和辛苦付出。

由于作者水平有限，书中难免存在不妥之处，敬请广大读者批评指正。

目　　录

第1章　机动式管线技术　/1

1.1　机动式管线的发展历程　/1

1.2　机动式管线在应急救援与应急保障领域的应用　/7

1.3　机动式管线水域救援应用前景　/10

1.4　机动式管线水域救援技术需求　/12

第2章　水域环境载荷分析及计算方法　/19

2.1　管线载荷分析　/19

2.2　管线载荷计算方法　/21

2.3　Morison 公式算法改进及数值验证　/35

第3章　漂浮软管波流作用及稳定性　/57

3.1　水域漂浮软管力学性能研究概况　/57

3.2　海上漂浮软管计算分析　/62

3.3　内河漂浮软管载荷分析　/86

3.4　漂浮软管流固耦合分析　/116

第4章　钢质管线海上敷设技术　/127

4.1　载荷分析　/127

4.2　载荷计算　/129

4.3　管线连接强度分析　/140

4.4　海上管线的稳固　/151

4.5　海上管线漂浮　/168

第5章　钢质管线沉底敷设技术　/173

5.1　研究概况　/173

5.2　钢质管线沉放受力及稳定性分析　/177

5.3　海底管线受力及稳定性分析　/226

5.4　海底管线悬跨稳定性及强度分析　/239

第6章　漂浮转接平台研究　/258

6.1　漂浮转接平台简介　/258

6.2　抗倾覆稳定性　/262

6.3　动态响应分析　/266

第7章　机动式应急管线水域救援应用实例　/277

7.1　装备系统简介　/277

7.2　系统组成　/278

7.3　关键技术　/289

7.4　系统作业过程　/292

7.5　装备系统主要创新技术　/294

第1章　机动式管线技术

1.1　机动式管线的发展历程

不同于固定管线，机动式管线是指可根据任务类型灵活移动的管线。机动式管线最早用于军事行动，以美国为代表的各军事强国为实行全球战略，开发研制了各类机动式管线系统，用于野战或登陆作战等不同作战样式。第二次世界大战后，机动式管线得到大量的应用，相关技术装备飞速发展。机动式管线一般分为钢管和软管。钢管承压能力强、流量大，适用于长距离输水和输油作业，但装备器材数量多、质量大，展收所需时间较长、人工较多，且输送方向相对固定，灵活性不足；软管质量小，但承压能力不及钢管，目前常被用于石油化工领域。

第二次世界大战后，世界各国对登陆作战油料保障装备的重视程度不断提升，基于机动式管线的由海至岸油料输送技术获得持续发展，逐步形成了以漂浮软管、沉底钢管等不同技术形式为基础的装备系统。

美军于20世纪60年代成功研制了6英寸（1英寸＝0.0254 m）漂浮软管，利用船舶在离岸约1.5 km处敷设，之后再利用锚固装置进行系泊紧固。美军还于同时期研制了8英寸漂浮软管系统，这套系统主要由多点系泊系统、8英寸海上漂浮软管和扫线装置及岸上软管收、放装置组成，先用辅助船安装多点系泊系统，再用岸上敷管装置敷设海上漂浮软管及软管承载索，以减小软管张力，从而使此系统能在较高海情下使用，敷设完成后即可进行输油作业。撤收时，用扫线装置清扫软管内剩油，用岸上软管收、放装置回收。

随着主战装备的数量不断增加，登陆作战油料消耗逐渐增加，美军持续改进和优化漂浮软管油料输转系统，于2000年研发了两栖散装液货输转系统。该系统是越岸联合后勤支援装备系统，主要用于由舰到岸的液货输转，可输送柴油、汽油和淡水。这套系统由水输转系统、油料输转系统和敷设系统等组成，主要包括浮船、软管卷盘、船艏敷设装置、带动力的软管导向装置、液压驱动的卷轴、扁平式软管、夜间作业照明系统等。全套系统可由战时预置船运输到展开海域，利用侧装式绞缆拖船或通用艇作为拖曳拖船进行系泊装置布设；所用的可折叠式软管被缠绕在软管卷盘上，卷盘与原动机、液压驱动系统和控制装置一起放置在一个钢结构框架内，利用动力浮筏牵引展开软管；以液压为动力的水平旋紧装置可在卷盘上对扁平软管进行旋紧回收。2001 年 5 月美国海军开始装备此系统，在伊拉克战争中，该系统成为美国海军远征登陆作战后勤保障的重点装备。系统输油管长 1500 m，直径为 150 mm；输水软管长 3000 m，直径为 100 mm；系统最大离岸距离为 1200 m，输油流量为 150 m³/h，每天可输油 2000 t；可在 2 级海况下展开与撤收、3 级海况下作业、4 级海况下生存。系统布设图如图 1-1 所示。

图 1-1　两栖散装液货输转系统布设图

漂浮软管布设简便，但海况适应力低，波流作用下易发生漂移和扭转，从而造成管线断裂。20 世纪 80 年代，美军研发了以沉底管线为基本技术形式的油料保障系统——离岸油料卸载系统（OPDS）。该系统是美国海军为登陆作战部队提供大批量、快速油料补给的保障系统，主要用于港口或终端油料设备损坏、能力不足或根本没有设备之处，将油料从近岸的油轮输送到岸上，OPDS 布设图如图 1-2 所示。全套系统由专用油船、机动式单点系泊装置、可盘卷可沉海软管、改装的侧装卸拖船及岸滩终端单元组成。第一批装备有 4 套，每套设备都装载在一艘预备役商业油船上，能够实现全球部署。除用于运送、展开和撤收整套系统的专用油船（预备役商业油船）外，系统还需 5 艘辅助船配合作业：3 艘侧载绞滩拖船或通用艇作为拖曳拖船；1 艘侧载绞滩拖船或通用艇作为辅助维修驳船，用于安装油船终端；

1 艘通用艇或其他驳船布设下潜作业平台。系统主要参数如下：

①　管线直径为 150 mm，最大工作压力为 4.9 MPa，输油流量为 227 m³/h；

②　最大离岸距离为 6.5 km，当离岸距离为 3.2 km 时，可同时输送两种油品；

③　每天工作 20 h，可输送 4542 m³ 油料，能够连续作业 180 天；

④　可在 2 级海况下展开、5 级海况下作业、7 级海况下生存，系船索上的张力计会显示超载状态；

⑤　作业水深 10～58 m（软管最长为 76 m），除岩石和硬珊瑚外的水域都可展开系泊装置基础底座；

⑥　布设时间为 7 天。

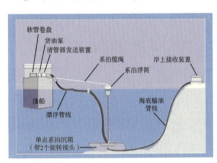 

图 1-2　OPDS 布设图

原 OPDS 装载在船上，不便于独立机动，而且系统展开时必须四点系泊定位，还要布设单点系泊装置，操作非常复杂。2003 年，美国海军提出了新系统应达到的战术要求和技术指标，并于 2005 年 1 月与美国 Edison Chouest Offshore（ECO）公司签订改造合同。2007 年 9 月，改造工作完成，其展开示意图如图 1-3 所示。改造后的系统着力于提高向没有港口或港口设施不佳的沿海地区提供油料支援保障的能力，主要从以下三个方面进行改造：一是研制新的高强度可盘卷海底输油管线；二是建造具有油料输送和布放管线功能的专用工作船，船上安装有动态定位系统（PDS），以此实现对船体在变化的海流及风浪等外力作用下的定位，从而使系统不再需要展开单点系泊装置；三是配套小型辅助拖船。全套系统包括 1 艘专用工作船和 1 艘辅助拖船，专用工作船上搭载由高强度复合材料制成的可沉底管线及卷盘（管线总长约 13 km）、泵送系统、1 艘工作艇和 1 辆两栖作业车。专用工作船用于系统搭载运送、管线布放回收和油料接力输送等；两栖作业车用于将岸上接收终端和小型挖掘推土机（如果岸滩展开需要施工的话）运送上岸；辅助拖船主要用于配合海底管线布设。输油作业时，利用拖缆将油船的头部与工作船船尾连接，将油船尾部与辅助拖船船尾连接，通过辅助拖船的牵引和工作船的自动定位，使油船在海流和海风作用下仍能保持相对位置不变。系统主要参数如下：

① 管线直径为 145 mm，最大工作压力为 9.7 MPa，输油流量为 322 m³/h；

② 最大离岸距离为 12.9 km，只展开 1 条管线，输送 1 种油料；

③ 每天工作 20 h，可输送 6435 m³ 油料；

④ 可在 3 级海况下展开、5 级海况下作业、7 级海况下生存；

⑤ 作业水深 10~61 m（软管最长为 76 m）；

⑥ 布设时间为 48 h。

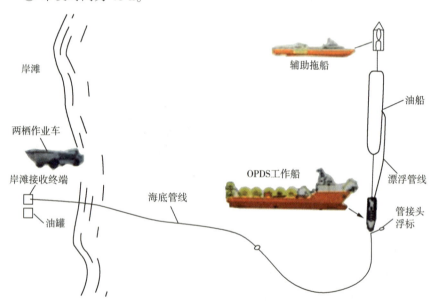

图 1-3　改造后的 OPDS 展开示意图

两栖攻击燃油系统（AAFS）是美国海军陆战队最大的野战油料装备，能够实现向海军陆战队所有部队提供散装油料接收、储存和分发保障，包括通过软管向机场分发油料。全套系统主要由滩头卸油装备、收油装置、中继泵站（2 个）、储油组件（6 套）和分发装置（2 套）组成，既可以接收海上油船、铁路油槽车、汽车运加油车、散装储油罐、输油管线/软管线及油桶的油料，也可以实现系统内储存与输转油料，其展开示意图如图 1-4 所示。滩头卸油装备与船到岸系统（STS）匹配完成油料接收作业。在滩头给汽车加油或给油桶灌装油料时，由 136 m³/h 泵机组、过滤分离器、流量计、加油枪等装备组成的分发装置（2 套）分别同时为 8 辆汽车加油。该系统具有灵活可变的重要特性，可以部分展开，也可以整个使用，或多个系统组合使用，从而满足不同的任务需求。系统主要参数如下：

① 储油组件：1 套 450 m³，5 套 750 m³。

② 储油品种：1 种。

③ 总储油能力：4200 m³。

④ 岸滩卸油能力：272 m³/h。

⑤ 配套软管：直径为 150 mm 的强攻型软管，长 8 km。

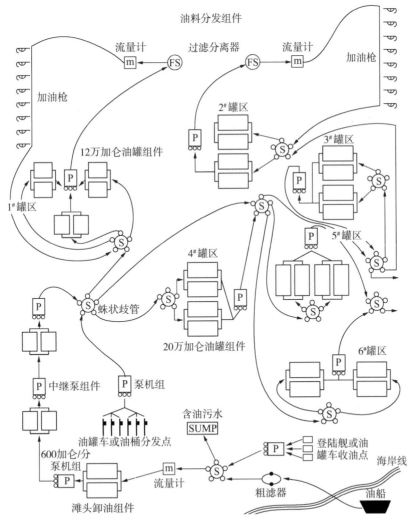

图 1-4　两栖攻击燃油系统（AAFS）展开示意图（注：1 加仑 = 0.00379 立方米）

⑥ 输送/分发能力：136 m³/h。

⑦ 接口：使用 CRJ 快速接头，可以和海军陆战队其他野战油料装备匹配使用。

俄军的岸滩油料补给和输转的主要装备沿用苏联海军的 БЗКР-150 海底管线系统和 БЗКРП-150 漂浮软管系统两种型号。这两种型号的装备往往与野战输油管线系统配套使用，可以在岸滩将油料运送至需要油料的舰船，也可以将油料从油船输送至岸滩的油罐。

（1）БЗКР-150 海底管线系统

该系统主要运用于由岸至海油料补给，如图 1-5 所示。该系统的海底管线输送油料最大流量为 510 m³/h，由 3 条长 1 km、直径为 150 mm 的钢质野战管线构成，适用海况为 4 级，工作压力不大于 1 MPa。

图 1-5　БЗКР-150 海底管线系统

（2）БЗКРП-150 漂浮软管系统

БЗКРП-150 漂浮软管系统同样用于由岸至海油料补给，如图 1-6 所示。该系统用软管进行铺设，末端有浮筒，总长为 720 m，管径为 150 mm，适用海况为 2 级。

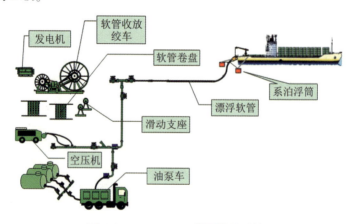

图 1-6　БЗКРП-150 漂浮软管系统

1.2　机动式管线在应急救援与应急保障领域的应用

机动式管线经技术改进后，已被推广使用在火灾扑救、城市排涝、应急供水保障等多个领域。

在 DN100、DN150、DN200 配装式钢质管线系统技术方面，DN100、DN150 钢质管线适用于欧亚国家，DN200 适用于美国等国家，主要用于远程油料输送，重点解决管线快速对接、管线及泵站集装化运输、水力布站、输送安全、抗水击、契流分流、与大型储油设施对接等问题。其存在的问题是钢质管线不能折叠盘卷存放，质量和体积大，储存运输不便，展开布设困难。目前，国外开展了轻质合金管线研究，呈现出"以软代硬"的趋势，研究了高强度、抗静电、可折叠、耐磨损、长寿命的聚氨酯软管。改进后的机动式管线具有展收快捷、流量持续稳定、环境适应性强等优点，与森林火灾、城市内涝等自然灾害救援需求相适应，可用于火灾扑救、排涝、森林灭火供水、应急供水等。国内外企业以机动式管线为基础研制的远程供水系统、大流量排涝系统等应急救援装备系统有效提高了灾害救援效率。

在软质管线自动收卷技术方面，以荷兰海创系统公司（Hytrans System B.V.）为代表的国外公司主要采用变杆长的液压驱动收卷技术，配以自动控制系统，具有机头举升、对位、收管、压实及接头无障碍通过等功能。其存在的问题主要是液压收卷机头结构复杂，机头体积大、使用与维护不便。目前，德国、日本等国家的公司开展了电力驱动机械收卷技术研究，简化了动力驱动系统及整体结构，提升了系统的可靠性及可维修性。

在长输管线运行调度技术方面，基于水力学基本原理，固定式长输管线系统普遍采用与泵站设备及输送管线相配套的 SCADA 系统，用于管线运行监测及指挥调度，保证系统安全运行。SCADA 系统主要用于固定式长输钢质管线，不具备自动水力布站功能。为实现快速投运及自动运行调度，需要研究适应不同地形条件、可多泵站串联运行的自动水力布站与运行调度系统。

国外相关企业中，荷兰海创系统公司主要研究远程供水大流量液压漂浮泵、大口径水带自动展收、远程供水加压系统、大流量消防水炮单元、柔性可折叠软管及盘卷装置、管线过路设备等。相关研究成果有 HFS 消防用移动式远程供水系统，产品包含 HS150、HS450 等供水系统，HRU200、HRU300 水带收卷机头，HS900 远程供水加压系统等，解决了大口径聚氨酯软质管线制造、机械化收卷及漂浮式取水、多种方式运输等问题，主要用于城市重大火灾扑救和城市应急排涝时的短距离、大流量输水，在荷兰、欧洲等国家和地区的市政、消防、大型储备库等部门和场所广泛使用。中国大连、湛江等地的消防部门引进此装备，用于城市重大火灾扑救。该系统的作用定位于城市重大火灾扑救及城市排涝，机动越野性差，输送距离短，一般为一个泵站输送，可扩展性差。研究适应复杂地形、多泵站串联输送的快速构建技术，开发自动水力布站及运行调度系统，是长输软质管线的发展趋势。

德国施密茨（Schmitz）消防与救援有限责任公司研究了大流量取水系统、大口径水带自动展收、整体自装卸方舱系统等，在国外消防领域得到广泛应用。主要成果有管线直径 DN300、流量为 12000 L/min、距离为 12 km 的远程供水系统。该系统由 4 辆牵引车、3 辆拖挂车和 9 个集装箱组成，在中国厦门消防支队得到应用，主要用于城市重大火灾扑救与应急排涝。

美国凯德消防集团（Kidde International Inc.）主要研究大口径管线串并联系统、分支管路系统、挂车盘卷式软管展收系统，以及与其他消防装备配套使用的技术等。主要成果有 Neptune 泵送系统，流量为 22000 L/min，输送距离为 45 m，加压泵出口压力为 1.0 MPa，实施远距离输送。该系统配备整体装卸、软管挂车、过路设备等，主要在美国市政、消防等部门使用，在中国未见应用的报道。

苏州市捷达消防车辆装备有限公司、江苏振翔车辆装备股份有限公司等单位研究了 DN300 远程供水、软质管线撤收系统等。DN300 远程供水系统有单车 1 km 供水系统、双车 2 km 供水系统等产品，主要用于城市短距离、大流量应急供水。该系统已应用到江苏、广东、山东、四川等省市，其缺点是供水距离较短、林区越野性较差、不满足森林灭火需求。

中国人民解放军陆军勤务学院（简称"陆军勤务学院"）主要开展系统构成、水力布站、集装集成、快速展收等技术研究，研制了 DN100、DN150 钢质及软质两种直径、4 型机动输油管线系统，并组装了满足不同需求的系列装备，开发了通信及输油调度指挥系统，列装全军部队。

新兴重工湖北三六——机械有限公司主要研究和生产软质机动管线系

统，包括城市应急排涝输水系统、消防应急供水系统、消防泡沫液管线输送系统等。钢质机动管线系统包括管线系统集装集成技术、快速布放及快速连接技术等。软质机动管线系统形成了 DN150、DN200、DN300-Ⅰ、DN300-Ⅱ、DN300-Ⅲ 等系列产品，主要用于城市短距离、大流量液货输送。钢质机动管线系统形成了 DN100、DN150 两型长输管线系统整体自装卸集成方舱成套装备，研制了快速布放装备及快速连接装备。软质管线系统应用到国内各个省市，参与了"7·16"日照工厂爆炸事故、"4·6"漳州 PX 项目爆炸事故、"4·9"沧州批发市场火灾事故等重大火灾事故扑救工作。

依托国家重点研发计划项目课题"森林灭火远程机动供水系统研发及应用示范"（课题编号：2017YFC0806608），陆军勤务学院与新兴重工湖北三六一一机械有限公司联合研制森林灭火远程机动供水系统。该系统输送流量达 65.52 m³/h，由 3 个单元组成，分为 2 个"独立单元"和 1 个"公共单元"。每个"独立单元"包括 1 台越野供水作业车和 1 台软质管线作业车，满足 5 km 输送距离要求；2 个"独立单元"组合完成任务书要求的 10 km 输送指标，并可根据需要进行模块化组合以达到更长的输送距离。越野供水作业车集成漂浮式取水泵、随车折臂吊、加压泵机组（包括独立发动机、增速箱、加压泵）、液压管路卷盘和相关附件等，能通过底盘取力驱动液压系统并驱动取水泵，具备较强的林区通行能力，配备的漂浮式取水泵垂直取水高度可达 47.3 m。软质管线作业车集成软质管线回收装置、管线储存箱和附件等，采用底盘取力方式，单辆软质管线作业车可搭载长度为 5 km 的 DN100 聚氨酯软管。1 个"公共单元"包括 1 套自动水力布站与运行调度软件和 1 台高机动越野车。系统整体组成如图 1-7 所示。

图 1-7　森林灭火远程机动供水系统布设图

这套系统是针对我国森林火灾频发、现有机动式灭火装备携行水量少且不能连续供水的难题而开发的基于软质管线、可快速展开与撤收、适合林区复杂地形及水源条件的车载式森林灭火远程机动供水系统，可模块化组合以达到要求的输送距离。系统优选越野型运载平台，并进行车载化综合集装集成，提高系统的越野机动能力；创新研制液压驱动漂浮式取水泵，解决轻量化、抗杂质、浅层取水及高扬程输送难题，装备无须接近水源，改变了传统的抽真空运行准备模式；研究软质管线随车布放、机械化收卷、舱内自动排管技术及控制系统，实现软质管线快铺快撤；研制插转式接头，实现软质管线快速连接和拆卸。通过机械及自动控制技术，实现长输软质管线系统在正常输送工况及故障输送工况下不间断运行。

2020 年 11 月 23—29 日，陆军勤务学院和新兴重工湖北三六一一机械有限公司在湖北省丹江口市浪河镇林区根据水源及道路情况选取具有典型林区道路特点的 5 km 路段作为示范地点，采用管路循环敷设方法实现全长 10 km 的输水作业应用示范。示范活动邀请四川省森林消防总队、湖北省丹江口市自然资源和规划局两支森林消防救援队伍参与试用。为进一步检验装备的实战性能，2020 年 12 月 15—18 日，全套装备参加了四川省森林消防总队在西昌市举行的"守护青山·2020"扑救森林草原火灾综合演练。演练共调集四川省森林消防总队、四川省消防救援总队，南方航空护林总站西昌站，凉山州 10 县（市）专业扑火队伍，凉山州和冕宁县林草、应急、气象、卫健等部门及乡镇半专业扑火队伍共计 1200 余人、3000 余件装备参加。森林灭火远程机动供水系统主要承担综合演练各型装备的远程灭火供水保障任务，在演练场地进行了自动水力布站，管路随车展开、机械化撤收、取水加压输水等远程作业，为参与演练的其他各型消防装备及用水灭火器材提供灭火水源，对装备的适应能力、作业能力和协同作战能力进行了检验，取得了良好的效果。

1.3　机动式管线水域救援应用前景

伴随着经济全球化和"一带一路"的建设，水路运输凭借其前期投入少、运输能力高及运输成本低的优势逐渐成为我国国际物流运输的重要选择。《2022 年水路运输市场发展情况和 2023 年市场展望》中提到，由于我国化工品生产和消费仍处于稳健增长期，沿海散装液体化学品船舶水运市场需求持续增长，全年沿海省际化学品运输量约 4000 万 t，同比增长约 9.6%。沿海省际化学品船运价整体稳定，市场供需处于紧平衡状态，部分航线运价略有上涨。交通运输部发布的《2022 年交通运输行业发展统计公报》中的数据显示，我国港口万吨级及以上泊位中，专业化泊位 1468 个，比 2021 年增加 41 个，其中，液体化工泊位 287 个，比 2021 年增加 17 个。近年来，液货总体水运需求保持增长趋势，同时为了避免运输事故的发生，水上液货输转可靠技术的发展成为大势所趋。

长江沿线是我国重要的化工产业带，化工品产量占全国的 40% 以上。近年来，长江干线危险化学品运输量年均增长 7.5%，给危险化学品运输安全管理带来了严峻挑战，也对危险化学品锚地布局和建设提出了更高的要求。2015 年，长江干线危险化学品运输量约为 1.6 亿 t，其中原油、成品油、液体化工品分别为 2000 万 t、6500 万 t 和 7500 万 t。从分布区域看，危险化学品运输主要集中在长江南京以下，约占长江干线运输总量的 88%［见《长江干线危险化学品船舶锚地布局方案（2016—2030 年）》］。2015 年，长江干线共有危险化学品锚地 43 处、锚位 336 个，其中港口锚地 40 处、锚位 323 个，主要供进出港的危险化学品船舶待泊使用；待闸锚地 3 处、锚位 13 个，主要供通过三峡和葛洲坝船闸的危险化学品船舶待闸使用。目前，长江干线危险化学品锚地主要存在锚泊能力不足、锚地设施和标志普遍缺乏、管理体制有待进一步理顺、建设和维护资金不足、标准规范有待进一步完善等问题。

随着国际贸易和水路交通运输的不断发展与进步，危化品船舶遇险泄漏事故发生概率、频率和规模逐步提升。1993 年 12 月，英国丹佛附近一艘散装化学品船由于遭遇大风沉没，造成 2500 t 甲苯泄漏，严重污染海洋环境。2001 年 4 月 17 日，韩国籍"大勇"轮从日本装载苯乙烯 2290 t 拟运往中国宁波港，在长江口与中国香港"大望"轮相撞，造成 700 t 左右的苯乙烯泄漏。2006 年 8 月 11 日，菲律宾装载近 200 万 L 工业燃油的油轮在驶往菲律宾东南部 Mindanao 岛的途中遭遇巨浪袭击，在菲律宾中部米沙鄢地区的珪玛纳斯岛中部海域沉没，船体沉入 900 m 深的海底，造成至少 20 万 L 燃油泄漏。这起事故引发了严重的生态灾害，当地捕鱼区与旅游区遭到重度污染，大量海洋生物死亡，岛上 4 万多居民面临生存危机。据菲律宾地方环保部门观测，泄漏的浮油十分黏稠，最厚处达 10 cm，原油污染达 36 km，大约 200 km 海域都被黏稠油污覆盖，毁坏了 1128 公顷沿海红树林及 26 公顷珍稀海洋生物保护区，海岸线及海滩、珊瑚礁等海洋生态系统都遭到严重破坏，直接威胁该地区渔民的正常生活。2007 年 12 月 7 日，载有 26 万 t 中东原油的中国香港籍油轮 Hebei Spirit 在韩国大山港外锚泊期间被一艘装有浮吊的"三星 1 号"驳船碰撞，该轮左舷水线上 2~3 m 处的第 1、3、5 三个油舱破损，造成 1.05 t 原油泄漏入海。事故地点位于韩国忠清南道泰安郡万里浦西北方向约 6 海里处，距我国威海石岛湾约 210 海里，距成山头约 200 海里，距青岛约 320 海里。事故导致海岸线污染约 70 km，101 个岛屿、34000 公顷海洋生物养殖区、40000 户家庭受到影响，水产业、旅游业等蒙受巨大经济损失。

对危化品船舶海上泄漏事故处理的研究大多集中在水域危化品的回收及处理上，包括采用围堵法、吸附法、回收法、化学法、燃烧法、微生物法等方法防止危化品进一步扩散对水体及环境产生负面影响。已发布的标准中，鲜少有对危化品泄漏源的处置。目前，危化品船舶在发生事故后船上液态危化品的转移通常采用紧急过驳方式，以避免发生火灾及其他次生灾害。应急过驳存在设备物资调集不易、应急拖带难度大、程序复杂等难点，采取可自动收卷的机动式管线完成对泄漏船只危化品的转移可弥补应急过驳的不足，亦能快速完成危化品的转移。

1.4 机动式管线水域救援技术需求

尽管机动式管线在城市排涝、森林灭火等多种灾害救援中已有实际应用，但根据文献调研和专利分析结果，在水域危化品船舶泄漏应急输转中仍缺乏成熟的管线输转装备，其根本原因在于水域环境中管线不仅受自重影响会发生变形，还受到风、波浪、海流甚至海床的作用。因此，将机动式应急管线用于水域危化品救援仍存在较多技术瓶颈。

1.4.1 机动式应急管线水域敷设技术

近年来，我国海上石油（气）勘探及开发技术不断进步，海洋工程装备也随之获得飞速发展。目前，海上石油（气）的输转通常采用海底管道或柔性立管，以完成油气从油田至储运油装置的输转。海洋管道铺设工程的特点在于，管道铺设过程中需要由铺管船及开沟船、辅助作业团队组建的专业团队进行施工，当海况发生剧烈变化时，还需要将管道暂时搁置在海底，海情等级降低后再施工。国内外常用的管道铺设方法有拖曳式铺管法、卷管式铺管法、J形铺管法和S形铺管法。

拖曳式铺管法主要包括水面拖行、水面下拖行、近底拖行和海底拖行。所有拖曳方法的管道组装均相同，都可以在陆上组装场或在浅水避风水域中的铺管船上完成，管道组装完成后即可进行拖行铺设。水面拖行和水面下拖行铺设管道的主要缺点是容易受到水面情况的影响，进而妨碍水上交通和管道沉放；近底拖行通过设计铁链长度来保证拖行时提供给管段的稳定力，主要优点是拖行动力要求低，受天气影响小；海底拖行不许牵制拖船，受天气影响最小，但对拖船动力的要求高，管道铺设可能受到海底障碍物影响。

卷管式铺管法是20世纪开始发展起来的一种新型铺管法，是先将管道在陆地预制场上接长，然后卷在专用滚筒上，再送到海上进行铺设施工的方法。该方法的优点是99.5%的焊接工作可以在陆地上完成，海上铺设时间短、成本低，每段管道可连续铺设，作业风险小。每个专用的卷管滚筒都和特定的铺管船一起搭配使用，普通卷管的管径可以从2英寸到12英寸不等，单层管的最大铺设管径可以达到16英寸，最大作业水深可以达到1800 m。

J形铺管法是目前最适于在深海进行管道铺设的方法，用于刚性的管道时效果最佳。使用该方法铺设时，管道几乎垂直进入水中，管道呈大J形，因此而得名。该方法在铺设过程中通过调节托管架的倾角和管道承受的张力来改善管道的受力状态，以达到安全作业的目的。到目前为止，J形铺管法主要有两种形式，一种是钻井船J形铺管法，另一种是带斜形滑道的J形铺管法。

S形铺管法是目前铺设海底管道最为常用的方法，通常需要起抛锚拖轮支持铺管作业，具有较高的安全性和作业效率。传统的S形铺管法的特点是管道的弯曲程度小，整条管道变形都在弹性范围之内，弯曲应变一般小于屈服极限的应变，这样就可以避免弯曲破坏和过大的残余变形。因此，管道在水中与水平方向的夹角一般不大，铺设的深度也不深。当S形铺管法的铺设深度达到600 m以上时，技术上就会遇到很大的挑战，即拱弯段要求更大的转角，垂弯段要求避免压力带来的失稳。目前大多用加长托管架的长度来满足拱弯段的转角要求，用施加轴向拉力的方法来避免垂弯段失稳。

在传统的 S 形铺管法中，过长的托管架和过大的水平推进力使这种方法在深海领域遇到技术上的瓶颈。为此，新型 S 形铺管法应运而生，该方法不仅大大缩短了托管架的长度，而且降低了对铺管船的水平推进力的要求。新型 S 形铺管法的出现为 S 形铺管法应用于深海开辟了广阔的前景。

以上所述均为海底管线的铺设方法，漂浮式管线技术常见于登陆作战等海上作战的保障装备中，在海上石油输转中较少采用。如美军的 ABLTS 系统，其管线展开依靠液压驱动的软管卷盘完成，同时也需要作业艇辅助完成海面管线的铺设。在应急情景中，漂浮式管线相比于铺设时间长、灵活性小的水底管道显然更具优势，但如何在复杂的水域环境中快速铺设展开管线，仍是需要进一步探索与研究的问题。

1.4.2 管线稳固技术

机动式管线进行海上油料输转主要采取两种技术形式，即水面漂浮管线和沉底钢管。以水面漂浮管线系统为基本技术手段的装备系统由于受到风载荷、波浪作用、海流载荷等多种类型载荷的耦合作用的影响，易出现管线失效和油船偏移问题，因此所需突破的关键技术包括使船体稳定及管线在水面的固定。美军在其登陆作战油料保障装备的研制过程中，积极引入单点系泊系统（Single Point Mooring System，SPMS）、多点系泊系统等海上石油商用系泊装置进行管线固定或船体定位，两套系统的主要介绍如下。

（1）单点系泊系统

20 世纪 50 年代以后，海洋经济逐渐兴起，以海洋石油开发为主的海洋资源开发成为多国的基本国策。在这一背景下，单点系泊系统得以诞生，并在之后作为海上中转、仓储及过驳技术被广泛使用。单点系泊系统的核心功能在于将需要装载或卸载液货的船舶定位在预定的海域，以确保船舶能够在该海域中持续作业。单点系泊系统在海上石油化工生产运输过程中的关键作用日益凸显，截至 2017 年，全世界各类单点系泊系统已达到 580 套，用于浮式生产油轮的单点系泊系统也已超过 150 套。

单点系泊系统与传统固定式码头相比具有较多优势。第一，单点系泊系统可在无深水岸线的沿海港口作业而不占用岸线资源，且无须建设深水航道、浚深港池或防波堤用于作业支持。第二，单点系泊系统对工作环境要求较低，可在 7 级大风、有效浪高 3.5 m 时进行原油装卸。第三，单点系泊系统建设投资少，维护成本少，可在较短时间内回收成本；污染危害小，便于开展溢油应急。

近年来，单点系泊系统的发展趋势主要有以下特点：① 结构更加多样化，类型更加齐全。② 产品分配器（Production Distribution Unit，PDU）的通道更多。最初的单点系泊系统中，PDU 结构简单，一般只允许一种或两种流体通过。随着技术日益进步，PDU 的结构趋向复杂，在突破输送油气产品种类限制的同时，能够完成压载水、燃油、淡水等的加载；另外，浮式生产储油轮的单点系泊系统还能够在同步采集多口油井原油的同时依据原油的质量进行油气分离、油水分离及分类储存等处理程序。③ 对环境更加友好。人类对海洋环境保护意识的增强将促使人们在单点系泊系统的设计和制造过程中更加注重对材料的选取和结构的优化，从而防止原油泄漏造成海洋污染。

单点系泊系统具有两大基础类型，即悬链锚腿系泊装置（CALM）和单锚腿系泊装置（SALM）。世界上第一套单点系泊系统即 IMODCO 公司于 1958 年开发的 CALM 型单点系泊系统，这套系统被用于瑞典皇家海军军舰的海上加油。随着技术的发展，在这两种单点系泊系统的基础上出现了单浮筒刚臂系泊系统、单锚腿刚臂系泊系统、导管架塔式刚臂系泊系统、固定塔式单点系泊系统、露体单浮筒系泊系统、桅式单浮筒储油系泊系统、可解脱式浮筒转塔系泊系统等。根据美国船级社（ABS）的分类，单点系泊系统可分为悬链锚腿系泊系统、单锚腿系泊系统、塔架软刚臂系泊系统（SYS）、转塔式系泊系统（TM）。其中，转塔式系泊系统又可以分为外转塔式（ET）和内转塔式（IT）系泊系统。CALM 常用于穿梭油轮，可适应各种天气条件，适用于较大范围的水深作业，可靠性高。SALM 施工与安装便捷，建设成本低，适用于改装的油轮，也可在多种天气和较大范围水深中正常工作，且具有较高的可靠性。

单点系泊系统的主要构成一般包括浮筒、桩腿构件、系泊缆绳、输油软管和流体旋转接头。浮筒是系泊主体，通过多根呈辐射状的锚链固定在海床上。浮筒上部安装有旋转转台，最大旋转角度为 360°。流体旋转接头是连接固体部分和旋转部分间流体管道的转换设备，是单点系泊系统的重要组成，安装在旋转转台的中心位置。流体旋转接头下方连接水下软管和海底输油软管，上方则连接通向油轮的漂浮软管。油轮通过系泊缆绳与转台上的带缆桩相连，风浪流综合作用下油轮能够围绕系泊中心进行 360° 回转，即所谓的风向标效应，这一效应下油轮能够停留在环境压力最小的位置。

（2）多点系泊系统

多点系泊系统常用于半潜平台和单浮筒平台，也可应用于船体。浮式生产储油轮的多点系泊系统中，通过在船头和船尾发散式地连接系泊锚链以防止船体发生横向位移。相比于单点系泊系统，多点系泊系统不需要流体旋转接头，结构简单，工程投资少，能够安装较多立管及脐带系统。此外，由于整个系统不具备风向标效应，无须转塔进行方向旋转，立管可设置在船体中央，因此适用于经改造的旧油轮。同时，因为缺少风向标特性，多点系泊系统往往需要大尺度锚链线来承受较大的横向风浪流力，且多适用于设计海况等级较低或风浪流方向单一的区域。

多点系泊系统可分为轻质悬链线系泊系统（Light Catenary Mooring System）、张紧式系泊系统（Taut Mooring System）、配备水下浮筒的系泊系统（Mooring System with Submersible buoy）。轻质悬链线系泊系统中，油轮通过缆绳与海底桩基或吸力锚连接以固定位置，缆绳中段采用轻质量、高强度的钢缆。与传统的悬链线系泊系统相比，轻质悬链线系泊系统中水平回复刚度更大，使用的缆绳更短，因此能够节约材料成本，并有效控制系泊水平辐射距离。但是轻质悬链线系泊系统尚存在需要攻克的技术难点，例如悬链线系泊张力大，设备要求高；极端环境中浮体水平偏移量大，需要的缆绳数量多，从而产生较大的系泊载荷。张紧式系泊系统中，系泊材料往往是复合纤维，缆绳以一定角度到达海底，水中缆绳紧绷并与系泊基础法向承力锚相连接。由于缆绳轴向的线弹性效应能够直接产生回复力，张紧式系泊系统的定位性能优于传统悬链线系泊系统，且水中缆绳长度和数量都不及传统悬链线系泊系统，因此在深水中比传统悬链线系泊系统更加经济。

图1-8所示为油船多点系泊卸油系统的工作原理图。该系统的工作流程如下：当油船需要进行卸油操作时，首先需在其上安装系泊锚链，然后用油船上的绞车装置在海岸和油船间铺设海上漂浮输油软管并连接油船，即可进行卸油作业。完成卸油作业后，为防止输油管线阻塞，还需进行扫线作业。扫线时一般将空压机作为动力装置，将软管中残存的油料通过清管器送回油船，最后使用绞车装置进行软管的撤收。

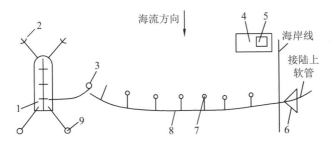

1—油船；2—船锚；3—软管海上固定装置；4—工作船；5—绞车装置；
6—岸上固定装置；7—软管固定锚；8—海上漂浮软管；9—油船系泊设备。

图 1-8　油船多点系泊卸油系统工作原理

　　管线的稳固通常依靠系泊系统完成。系泊系统一般由系泊缆和系泊器组成，危化品安全输送技术受系泊缆的材质、系泊缆在海水中的具体形状等共同影响。同时，由于海洋环境变幻莫测，因此对浮式海洋平台的定位能力有很高的要求，系泊系统在水平和垂直方向需要提供充足的回复力来约束浮式海洋平台的运动。即使在特别极端的海洋环境下，仍必须保障平台主体的运动不能超出各项规范中规定的范围。同时，为了保障浮式海洋平台的安全性能和延长其使用寿命，该运动范围还应处在一定的合理区间。因此，系泊系统的设计极其复杂，要想兼顾水动力性能和经济性，就必须对系泊系统的各项参数进行多方面的优化，最终选择经济、科学的系泊系统形式。

　　目前，针对浮式海上构造物的特点，工程应用上一般采用悬链线式或张紧式两种较为普遍的系泊方式。悬链线式系泊系统的形状较为简单，如图 1-9 所示。悬链线式系泊系统的回复力主要来源于锚链在海水中的自身质量，对浮式海洋平台而言，海洋中的风、浪、流等都会影响平台的主体运动，从而影响其系泊缆的形状。

　　张紧式系泊系统的系泊缆从浮式海洋平台的导缆孔到海底的锚泊点之间呈一条直线，如图 1-10 所示。一般情形下，张紧式系泊系统由三段构成，中间为具有弹性的聚酯缆绳，两端为钢缆或锚链。当平台受到外部环境压力的综合作用时，会产生相应的位置变动，系泊缆的长度也会随之发生变化。与此同时，系泊缆产生的轴向张力也会随着系泊缆长度的变化而增大或者减小。

<table>
<tr><td>图 1-9 悬链线式系泊系统</td><td>图 1-10 张紧式系泊系统</td></tr>
</table>

在外部海洋环境相同的情况下，比较悬链线式和张紧式系泊系统可以发现，张紧式系泊系统所需的系泊缆总长度较短，海洋中的波浪及海流对系泊缆的作用力更小，浮式海洋平台的运动范围也更有限，但其导缆孔及锚点处受力较大，对浮式海洋平台导缆孔处结构及系泊缆各项材料的性能要求较高。

1.4.3　辅助作业装备技术

管线作业过程中，往往需要辅助作业平台等装备提供支持，以快速完成管线收卷。目前对于深海沉底管道的铺设通常采用专用铺管船完成，两栖作战油料保障装备的辅助作业装备则包括辅助作业艇等。

1.4.4　安全保障技术

危化品在输转过程中，尤其要注重输送安全保障。由于液体危化品理化性质复杂，多数危化品易燃易爆，且具有腐蚀性，一旦泄漏对水体和大气环境都会造成危害，严重时甚至威胁附近居民的生命，因此在输送过程中保障输送管道的安全极为重要。

危化品输送管道常见的事故包括泄漏事故、火灾爆炸事故、设备事故等。管道腐蚀穿孔、管道焊缝破裂、阀门跑油（冻裂或阀门误操作）、油罐溢油、设备（管道）密封损坏、管道断裂（自然灾害或材质问题）、管道人为破坏等都会造成管道泄漏，进而造成环境污染和经济损失。油气同空气混合达到一定浓度时，遇明火则发生爆炸，因此危化品管道输送操作应远离火源。设备事故指相关设备损坏，导致整个系统停运。为避免二次事故发生，水域危化品救援中的安全保障技术也是不可忽视的。

综上所述，机动式管线用于水域危化品应急救援时，需要突破的技术瓶颈多为管线或浮体等结构物的安全稳固和高效展开，其理论基础则是结构物在水域环境中的强度、形变、稳定性、动态响应等。因此，对管线、辅助作业平台在海域和内河的力学性能分析至关重要。

第 2 章　水域环境载荷分析及计算方法

受风、浪、流和潮汐等因素的影响，水域环境载荷一般是动态变化的，且极为复杂。动力因素一般分两类：一类是长期因素，如风、波浪、潮汐、近岸流和海平面的变化等。根据地理位置、地形条件、气候特征，长期因素具有周期性和相对确定性。另一类是短期因素，如台风、巨浪、风暴潮和海啸等。短期因素具有偶然性，例如台风路径一直处于变化之中，海啸则更为少见。短期因素虽然"随机性"较为明显，但由于强度不同，甚至会起到决定性作用。因此，对不同水域环境下的载荷分析及计算方法进行研究具有重要意义。

2.1　管线载荷分析

管线在水域环境中的载荷根据来源不同可以分为环境载荷、固有载荷、工作载荷、铺设载荷和偶然载荷五大类。

① 环境载荷主要指管线所处环境对管线作用的载荷，比如波浪载荷、海流载荷、风载荷、冰载荷等各种海洋环境条件下由不同因素引起的载荷。有时海水温度变化也会对管线产生一定载荷。

② 固有载荷主要指管线本身存在的载荷，包括管线的自重、浮力、管内输送介质所受重力及管线定位产生的力等。

③ 工作载荷主要指管线在输送介质过程中产生的作用于管线的载荷，包括输送压力、输送介质过程中因管线形变而引起的作用力等。

④ 铺设载荷主要指管线在铺设过程中作用于管线上的载荷，包括管线在各种水域展开和撤收时的牵引力等。这些载荷一般在铺设完成后消失，不会长期存在。

⑤ 偶然载荷主要指一些意外情况造成的载荷，即实际使用过程中不一

定会出现，但在设计计算时需要考虑的载荷，比如因突发地震而产生的作用于管线上的作用力、管线内水击作用产生的力、管线铺设水域附近爆炸或者因海啸而产生的作用于管线的力等。

考虑到不同应用背景差异较大，为了便于模型的建立与计算，本书主要考虑波浪载荷、海流载荷、风载荷等主要载荷，忽略一些次要的、偶然发生的载荷。忽略这些载荷会使得计算结果与实际情况之间有一定偏差，但是在大多数情况下是可以满足要求的，可以通过取大安全系数等方法使管线保有一定的富余能力，从而保证管线运行的安全性。

以软管为例，软管在输送油料或者其他介质的过程中由于受到的水域浮力较大，因此始终有一部分漂浮于海面上，如图 2-1 所示。

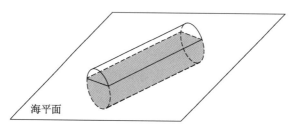

灰色区域为软管在海平面以下的部分。

图 2-1 海上漂浮软管示意图

以软管在近海岸输送油料为例，为简化计算，不考虑软管在输油过程中的铺设载荷、偶然载荷等作用力。要确保管线的稳定，就要求管线在水平方向和垂直方向上的作用力平衡，为此需要向软管提供一定大小的定位拉力，以保证软管处于平衡位置。其受力分析如图 2-2 所示。

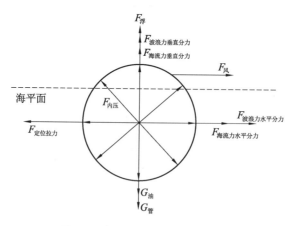

图 2-2 海上漂浮软管受力分析图

因此必须满足下式

$$
\begin{cases}
F_{浮} + F_{波浪力垂直分力} + F_{海流力垂直分力} = G_{油} + G_{管} \\
F_{定位拉力} \geqslant F_{波浪力水平分力} + F_{海流力水平分力} + F_{风}
\end{cases}
\tag{2-1}
$$

由于作用于软管上的波浪力、海流力时刻变化，为满足软管在锚固性能上的定位需求，假设波浪力、海流力、风力均同向且作用于水平方向，此时作用在软管上的作用力为最大。简化受力分析图如图 2-3 所示。

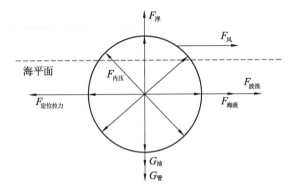

图 2-3 海上漂浮软管简化受力分析图

因此必须满足下式

$$
\begin{cases}
F_{浮} = G_{油} + G_{管} \\
F_{定位拉力} \geqslant F_{波浪} + F_{海流} + F_{风}
\end{cases}
\tag{2-2}
$$

2.2 管线载荷计算方法

2.2.1 波浪载荷理论

2.2.1.1 线性波理论

线性波理论是一种简化了的波动理论，其水面以简谐形式起伏，水质点以固定的频率 ω 做简谐运动，波形以速度 c 向前传播，波浪的中线与海平面重合。线性波示意图如图 2-4 所示。

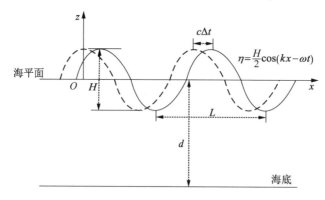

图 2-4　线性波示意图

线性波的波浪特性如下。

波面方程 η：

$$\eta = \frac{H}{2}\cos(kx - \omega t) \tag{2-3}$$

波速 c：

$$c = \sqrt{\frac{gL}{2\pi}\tanh\frac{2\pi d}{L}} = \frac{gT}{2\pi}\tanh\frac{2\pi d}{L} \tag{2-4}$$

波长 L：

$$L = \frac{gT^2}{2\pi}\tanh\frac{2\pi d}{L} \tag{2-5}$$

速度势 φ：

$$\varphi = \frac{Hg}{2\omega}\frac{\cosh[k(z+d)]}{\cosh(kd)}\sin(kx - \omega t) \tag{2-6}$$

水平速度 u_x：

$$u_x = \frac{\partial \varphi}{\partial x} = \frac{Hgk}{2\omega}\frac{\cosh[k(z+d)]}{\cosh(kd)}\cos(kx - \omega t) \tag{2-7}$$

垂直速度 u_z：

$$u_z = \frac{\partial \varphi}{\partial z} = \frac{Hgk}{2\omega}\frac{\sinh[k(z+d)]}{\cosh(kd)}\sin(kx - \omega t) \tag{2-8}$$

水平加速度 a_x：

$$a_x = \frac{\partial u_x}{\partial t} = \frac{2\pi^2 H}{T^2}\frac{\cosh[k(z+d)]}{\sinh(kd)}\sin(kx - \omega t) \tag{2-9}$$

垂直加速度 a_z：

$$a_z = \frac{\partial u_z}{\partial t} = -\frac{2\pi^2 H}{T^2}\frac{\sinh[k(z+d)]}{\sinh(kd)}\cos(kx-\omega t) \qquad (2\text{-}10)$$

式中：H 为波高；L 为波长；d 为水深；T 为波周期；k 为波数，且 $k=2\pi/L$；ω 为波频，且 $\omega=2\pi/T$；t 为波峰通过原点后的时间。

2.2.1.2　斯托克斯（Stokes）波理论

由于在线性波中，波高和波长比、波高和水深比均为无限小，因此自由表面波动带来的非线性影响很小，即线性化处理自由表面的动力条件和运动条件，所以线性波理论一般只用来描述海洋中波高较小的波浪运动。但是在海洋实际波浪运动中，有时波高相对于波长来说比较大，此时必须考虑非线性影响，因此应该运用非线性波（斯托克斯波）理论进行求解。斯托克斯波与线性波类似，但考虑了波高相对于波长不视为无限小这一非线性特征。本书采用斯托克斯二阶波理论进行计算。

斯托克斯二阶波由两个余弦波迭加而成，其波浪特性如下。

速度势 φ：

$$\varphi = \varphi_1 + \varphi_2 \qquad (2\text{-}11)$$

一阶速度势 φ_1：

$$\varphi_1 = \frac{HL}{2T}\frac{\cosh[k(z+d)]}{\sinh(kd)}\sin(kx-\omega t) \qquad (2\text{-}12)$$

二阶速度势 φ_2：

$$\varphi_2 = \frac{3\pi H^2}{16T}\frac{\cosh[2k(z+d)]}{\sinh^4(kd)}\sin[2(kx-\omega t)] \qquad (2\text{-}13)$$

水平速度 u_x：

$$u_x = \frac{\partial \varphi}{\partial x} = \frac{H\pi}{T}\frac{\cosh[k(z+d)]}{\sinh(kd)}\cos(kx-\omega t) +$$
$$\frac{3}{4}\left(\frac{H\pi}{T}\right)\left(\frac{H\pi}{L}\right)\frac{\cosh[2k(z+d)]}{\sinh^4(kd)}\cos[2(kx-\omega t)] \qquad (2\text{-}14)$$

垂直速度 u_z：

$$u_z = \frac{\partial \varphi}{\partial z} = \frac{H\pi}{T}\frac{\sinh[k(z+d)]}{\sinh(kd)}\sin(kx-\omega t) +$$
$$\frac{3}{4}\left(\frac{H\pi}{T}\right)\left(\frac{H\pi}{L}\right)\frac{\sinh[2k(z+d)]}{\sinh^4(kd)}\sin[2(kx-\omega t)] \qquad (2\text{-}15)$$

水平加速度 a_x：

$$a_x = \frac{\partial u_x}{\partial t} = 2\left(\frac{H\pi^2}{T^2}\right)\frac{\cosh[k(z+d)]}{\sinh(kd)}\sin(kx-\omega t) +$$
$$3\left(\frac{H\pi^2}{T^2}\right)\left(\frac{H\pi}{L}\right)\frac{\cosh[2k(z+d)]}{\sinh^4(kd)}\sin[2(kx-\omega t)] \tag{2-16}$$

垂直加速度 a_z：

$$a_z = \frac{\partial u_z}{\partial t} = -2\left(\frac{H\pi^2}{T^2}\right)\frac{\sinh[k(z+d)]}{\sinh(kd)}\cos(kx-\omega t) -$$
$$3\left(\frac{H\pi^2}{T^2}\right)\left(\frac{H\pi}{L}\right)\frac{\sinh[2k(z+d)]}{\sinh^4(kd)}\cos[2(kx-\omega t)] \tag{2-17}$$

2.2.1.3　椭圆余弦波理论

海浪在由远海深水海域向近岸浅水海域运动的过程中，海底边界对其产生的影响越来越大，波峰处的波面变得十分陡峭，波浪波形与波高变化程度都较大，而波峰与波峰之间则有着较长且平坦的水面，这种情况下，即使提高斯托克斯波的阶数也难以达到满意的计算精度。此时应该采用最早于 1895 年由 Korteweg 和 de Vries 提出的椭圆余弦波理论进行计算。之所以称为椭圆余弦波，是因为波浪的波面高度 η 是用 Jacobian 椭圆余弦函数来表示的。

其主要波浪特性如下。

水质点水平速度 u_x：

$$u_x = \sqrt{gd}\left\{-\frac{5}{4}+\frac{3z_t}{2d}-\frac{z_t^2}{4d^2}+\left(\frac{3H}{2d}-\frac{z_tH}{2d^2}\right)\mathrm{cn}^2(\,\cdot\,)-\frac{H^2}{4d^2}\mathrm{cn}^4(\,\cdot\,)-\frac{8HK^2(k)}{L^2}\left(\frac{d}{3}-\frac{z^2}{2d}\right)\right.$$
$$\left.\left[-k^2\mathrm{sn}^2(\,\cdot\,)\mathrm{cn}^2(\,\cdot\,)+\mathrm{cn}^2(\,\cdot\,)\mathrm{dn}^2(\,\cdot\,)-\mathrm{sn}^2(\,\cdot\,)\mathrm{dn}^2(\,\cdot\,)\right]\right\} \tag{2-18}$$

水质点垂直速度 u_z：

$$u_z = \frac{2zHK(k)\sqrt{gd}}{Ld}\mathrm{sn}(\,\cdot\,)\mathrm{cn}(\,\cdot\,)\mathrm{dn}(\,\cdot\,)\cdot\left\{1+\frac{z_t}{d}+\frac{H}{d}\mathrm{cn}^2(\,\cdot\,)+\right.$$
$$\left.\frac{32K^2(k)}{3L^2}\left(d^2-\frac{z^2}{2}\right)\left[k^2\mathrm{sn}^2(\,\cdot\,)-k^2\mathrm{cn}^2(\,\cdot\,)-\mathrm{dn}^2(\,\cdot\,)\right]\right\} \tag{2-19}$$

水质点水平加速度 a_x：

$$a_x = \frac{\partial u_x}{\partial t} = \sqrt{gd}\,\frac{4HK(k)}{Td}\,\mathrm{sn}(\,\cdot\,)\,\mathrm{cn}(\,\cdot\,)\,\mathrm{dn}(\,\cdot\,) \cdot \left\{\left(\frac{3}{2}-\frac{z_t}{2d}\right)-\right.$$

$$\left. \frac{H}{2d}\mathrm{cn}^2(\,\cdot\,) + \frac{16K^2(k)}{L^2}\left(\frac{d^2}{3}-z^2\right)\left[k^2\mathrm{sn}^2(\,\cdot\,)-k^2\mathrm{cn}^2(\,\cdot\,)-\mathrm{dn}^2(\,\cdot\,)\right]\right\}$$

$$(2\text{-}20)$$

水质点垂直加速度 a_z：

$$a_z = \frac{\partial u_z}{\partial t} = z\sqrt{gd}\,\frac{4HK^2(k)}{LTd}\,\cdot$$

$$\left\{\left(1+\frac{z_t}{d}\right)\left[\mathrm{sn}^2(\,\cdot\,)\mathrm{dn}^2(\,\cdot\,)-\mathrm{cn}^2(\,\cdot\,)\mathrm{dn}^2(\,\cdot\,)+k^2\mathrm{sn}^2(\,\cdot\,)\mathrm{cn}^2(\,\cdot\,)\right]+\right.$$

$$\frac{H}{d}\left[3\mathrm{sn}^2(\,\cdot\,)\mathrm{dn}^2(\,\cdot\,)-\mathrm{cn}^2(\,\cdot\,)\mathrm{dn}^2(\,\cdot\,)+k^2\mathrm{sn}^2(\,\cdot\,)\mathrm{cn}^2(\,\cdot\,)\right]-$$

$$\frac{32K^2(k)}{3L^2}\left(d^2-\frac{z^2}{2}\right)\left[9k^2\mathrm{sn}^2(\,\cdot\,)\mathrm{cn}^2(\,\cdot\,)\mathrm{dn}^2(\,\cdot\,)-k^2\mathrm{sn}^4(\,\cdot\,)\cdot\right.$$

$$\left(k^2\mathrm{cn}^2(\,\cdot\,)+\mathrm{dn}^2(\,\cdot\,)\right)k^2\mathrm{cn}^4(\,\cdot\,)\times\left(k^2\mathrm{sn}^2(\,\cdot\,)+\mathrm{dn}^2(\,\cdot\,)\right)+$$

$$\left.\left.\mathrm{dn}^4(\,\cdot\,)\times\left(\mathrm{sn}^2(\,\cdot\,)-\mathrm{cn}^2(\,\cdot\,)\right)\right]\right\}$$

$$(2\text{-}21)$$

式中：z_t 为波谷底到海底的距离，且满足

$$z_t = d + \frac{16d^3}{3L^2}\left\{K(k)\left[K(k)-E(k)\right]\right\}-H$$

$K(k)$ 为椭圆积分模数 k 的第一类完全椭圆积分，可表示为

$$K(k) = \int_0^{\frac{\pi}{2}} \frac{\mathrm{d}\theta}{\sqrt{1-k^2\sin^2\theta}}$$

$E(k)$ 为椭圆积分模数 k 的第二类完全椭圆积分，可表示为

$$E(k) = \int_0^{\frac{\pi}{2}} \sqrt{1-k^2\sin^2\theta}\,\mathrm{d}\theta$$

$\mathrm{sn}(\,\cdot\,)$ 为雅可比椭圆正弦函数；

$\mathrm{cn}(\,\cdot\,)$ 为雅可比椭圆余弦函数；

$\mathrm{dn}(\,\cdot\,)$ 为雅可比椭圆德尔塔函数；

$\mathrm{sn}^2(\,\cdot\,)$ 可表示为 $\mathrm{sn}^2(\,\cdot\,) = 1-\mathrm{cn}^2\left[2K(k)\left(\frac{x}{L}-\frac{t}{T}\right),k\right]$；

$cn^2(\ \cdot\ )$ 可表示为 $cn^2(\ \cdot\ ) = cn^2\left[2K(k)\left(\dfrac{x}{L} - \dfrac{t}{T}\right),k\right]$；

$dn^2(\ \cdot\ )$ 可表示为 $dn^2(\ \cdot\ ) = 1 - k^2\left\{1 - cn^2\left[2K(k)\left(\dfrac{x}{L} - \dfrac{t}{T}\right),k\right]\right\}$。

2.2.1.4 孤立（Solitary）波理论

孤立波是由 J. S. Russell 于 1834 年提出的。移动波是指水质点仅向其传播方向运动的波浪，孤立波也属于移动波的范围。相对于其他波浪，孤立波的特点是在同一断面上的任意质点速度相同，并且各个时刻都满足这个规律。在自然界中，纯粹的孤立波是不存在的。但是波浪在向近岸端传播过程中接近破碎的临界状态时，其运动特性和波面形状与孤立波比较接近。

孤立波的波浪特性如下。

波剖面 η：

$$\eta = H\,\mathrm{sech}^2\left[\sqrt{\frac{3H}{4d^3}}(x-ct)\right] \tag{2-22}$$

波速 c：

$$c = \sqrt{gd}\left[1 + \frac{H}{2d} - \frac{3}{20}\left(\frac{H}{d}\right)^2\right] \tag{2-23}$$

波长 L：

$$L = cT \tag{2-24}$$

一阶水平速度 u_{x1}：

$$u_{x1} = \sqrt{gd}\,\frac{H}{d}\,\mathrm{sech}^2\left[\sqrt{\frac{3H}{4d^3}}(x-ct)\right] \tag{2-25}$$

一阶垂直速度 u_{z1}：

$$u_{z1} = \sqrt{3gd}\,\frac{z}{d}\left(\frac{H}{d}\right)^{\frac{3}{2}}\mathrm{sech}^2\left[\sqrt{\frac{3H}{4d^3}}(x-ct)\right]\tanh\left[\sqrt{\frac{3H}{4d^3}}(x-ct)\right] \tag{2-26}$$

一阶水平加速度 a_{x1}：

$$a_{x1} = \frac{\partial u_{x1}}{\partial t} = g\sqrt{\left[3\left(1+\frac{H}{d}\right)\left(\frac{H}{d}\right)^3\right]}\,\mathrm{sech}^2\left[\sqrt{\frac{3H}{4d^3}}(x-ct)\right]\tanh\left[\sqrt{\frac{3H}{4d^3}}(x-ct)\right]$$

$$\tag{2-27}$$

一阶垂直加速度 a_{z1} :

$$a_{z1} = \frac{\partial u_{z1}}{\partial t} = \frac{3}{2} g \frac{z}{d} \left(\frac{H}{d}\right)^2 \sqrt{1+\frac{H}{d}} \operatorname{sech}^2\left[\sqrt{\frac{3H}{4d^3}}(x-ct)\right] \cdot$$

$$\left\{2-3\operatorname{sech}^2\left[\sqrt{\frac{3H}{4d^3}}(x-ct)\right]\right\} \quad (2\text{-}28)$$

二阶水平速度 u_{x2} :

$$u_{x2} = \sqrt{gd} \left\{ \frac{H}{d}\left[1+\frac{H}{d}\left(1-\frac{3z^2}{2d^2}\right)\right] \operatorname{sech}^2\left[\sqrt{\frac{3H}{4d^3}}(x-ct)\right] -\right.$$

$$\left. \frac{1}{4}\left(\frac{H}{d}\right)^2\left(7-\frac{9z^2}{d^2}\right)\operatorname{sech}^4\left[\sqrt{\frac{3H}{4d^3}}(x-ct)\right]\right\} \quad (2\text{-}29)$$

二阶垂直速度 u_{z2} :

$$u_{z2} = \sqrt{gd} \left\{ \sqrt{3}\frac{z}{d}\left(\frac{H}{d}\right)^{\frac{3}{2}}\left[1+\frac{H}{d}\left(1-\frac{z^2}{2d^2}\right)\right] \cdot \right.$$

$$\operatorname{sech}^2\left[\sqrt{\frac{3H}{4d^3}}(x-ct)\right]\tanh\left[\sqrt{\frac{3H}{4d^3}}(x-ct)\right] -$$

$$\left. \frac{\sqrt{3}}{2}\frac{z}{d}\left(\frac{H}{d}\right)^{\frac{5}{2}}\left(1-\frac{3z^2}{d^2}\right)\operatorname{sech}^4\left[\sqrt{\frac{3H}{4d^3}}(x-ct)\right]\tanh\left[\sqrt{\frac{3H}{4d^3}}(x-ct)\right]\right\} \quad (2\text{-}30)$$

二阶水平加速度 a_{x2} :

$$a_{x2} = \frac{\partial u_{x2}}{\partial t} = g \left\{ \sqrt{3\left(1+\frac{H}{d}\right)}\left(\frac{H}{d}\right)^3\left[1+\frac{H}{d}\left(1-\frac{3z^2}{2d^2}\right)\right] \cdot \right.$$

$$\operatorname{sech}^2\left[\sqrt{\frac{3H}{4d^3}}(x-ct)\right]\tanh\left[\sqrt{\frac{3H}{4d^3}}(x-ct)\right] - \frac{1}{2}\sqrt{3\left(1+\frac{H}{d}\right)}\left(\frac{H}{d}\right)^5\left(7-\frac{9z^2}{d^2}\right) \cdot$$

$$\left. \operatorname{sech}^4\left[\sqrt{\frac{3H}{4d^3}}(x-ct)\right]\tanh\left[\sqrt{\frac{3H}{4d^3}}(x-ct)\right]\right\} \quad (2\text{-}31)$$

二阶垂直加速度 a_{z2} :

$$a_{z2} = \frac{\partial u_{z2}}{\partial t} = g \left\{ \frac{3}{2}\frac{z}{d}\left(\frac{H}{d}\right)^2\sqrt{1+\frac{H}{d}}\left[1+\frac{H}{d}\left(1-\frac{z^2}{2d^2}\right)\right]\operatorname{sech}^2\left[\sqrt{\frac{3H}{4d^3}}(x-ct)\right] -\right.$$

$$\frac{9}{2}\frac{z}{d}\left(\frac{H}{d}\right)^2\sqrt{1+\frac{H}{d}}\left[1+\frac{H}{d}\left(\frac{17}{3}-\frac{5z^2}{2d^2}\right)\right]\operatorname{sech}^4\left[\sqrt{\frac{3H}{4d^3}}(x-ct)\right] +$$

$$\left. \frac{15}{4}\frac{z}{d}\left(\frac{H}{d}\right)^3\sqrt{1+\frac{H}{d}}\left(7-\frac{3z^2}{d^2}\right)\mathrm{sech}^6\left[\sqrt{\frac{3H}{4d^3}}\,(x-ct)\right]\right\} \tag{2-32}$$

孤立波的速度等于其一阶速度与二阶速度之和，因此可分别求得其水平方向和垂直方向的速度和加速度。

水平速度 u_x：

$$u_x = u_{x1}+u_{x2}$$

$$= \sqrt{gd}\frac{H}{d}\mathrm{sech}^2\left[\sqrt{\frac{3H}{4d^3}}\,(x-ct)\right]+\sqrt{gd}\left\{\frac{H}{d}\left[1+\frac{H}{d}\left(1-\frac{3z^2}{2d^2}\right)\right]\mathrm{sech}^2\left[\sqrt{\frac{3H}{4d^3}}\,(x-ct)\right]-\right.$$

$$\left.\frac{1}{4}\left(\frac{H}{d}\right)^2\left(7-\frac{9z^2}{d^2}\right)\mathrm{sech}^4\left[\sqrt{\frac{3H}{4d^3}}\,(x-ct)\right]\right\} \tag{2-33}$$

垂直速度 u_z：

$$u_z = u_{z1}+u_{z2}$$

$$= \sqrt{3gd}\frac{z}{d}\left(\frac{H}{d}\right)^{\frac{3}{2}}\mathrm{sech}^2\left[\sqrt{\frac{3H}{4d^3}}\,(x-ct)\right]\tanh\left[\sqrt{\frac{3H}{4d^3}}\,(x-ct)\right]+$$

$$\sqrt{gd}\left\{\sqrt{3}\frac{z}{d}\left(\frac{H}{d}\right)^{\frac{3}{2}}\left[1+\frac{H}{d}\left(1-\frac{z^2}{2d^2}\right)\right]\mathrm{sech}^2\left[\sqrt{\frac{3H}{4d^3}}\,(x-ct)\right]\tanh\left[\sqrt{\frac{3H}{4d^3}}\,(x-ct)\right]-\right.$$

$$\left.\frac{\sqrt{3}}{2}\frac{z}{d}\left(\frac{H}{d}\right)^{\frac{5}{2}}\left(1-\frac{3z^2}{d^2}\right)\mathrm{sech}^4\left[\sqrt{\frac{3H}{4d^3}}\,(x-ct)\right]\tanh\left[\sqrt{\frac{3H}{4d^3}}\,(x-ct)\right]\right\} \tag{2-34}$$

水平加速度 a_x：

$$a_x = a_{x1}+a_{x2}$$

$$= g\sqrt{\left[3\left(1+\frac{H}{d}\right)\left(\frac{H}{d}\right)^3\right]}\mathrm{sech}^2\left[\sqrt{\frac{3H}{4d^3}}\,(x-ct)\right]\tanh\left[\sqrt{\frac{3H}{4d^3}}\,(x-ct)\right]+$$

$$g\left\{\sqrt{3\left(1+\frac{H}{d}\right)\left(\frac{H}{d}\right)^3}\left[1+\frac{H}{d}\left(1-\frac{3z^2}{2d^2}\right)\right]\mathrm{sech}^2\left[\sqrt{\frac{3H}{4d^3}}\,(x-ct)\right]\tanh\left[\sqrt{\frac{3H}{4d^3}}\,(x-ct)\right]-\right.$$

$$\left.\frac{1}{2}\sqrt{3\left(1+\frac{H}{d}\right)\left(\frac{H}{d}\right)^5}\left(7-\frac{9z^2}{d^2}\right)\mathrm{sech}^4\left[\sqrt{\frac{3H}{4d^3}}\,(x-ct)\right]\tanh\left[\sqrt{\frac{3H}{4d^3}}\,(x-ct)\right]\right\} \tag{2-35}$$

垂直加速度 a_z：

$$a_z = a_{z1}+a_{z2}$$

$$
\begin{aligned}
=&\frac{3}{2}g\frac{z}{d}\left(\frac{H}{d}\right)^2\sqrt{1+\frac{H}{d}}\operatorname{sech}^2\left[\sqrt{\frac{3H}{4d^3}}(x-ct)\right]\cdot \\
&\left\{2-3\operatorname{sech}^2\left[\sqrt{\frac{3H}{4d^3}}(x-ct)\right]\right\}+g\left\{\frac{3}{2}\frac{z}{d}\left(\frac{H}{d}\right)^2\sqrt{1+\frac{H}{d}}\left[1+\frac{H}{d}\left(1-\frac{z^2}{2d^2}\right)\right]\cdot\right. \\
&\operatorname{sech}^2\left[\sqrt{\frac{3H}{4d^3}}(x-ct)\right]-\frac{9}{2}\frac{z}{d}\left(\frac{H}{d}\right)^2\sqrt{1+\frac{H}{d}}\left[1+\frac{H}{d}\left(\frac{17}{3}-\frac{5z^2}{2d^2}\right)\right]\cdot \\
&\operatorname{sech}^4\left[\sqrt{\frac{3H}{4d^3}}(x-ct)\right]+\frac{15}{4}\frac{z}{d}\left(\frac{H}{d}\right)^3\sqrt{1+\frac{H}{d}}\left(l-\frac{3z^2}{d^2}\right)\cdot \\
&\left.\operatorname{sech}^6\left[\sqrt{\frac{3H}{4d^3}}(x-ct)\right]\right\}
\end{aligned}
\tag{2-36}
$$

现有的波浪理论中，线性波理论、斯托克斯波理论、椭圆余弦波理论和孤立波理论应用比较广泛。不同的理论采用不同的假设与简化方法，理论计算结果差别很大，为了得到较为准确的波浪载荷计算结果，必须选择合适的波浪理论。这些理论的选择主要考虑三个因素，即波长 L、水深 d、波高 H。许多学者提出了不同的波浪理论划分依据。例如，1970 年 Dean 就各种波浪理论做出对应于自由水面的动力和运动边界条件的适应程度计算，并作为衡量各种波浪理论相对真实性的依据；1976 年 Lemehaute 将两个无因次独立参数 $H/(gT^2)$ 和 $d/(gT^2)$ 分别作为横坐标和纵坐标，把各种波浪理论的适用范围用图示的方法表示出来；竺艳蓉从不同海工结构的受力特性出发，将水槽试验结果与理论计算结果进行对比分析，提出了波浪理论的适用范围，如表 2-1 所示。

表 2-1　波浪理论的适用范围

划分依据	对应波浪理论
$d/L\geqslant0.2,\ H/L\leqslant0.2$	线性波理论
$0.1<d/L<0.2,\ H/L>0.2$	斯托克斯波理论
$(0.04\sim0.05)<d/L\leqslant0.1$	椭圆余弦波理论或孤立波理论

根据要求，软管在海上铺设后要能在 4 级海况下生存，因此以该海况下最恶劣的情况进行计算，考虑最大波长为 20 m 左右，对波浪载荷的选择初步分为三段，各波浪理论适用水深见表 2-2。

表 2-2 波浪理论适用水深

划分依据	对应波浪理论
$d \geqslant 4$ m	线性波理论
2 m$<d<$4 m	斯托克斯波理论
$d \leqslant 2$ m	椭圆余弦波理论或孤立波理论

2.2.2 海流载荷

2.2.2.1 海流分类

海流载荷包括惯性力、拖曳力等，情况非常复杂，是作用于海上构造物的主要载荷之一。海洋中的海流主要由海水的大规模质量转移引起，根据不同的标准可分为多种类型。

（1）按成因分类

1）风海流

风海流是在风的持续作用下形成的海流。大气的风应力作用于海面，将动量传递给海水，使海水产生运动。例如，信风带常年吹拂，驱动海水形成北赤道暖流和南赤道暖流，其流向和风速、风向紧密相关。在北半球，风海流的流向偏向风向的右侧；在南半球，则偏向左侧。

2）密度流

密度流是因海水密度分布不均匀而形成的海流。海水密度主要受温度和盐度影响，当两片海域的温度、盐度不同时，密度就会存在差异。如在直布罗陀海峡，地中海海水盐度高、密度大，大西洋海水盐度较低、密度小，于是形成了从地中海流向大西洋的密度流。

3）补偿流

补偿流是一种补充性的海流。当某一海域的海水因某种原因（如离岸风使表层海水离开海岸）流失时，相邻海域的海水就会进行补充，从而形成补偿流。秘鲁沿岸的上升补偿流就是典型例子，在东南信风的作用下，表层海水离岸，底层海水上升补偿，这股上升补偿流还使得秘鲁沿岸成为世界著名的渔场。

（2）按地理位置分类

1）沿岸流

沿岸流是沿着海岸流动的海流。其形成受多种因素综合影响，包括海岸地形、河流径流、季风等。例如，中国东部沿海的沿岸流在冬季受偏北风影响，沿岸流向南；夏季受偏南风影响，沿岸流向北。它对沿海的泥沙输移、污染物扩散等有重要作用。

2）赤道流

赤道流分布在赤道附近的海域。主要包括北赤道暖流和南赤道暖流，它们大致沿赤道自东向西流动。这是由于赤道地区受到信风的持续吹拂，并且地球自转也对其流向有一定的影响。赤道流是大洋环流的重要组成部分，对全球热量平衡和海洋生态系统有着深远的影响。

3）极地流

极地流存在于极地海域。例如，南极绕极流是世界上最大的海流，它围绕南极大陆自西向东流动，将南极海域与其他大洋相对隔开，对南极地区的气候、生态和海洋环境起到关键的保护和隔离作用。

（3）按深度分类

1）表层海流

表层海流主要集中在海洋表层，其厚度因海域、海况等不同而异，一般在几十米到几百米。表层海流受大气和太阳辐射等因素的影响较大，如风海流主要在海洋表层活动。它对海洋表面的温度、盐度分布以及海洋生态系统的初级生产力等有重要影响。

2）深层海流

深层海流是在海洋深层流动的海流。其驱动因素较为复杂，通常与海水的密度差异、大洋盆地的地形等有关。例如，北大西洋深层水向南流动，这种深层海流的流动速度虽然相对较慢，但它对全球海洋的热量和物质运输起着至关重要的作用，比如对调节全球气候的温盐环流就有着突出的贡献。

（4）按海流的稳定性分类

1）定常海流

定常海流的流速、流向等基本参数在一定时间和空间范围内相对稳定。例如，在一些相对封闭且受外界因素干扰小的海湾中，海流的状态比较稳定，这种定常海流对该区域的海洋环境和生态系统的稳定也起到一定的支撑作用。

2）非定常海流

非定常海流的流速、流向等参数随时间或空间发生变化。例如，在河口地区，受潮汐、河流径流、海风等多种因素的综合影响，海流的流速和流向会频繁变化（即形成非定常海流），这种非定常海流使得河口地区的水动力条件变得十分复杂，对河口的航运、生态和泥沙淤积等问题都有较大的影响。

2.2.2.2 海流载荷计算理论

在近岸流中，由于海流的运动速度和周期随时间的变化比较缓慢，因此可以将海流近似看作一种稳定的平面流动，认为其对管线的作用力仅为阻力。当只考虑海流作用时，圆形构件单位长度上的海流载荷可表示为

$$F_D = \frac{1}{2} C_D \rho A u_c^2 \tag{2-37}$$

式中：F_D 为单位长度上的海流载荷，N/m；C_D 为垂直于构件的阻力系数；ρ 为海水密度，kg/m³；A 为单位长度构件垂直于海流方向的投影面积，m²；u_c 为海流速度。

海流速度随水深的变化而变化，为了计算海洋工程构件水下部分的海流载荷，需要掌握海流速度随水深变化的规律。在无实测资料的情况下，对海平面以下某深度的海流速度可以采用美国船级社使用的经验公式进行计算：

$$u_c^h = u_m \left(\frac{h}{H} \right) + u_T \left(\frac{h}{H} \right)^{\frac{1}{7}} \tag{2-38}$$

式中：u_c^h 为距离海底 h 处的海流速度；u_m 为海面风流速度；h 为计算深度距海底的高度；H 为水深；u_T 为海面潮流速度。

2.2.2.3 阻力系数选定

在海洋环境载荷的计算过程中，会遇到惯性力系数和阻力系数的确定问题，而这两个系数的取值对作用力的大小会产生较大影响，因此必须根据影响因素对其进行合理确定。阻力系数 C_D 取决于下列因素。

（1）雷诺数

根据流体力学，雷诺数可表示为

$$Re = \frac{u_c D}{\mu} \tag{2-39}$$

式中：u_c 为海流速度；D 表示特征长度；μ 为海水运动黏度，一般取 1.01×10^{-6} m²/s。

雷诺数因海流速度的不同而不同，所对应的阻力系数也不尽相同。根

据式（2-39），从表 2-3 中查得阻力系数 C_D 的值。

表 2-3　雷诺数与阻力系数的对应关系

区间	雷诺数 Re	阻力系数 C_D
亚临界区	$<2\times10^5$	≈0.2
临界区	$2\times10^5\sim5\times10^5$	≈0.3
超临界区	$2\times10^5\sim5\times10^6$	$0.6\sim0.7$
极临界区	$>5\times10^6$	$0.6\sim0.7$

（2）相对粗糙度 K/D

相对粗糙度是指构件上不规则粗糙面沿径向的厚度与构件直径的比值。一般情况下，海洋工程构件的相对粗糙度为 0.001~0.1。表面粗糙度改变了海洋工程构件的直径，使构件上的海流力增大，因此必须同时考虑相对粗糙度对构件阻力系数和直径的双重影响。

2.2.3　风载荷

风载荷也是海洋工程中需要考虑的主要载荷之一。由于海上漂浮软管无论是在空管还是在输油状态下，均漂浮于海面上，因此需要考虑作用在软管上的风载荷的大小。

风作用在构件上，使得构件受到风压，产生风载荷。风载荷的计算需要考虑的因素主要有作用在构件上的基本风压值、构件的受压面积、构件在风场中的位置、构件形式的挡风效果等。空气在一定速度下运动时，理论风压是空气的动能函数，故可用数学表达式表达如下：

$$P_0\propto\frac{Wv^2}{2g} \tag{2-40}$$

式中：P_0 为基本风压，Pa；g 为重力加速度；W 为海水密度，kg/m³；v 为风速，m/s。

假设承受风压的构件在风的作用方向上的投影面积为 S，则构件上的风载荷可表示为

$$F=KK_zP_0S \tag{2-41}$$

$$P_0=\alpha v_t^2 \tag{2-42}$$

式中：F 为风载荷，N；K 为风载荷形状系数，其值可以根据表 2-4 选取或者根据风洞试验确定；K_z 为海上风压高度变化系数，其值可以根据表 2-5 选取；

S 为受风构件的正投影面积，m^2；α 为风压系数，一般取 $0.613\ (N \cdot s^2)/m^4$；v_t 为设计风速，m/s。

表 2-4　风载荷形状系数 K

构件	风载荷形状系数 K
圆柱形构件	0.5
球形构件	0.4
井架	1.25
甲板室群或类似结构	1.1
钢索	1.2
独立的结构（起重机、梁等）	1.5
大的平面（船体、甲板室、甲板下的平滑表面）	1.0
甲板下裸露的梁和桁架	1.3

表 2-5　海上风压高度变化系数 K_z

海平面以上高度/m	<2	5	10	15	20
海上风压高度变化系数 K_z	0.64	0.84	1.0	1.1	1.18

2.2.4　冰载荷

软管铺设在寒冷海域，当温度降到零下以后，海面结成冰块，软管将受到冰载荷的影响。冰载荷主要指结冰时的膨胀压力及流冰撞击产生的冲击力，以冰的破坏强度来衡量。

结冰时的膨胀压力 F_P 可表示为

$$F_P = P_0 Dh \tag{2-43}$$

式中：P_0 表示冰的破坏强度；D 为软管外径；h 为冰层的厚度。

流冰撞击产生的冲击力 F_T 可表示为

$$F_T = KP_0 A \tag{2-44}$$

式中：K 为破坏系数，该系数与结构物的形状和流冰的速度有关；A 为流冰撞击面积。

2.2.5　工作载荷

软管在输油过程中为了保证获得足够远的输送距离，一般管内有一定压力，即内压。在内压作用下，软管管壁的受力状态如图 2-5 所示。

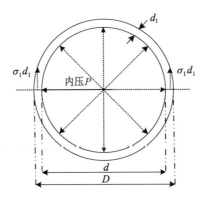

图 2-5　软管输油过程中管壁受力分析图

根据力学平衡可知

$$Pd = 2\sigma_1 d_1 \tag{2-45}$$

因此，软管环向应力 σ_1 可表示为

$$\sigma_1 = \frac{Pd}{2d_1} \tag{2-46}$$

式中：P 为流体压力；d 为软管内径；d_1 为软管壁厚度。

假设单位长度软管的两端封闭，则根据力学平衡条件，在内压作用下应满足

$$P\frac{\pi d^2}{4} = \sigma_2 \frac{\pi(D^2 - d^2)}{4} \tag{2-47}$$

因此，在内压作用下软管的轴向应力可表示为

$$\sigma_2 = \frac{Pd^2}{4d_1^2 + 4d_1 d} \tag{2-48}$$

2.3　Morison 公式算法改进及数值验证

海工结构物在海浪的作用下，承受着较大的波浪力，且对海洋工程而言，波浪力往往是其主要载荷。海浪对海洋工程构件的作用主要表现为以下几种效应：一是由于海水存在惯性，在海上构造物的影响下，海洋工程构件附近的海水速度场发生变化而引起的附加质量效应；二是海水固有的

黏滞性引起的黏滞效应；三是海洋工程构件对入射波浪的散射效应；四是海洋工程构件自身有较大的相对高度，当构件与自由表面靠近时就会扰动原波动场的自由表面，从而产生自由表面效应。

一般根据海洋工程构件对波浪运动产生影响的大小，可将其分为相对尺度大的结构物和相对尺度小的结构物，并以此分析其所承受的波浪载荷。相对尺度大的海洋工程构件（$D/L \geqslant 0.2$）上的波浪载荷可通过两种方法计算：一是根据 Mac Camy 和 Fuchs 等提出的绕射理论进行计算。绕射理论采用不可压缩的理想流体代替流体，并认为流体的运动是有势的，将海洋工程构件的边界作为流体边界的一部分来进行分析。二是基于 Froude-Krylov 假定，即假定结构物的存在不对原波浪压强分布产生影响，先计算原入射波浪作用下的海洋工程构件载荷，再引入关联绕射效应和附加质量效应的系数修正波浪载荷。

而对于相对尺度小的海洋工程构件（$D/L \leqslant 0.2$），因为其尺寸较小，对波浪运动的影响也较小，因而作用在该构件上的波浪载荷主要由附加质量效应和黏滞效应产生。相对尺度小的海洋工程构件上的波浪载荷常应用 Morison 公式进行求解，国内外很多学者对其进行了研究。

设有一直立于水中的圆柱体，水深 d，以圆柱体的轴向为 z 轴、圆柱体与海底的交点为原点、圆柱体的径向方向为 x 轴建立坐标系。假设存在沿 x 轴正方向传播的入射波，其波高为 H。莫里森（Morison）认为圆柱体任意高度位置 z 处的水平波浪载荷 f_H 由两部分组成：一部分是拖曳力 f_D，即由波浪水质点水平分速度 u_x 作用而产生的载荷；另一部分是水平惯性力 f_I，即受波浪水质点水平方向加速度 $\partial u_x / \partial t$ 影响而产生的载荷。并依据单向定常水流作用下的拖曳力生成机理来分析波浪作用于圆柱体时产生的拖曳力。因此作用于圆柱体水平方向的波浪力可表示为

$$f_H = f_D + f_I$$

$$= \frac{1}{2} C_D \rho A u_x |u_x| + (1 + C_m) \rho V_0 \frac{\partial u_x}{\partial t}$$

$$= \frac{1}{2} C_D \rho D u_x |u_x| + C_M \rho \frac{\pi D^2}{4} \frac{\partial u_x}{\partial t} \tag{2-49}$$

式中：ρ 为海水密度，kg/m³；C_D 为垂直于柱体轴线方向的拖曳力系数；V_0 为单位柱高的排水体积，m³；A 为单位柱高垂直于波浪传播方向的投影面积，m²；C_m 为附加质量系数；C_M 为质量系数；D 为圆柱体直径，m。

2.3.1 模型建立

海洋工程构件经常采用细长圆柱体作为基本结构，Morison 方程的推导与分析也是基于圆柱体进行的。与海浪入射波的波长 λ 相比，漂浮软管的直径 D 较小，因此认为海水漂浮软管的存在不会对波浪运动产生影响，波浪对软管的作用主要表现为附加质量效应和黏滞效应。

漂浮软管在输油状态下呈圆柱体形态，但软管始终漂浮在海面上，只有部分浸没在海水里，类似不完全淹没的圆柱体，如图 2-6 所示。

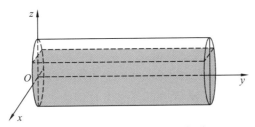

图中阴影区域为海平面以下部分。

图 2-6 海上漂浮软管不完全淹没圆柱体模型

绕流惯性力的本质是由于柱体对流体质点产生了扰动作用，影响了原流场的压强分布，从而产生对柱体的作用力。柱体排水体积和流场原来的运动情况决定绕流惯性力的大小，由图 2-6 可知，漂浮软管的排水体积（即图中阴影部分体积）$V_0' = 1 \times S$，其中 S 为单位长度软管排水体积在截面上的投影面积，且有

$$
\begin{cases}
V_0' < V_0 \\
V_0 = 1 \times \dfrac{\pi D^2}{4}
\end{cases}
\tag{2-50}
$$

柱体表面边界层的形成和发展与绕流拖曳力的产生密切相关，即与单位管长柱体在垂直于流动方向上的投影面积有重要关系，如图 2-7 所示。

从图 2-7 中显然可知，在输油状态下，漂浮软管本身浸入海平面以下的高度 h 小于软管的直径 D，垂直于流动方向的投影面积可表示为

$$
A' = 1 \times h, \quad A'' < 1 \times D
\tag{2-51}
$$

综合上述分析可知，如果直接运用现有 Morison 方程求解海上漂浮软管的波浪载荷，计算结果会偏大。要提升软管波浪载荷计算的精确性，须根据软管在海上的具体形态和受力特点，改进现有 Morison 方程。

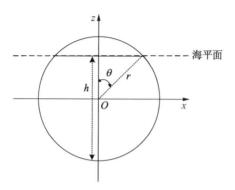

h—输油状态下海上漂浮软管本身浸入海平面的高度；
θ—海平面与软管质心的连线与垂直方向的夹角；r—软管的半径。

图 2-7　海上漂浮软质管线截面图

海上软质输油管线在海上输油过程中始终漂浮在海面上，软管受到波浪力、海浪力、风力、软管和油自身重力及浮力、拉力等载荷。在软管质心建立局部坐标系 xOz，对软管进行受力分析，如图 2-8 所示。

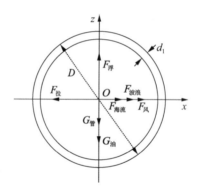

图 2-8　海上漂浮软管受力分析图

根据受力平衡可知各载荷之间须满足以下关系式

$$\begin{cases} F_{浮} = G_{油} + G_{管} \\ F_{拉} = F_{波浪} + F_{海流} + F_{风} \end{cases} \tag{2-52}$$

管线垂直方向受力平衡，因此有

$$SL_1\rho_{海水} = \pi\left(\frac{D}{2}-d_1\right)^2 L_1\rho_{油} + \pi\left[\left(\frac{D}{2}\right)^2 - \left(\frac{D}{2}-d_1\right)^2\right]L_1\rho_{管} \tag{2-53}$$

式中：S 为软管排水体积在截面上的投影面积，m^2；L_1 为单位软管的长度，m；$\rho_{海水}$ 为海水的密度，kg/m^3；$\rho_{油}$ 为输油的密度，kg/m^3；$\rho_{管}$ 为软管的密度，kg/m³；D 为软管外径，m；d_1 为软管厚度，m。

通过式（2-53）即可求得软管排水体积在截面上的投影面积 S：

$$S = \frac{\pi\left(\frac{D}{2}-d_1\right)^2 L_1\rho_{油}+\pi\left[\left(\frac{D}{2}\right)^2-\left(\frac{D}{2}-d_1\right)^2\right]L_1\rho_{管}}{L_1\rho_{海水}} \tag{2-54}$$

因此，作用于漂浮软管上的绕流惯性力 f'_I 可表示为

$$f'_I = C_M\rho V'_0\frac{\partial u_x}{\partial t} = C_M\rho S\frac{\partial u_x}{\partial t} \tag{2-55}$$

由图 2-7 中的几何关系可知，阴影部分面积 S 满足下式：

$$\begin{aligned}
S &= S_{扇形}+S_{三角形}\\
&= \frac{2\pi-2\theta}{2\pi}\pi r^2+(h-r)\sqrt{r^2-(h-r)^2}\\
&= \left[\pi-a\cos\left(\frac{h-r}{r}\right)\right]r^2+(h-r)\sqrt{r^2-(h-r)^2}
\end{aligned} \tag{2-56}$$

式中：$r=\dfrac{D}{2}$。

联立式（2-54）和式（2-56）求得高度 h，即可得到单位长度软管排水体积在海流方向的投影面积 $A'=1\times h$。因此，作用于漂浮软管上的绕流拖曳力 f'_D 可表示为

$$f'_D = \frac{1}{2}C_D\rho A'u_x|u_x| = \frac{1}{2}C_D\rho hu_x|u_x| \tag{2-57}$$

综合上述分析，适用于海上漂浮软质管线波浪载荷计算的改进 Morison 公式可表示为

$$\begin{aligned}
f'_H &= f'_D+f'_I\\
&= \frac{1}{2}C_D\rho A'u_x|u_x|+C_M\rho V'_0\frac{\partial u_x}{\partial t}\\
&= \frac{1}{2}C_D\rho hu_x|u_x|+C_M\rho S\frac{\partial u_x}{\partial t}
\end{aligned} \tag{2-58}$$

式中：u_x 和 $\dfrac{\partial u_x}{\partial t}$ 分别为软管轴中心处波浪水质点的水平速度和加速度。

2.3.2　改进 Morison 公式与原 Morison 公式对比分析

目前，我国广泛使用的是 100 mm 软质输油管线，该软管由聚氨酯内胶

层、聚酯纤维增强层和聚氨酯外胶层组成，各层之间牢固粘连。《可扁平聚氨酯输油软管规范》（GJB 3986A—2013）对软管规格进行了详细的规定，如表 2-6 所示。

表 2-6　软管规格

公称直径/mm	内径/mm	最大壁厚/mm	软管推荐长度/m
25	25	3.0	240，200，120，100，60，50
40	38		
50	51		
65	63		
80	76		
100	102	3.5	
125	127		
150	152	4.5	

软管输送介质为柴油，软管、柴油及海水等介质的密度如表 2-7 所示。

表 2-7　输送介质的密度

输送介质	密度/$(g \cdot cm^{-3})$
聚氨酯	1.250
柴油	0.830
海水	1.025

计算波浪为 4 级自由波，其各项参数如表 2-8 所示。

表 2-8　4 级自由波参数

周期 T/s	频率 ω/s	波高 H/m
3.6	0.278	1.45

通过联立式（2-54）和式（2-56），求得高度 $h = 0.09292$ m，单位长度软管排水体积在海流方向的投影面积 $S = 0.0085$ m^2，此时 $h/D = 0.852$，表明软管约有 85.2% 淹没在海平面以下。

选取软管位于水深 $d = 3.3$ m 时的情况，按照竺艳蓉提出的波浪理论应用划分依据，此时应采用斯托克斯波理论，该波浪理论中波长 L 与周期 T、水深 d 之间的关系可表示为

$$L = \frac{gT^2}{2\pi} \tanh(kd) \qquad (2\text{-}59)$$

式中：k 为波数，且 $k = \dfrac{2\pi}{L}$。

将表 2-8 中的数据代入式（2-59），计算得到波长 $L = 16.97$ m，此时 $d/L = 0.1976$，因此应该采用斯托克斯波理论计算波浪载荷。

2.3.2.1　原 Morison 公式

将式（2-14）、式（2-16）代入式（2-49）可得水平方向的波浪力为

$$F_h^0 = A_{21}^0 \left| C_{21}^0 \cos\theta + D_{21}^0 \cos 2\theta \right| (C_{21}^0 \cos\theta + D_{21}^0 \cos 2\theta) +$$
$$B_{21}^0 (E_{21}^0 \sin\theta + F_{21}^0 \sin 2\theta) \qquad (2\text{-}60)$$

式中：F_h^0 为斯托克斯水平波浪力；

$$A_{21}^0 = \frac{1}{2} C_D \rho h\,;$$

$$B_{21}^0 = C_M \rho S\,;$$

$$C_{21}^0 = \frac{H\pi \cosh[k(z+d)]}{T \quad \sinh(kd)}\,;$$

$$D_{21}^0 = \frac{3}{4}\left(\frac{H\pi}{T}\right)\left(\frac{H\pi}{L}\right)\frac{\cosh[2k(z+d)]}{\sinh^4(kd)}\,;$$

$$E_{21}^0 = 2\left(\frac{H\pi^2}{T^2}\right)\frac{\cosh[k(z+d)]}{\sinh(kd)}\,;$$

$$F_{21}^0 = 3\left(\frac{H\pi^2}{T^2}\right)\left(\frac{H\pi}{L}\right)\frac{\cosh[2k(z+d)]}{\sinh^4(kd)}\,;$$

$$\theta = kx - \omega t\,。$$

将波浪参数代入上述公式可求得参数数值为

$$A_{21}^0 = 67.0350,\ B_{21}^0 = 19.1292,\ C_{21}^0 = 1.5060,$$
$$D_{21}^0 = 0.2565,\ E_{21}^0 = 2.6285,\ F_{21}^0 = 0.8952$$

因此，水平方向的波浪力 F_h^0 为

$$F_h^0 = 67.0350 \left| 1.5060\cos\theta + 0.2565\cos 2\theta \right| (1.5060\cos\theta +$$
$$0.2565\cos 2\theta) + 19.1292(2.6285\sin\theta + 0.8952\sin 2\theta)$$

通过计算可得水平波浪力 F_h^0 的极值为

$$\begin{cases} \text{Max}(F_h^0) = 213.8617 \text{ N/m} \\ \text{Min}(F_h^0) = -106.3083 \text{ N/m} \end{cases}$$

2.3.2.2 改进 Morison 公式

将式（2-14）、式（2-16）代入式（2-58）可得水平方向的波浪力为

$$F_h^1 = A_{21}^1 \mid C_{21}^1 \cos\theta + D_{21}^1 \cos 2\theta \mid (C_{21}^1 \cos\theta + D_{21}^1 \cos 2\theta) +$$
$$B_{21}^1 (E_{21}^1 \sin\theta + F_{21}^1 \sin 2\theta) \tag{2-61}$$

式中：F_h^1 为斯托克斯水平波浪力；

$$A_{21}^1 = \frac{1}{2} C_D \rho h;$$

$$B_{21}^1 = C_M \rho S;$$

$$C_{21}^1 = \frac{H\pi}{T} \frac{\cosh[k(z+d)]}{\sinh(kd)};$$

$$D_{21}^1 = \frac{3}{4}\left(\frac{H\pi}{T}\right)\left(\frac{H\pi}{L}\right)\frac{\cosh[2k(z+d)]}{\sinh^4(kd)};$$

$$E_{21}^1 = 2\left(\frac{H\pi^2}{T^2}\right)\frac{\cosh[k(z+d)]}{\sinh(kd)};$$

$$F_{21}^1 = 3\left(\frac{H\pi^2}{T^2}\right)\left(\frac{H\pi}{L}\right)\frac{\cosh[2k(z+d)]}{\sinh^4(kd)};$$

$$\theta = kx - \omega t_{\circ}$$

将波浪参数代入上述公式可求得参数数值为

$$A_{21}^1 = 57.1335, B_{21}^1 = 17.4250, C_{21}^1 = 1.5060,$$
$$D_{21}^1 = 0.2565, E_{21}^1 = 2.6285, F_{21}^1 = 0.8952$$

因此，水平方向的波浪力 F_h^1 为

$$F_h^1 = 57.1335 \mid 1.5060\cos\theta + 0.2565\cos 2\theta \mid (1.5060\cos\theta +$$
$$0.2565\cos 2\theta) + 17.4250(2.6285\sin\theta + 0.8952\sin 2\theta)$$

通过计算可得水平波浪力 F_h^1 的极值为

$$\begin{cases} \mathrm{Max}(F_h^1) = 183.1281 \text{ N/m} \\ \mathrm{Min}(F_h^1) = -90.7744 \text{ N/m} \end{cases}$$

2.3.3 数据分析

根据原 Morison 公式和改进 Morison 公式计算求得的波浪力作图，如图 2-9 所示。

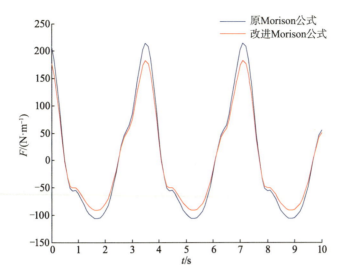

图 2-9　原 Morison 公式和改进 Morison 公式水平波浪力对比图

通过分析图 2-9 可知：两种方法计算得出的波浪力变化规律基本一致，波浪数值的变化周期基本保持稳定，两种方法在波峰和波谷位置计算结果的差异最大，在波的中间位置计算结果的差异较小。将两种方法计算的波浪力提取出来，如表 2-9 所示。

表 2-9　原 Morison 公式和改进 Morison 公式计算得到的水平波浪力差异

波浪理论	时间 t/s	水平方向波浪力/（$N \cdot m^{-1}$）			比例/%
		F_h^0	F_h^1	误差	
Stokes 理论	0.00	208.24	177.48	30.76	14.77
	0.20	145.92	122.71	23.21	15.90
	0.40	47.06	37.23	9.83	20.90
	0.60	−32.21	−30.87	−1.34	4.16
	0.80	−55.35	−50.42	−4.93	8.91
	1.00	−60.59	−54.20	−6.39	10.55
	1.20	−80.77	−70.53	−10.25	12.69
	1.40	−97.92	−84.37	−13.56	13.85
	1.60	−105.76	−90.50	−15.26	14.43
	1.80	−104.67	−89.21	−15.46	14.77
	2.00	−93.38	−79.23	−14.16	15.16
	2.20	−67.01	−56.21	−10.80	16.12
	2.40	−23.34	−18.21	−5.13	21.98

注：误差 $= F_h^0 - F_h^1$，比例 $= |$误差$|/F_h^0 \times 100\%$。

通过分析表 2-9 可知：两种公式计算得到的波浪力最大差值为 30.76 N/m，比例最大达 21.98%，平均比例约为 13%。这说明改进 Morison 公式的精度较原 Morison 公式提高了约 13%，主要原因在于原 Morison 公式的推导基于海上垂直圆柱体模型，即海上桩基，分析的微元完全浸没在水中，排水体积为圆柱体体积 V，垂直于海流方向的投影面积实质为圆柱体的直径 D，而海上输油软管即使在输油状态下仍漂浮于海面上，因此排水体积 V' 小于圆柱体体积 V，垂直于海流方向的投影面积为 $1×h$，小于 $1×D$，所以原 Morison 公式计算得出的波浪力的值大于实际值。

2.3.4　改进 Morison 公式的数值验证

ANSYS 是由美国 ANSYS 软件公司开发的一款大型 CAE 通用有限元软件，作为第一个通过 ISO9001 质量认证的分析设计类软件，ANSYS 已经广泛应用于机械制造、石油化工、土木工程、核工业、国防军工、铁道、航空航天、造船、水利、电子、汽车交通等工业和科学研究领域，是美国机械工程师学会（ASME）及近十个专业技术协会认证的标准分析软件。

ANSYS 软件是一款通用的有限元分析软件，不仅拥有结构静力分析、结构动力分析、结构非线性分析、结构屈曲分析、声场分析、电磁场分析、压电分析、热力学分析、流体动态分析等分析能力，还拥有丰富的单元库、材料库、材料模型和求解器，在多场耦合方面也有独特的优势。

2.3.4.1　建立模型

（1）单元的选取

本书选取 ANSYS 软件中的 PIPE59 单元模拟软管。PIPE59 单元是一种可以承受拉伸、弯曲和压作用的单元，能够较好地模拟海洋波浪。每个单元的节点均有 6 个自由度，即绕 x，y，z 轴的角位移和沿 x，y，z 轴方向的线位移。PIPE59 单元的几何模型示意图如图 2-10 所示。

（2）参数定义

设置软管外径为 $109×10^{-3}$ m，厚度为 $7×10^{-3}$ m，依据我国《海港水文规范》（JTS 145-2-2013）中的规定，取 $C_D=1.2$，$C_M=2$。波浪参数通过软件中的 WATER TABLE 施加，选取 Stokes 五阶波浪理论，即 KWAVE=2，波浪运动方向与软管成 90° 角，软管所处海域水深为 3.3 m。波流耦合作用方式如图 2-11 所示，选取 KCRC=0。

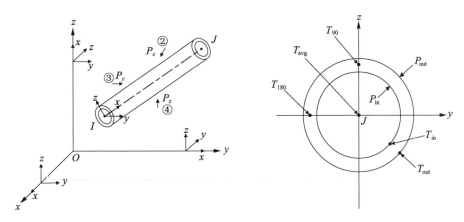

图 2-10 PIPE59 单元的几何模型示意图

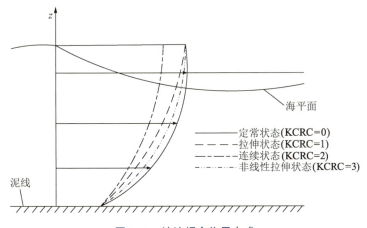

图 2-11 波流耦合作用方式

（3）模型的建立

建立如图 2-12 所示的有限元模型，该模型中软管沿 X 轴铺设，软管长度为 1 m，每隔 0.01 m 划分一个单元，共计划分 100 个单元。为求得软管最大波浪力，设置软管两端完全约束。

图 2-12 漂浮软管有限元模型图

2.3.4.2 数值模拟

对于某一波浪，当波高 H 与周期 T 固定时，波浪对构件的作用力大小与波浪相位角 φ 密切相关。由于对软管进行分析时应考虑其最不利情况，即波浪以最大作用力的方式作用于构件，因此在对软管进行分析之前应该搜索波浪作用于软管时的最大相位角，从而求得最大载荷。

相位角搜索的基本步骤如下：

① 建立构件的有限元模型；

② 设置环境载荷等参数，但不对波浪相位角进行设置；

③ 设置边界条件，适当进行简化，以利于求解结构反力；

④ 编制程序进行相位角搜索；

⑤ 分析结果，找到极限载荷对应的最大相位角。

本书通过编写程序搜索出在水深 $d=3.3$ m 的情况下，波浪最大相位角为 113°。因此，将 WATER TABLE 中的波浪相位角定义为 113°，进行有限元分析，得到漂浮软管在 4 级波浪作用下的受力云图，如图 2-13 所示。

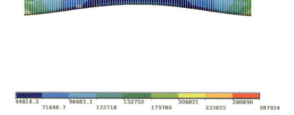

图 2-13　漂浮软管在 4 级波浪作用下的受力云图

2.3.4.3　结果分析

通过软件提取该海况下漂浮软管在水平方向的最大力 $F=176.75$ N/m，对比改进 Morison 方程计算结果，发现 ANSYS 仿真结果略小 3%，其原因主要在于 ANSYS 软件中采用的是 Stokes 五阶波浪理论，比采用 Stokes 二阶波浪理论的计算精度更高，更接近实际值。仿真计算的结果与改进公式计算结果较为吻合，说明改进 Morison 公式在提高软管所受波浪力的计算精度方面是可行的。

2.3.5　不同水深情况下软管波浪载荷计算

通过对改进 Morison 公式进行数值验证，发现其计算结果与软管在实际情况下受到的载荷相近。相较于原 Morison 公式，改进 Morison 公式提高了软管波浪载荷计算的精确度，因此应该采用改进 Morison 公式计算软管处于不同深度海域时的波浪载荷。

2.3.5.1　深水海域

根据分析，运用线性波理论计算水深大于 4 m 海域的软管单位管长波浪载荷。软管位于水深 $d=6$ m 时，在线性波理论中波长 L 与周期 T、水深 d 之间的关系可表示为

$$L=\frac{gT^2}{2\pi}\tanh(kd) \tag{2-62}$$

式中：k 为波数，且 $k=\frac{2\pi}{L}$。

将表 2-8 中的数据代入式（2-62），计算得到线性波长 $L=19.4$ m，此时 $d/L=0.3093$，由于软管始终漂浮在海面上，因此取 $z=0$。

（1）水平方向

将式（2-7）、式（2-9）代入式（2-58）可得水平方向的波浪力为

$$F_h=A_{11}\left|C_{11}\cos\theta\right|C_{11}\cos\theta+B_{11}D_{11}\sin\theta \tag{2-63}$$

式中：F_n 为水平方向的波浪力；

$A_{11}=\dfrac{1}{2}C_D\rho h$；

$B_{11}=C_M\rho S$；

$C_{11}=\dfrac{Hgk\cosh\left[k(z+d)\right]}{2\omega\quad\cosh(kd)}$；

$D_{11}=\dfrac{2\pi^2H\cosh\left[k(z+d)\right]}{T^2\quad\sinh(kd)}$；

$\theta=kx-\omega t$。

将波浪参数代入式（2-63）可求得参数数值为

$$A_{11}=57.1335,\ B_{11}=17.4250,$$

$$C_{11}=1.3185,\ D_{11}=2.3010$$

因此，水平方向的波浪力为

$$F_h=57.1335\left|1.3185\cos\theta\right|1.3185\cos\theta+17.4250\times2.3010\sin\theta$$

通过计算可得水平波浪力的极值为

$$\begin{cases}\mathrm{Max}(F_h)=103.2839\ \mathrm{N/m}\\\mathrm{Min}(F_h)=-103.2839\ \mathrm{N/m}\end{cases}$$

利用 Matlab 软件画出水平波浪力随时间变化的曲线，如图 2-14 所示。

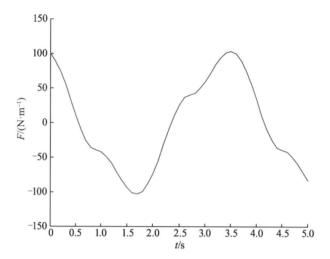

图 2-14　深水海域水平波浪力随时间变化的曲线

（2）垂直方向

将式（2-8）、式（2-10）代入式（2-58）可得垂直方向的波浪力为

$$F_v = A_{12} \mid C_{12}\sin\theta \mid C_{12}\sin\theta + B_{12}D_{12}\cos\theta \tag{2-64}$$

式中：F_v 为垂直方向的波浪力；

$A_{12} = \dfrac{1}{2}C_D\rho h$；

$B_{12} = C_M\rho S$；

$C_{12} = \dfrac{Hgk\sinh[k(z+d)]}{2\omega \quad \cosh(kd)}$；

$D_{12} = -\dfrac{2\pi^2 H\sinh[k(z+d)]}{T^2 \quad \sinh(kd)}$；

$\theta = kx - \omega t$。

将波浪参数代入式（2-64）可求得参数数值为

$$A_{12} = 57.1335,\ B_{12} = 17.4250,$$

$$C_{12} = 1.2654,\ D_{12} = -2.2085$$

因此，垂直方向的波浪力为

$$F_v = 57.1335 \mid 1.2654\cos\theta \mid 1.2654\cos\theta - 17.4250 \times 2.2085\sin\theta$$

通过计算可得垂直波浪力的极值为

$$\begin{cases} \mathrm{Max}(F_v) = 95.4138\ \mathrm{N/m} \\ \mathrm{Min}(F_v) = -95.4138\ \mathrm{N/m} \end{cases}$$

利用 Matlab 软件画出垂直波浪力随时间变化的曲线，如图 2-15 所示。

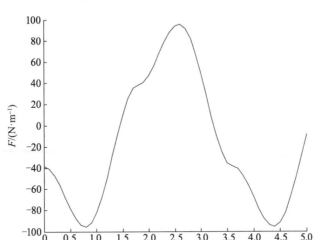

图 2-15　深水海域垂直波浪力随时间变化的曲线

2.3.5.2　过渡海域

根据前文分析，运用 Stokes 波理论计算水深 2 m<d<4 m 海域的软管单位管长波浪载荷。前文已经对水深 d = 3.3 m 时的水平波浪力进行了计算，将式（2-15）、式（2-17）代入式（2-58）可得垂直方向的波浪力为

$$F_v = A_{22} \mid C_{22}\sin\theta + D_{22}\sin 2\theta \mid (C_{22}\sin\theta + D_{22}\sin 2\theta) +$$
$$B_{22}(E_{22}\cos\theta + F_{22}\cos 2\theta) \tag{2-65}$$

式中：F_v 为垂直方向的波浪力；

$$A_{22} = \frac{1}{2}C_D\rho h;$$

$$B_{22} = C_M\rho S;$$

$$C_{22} = \frac{H\pi}{T}\frac{\sinh[k(z+d)]}{\sinh(kd)};$$

$$D_{22} = \frac{3}{4}\left(\frac{H\pi}{T}\right)\left(\frac{H\pi}{L}\right)\frac{\sinh[2k(z+d)]}{\sinh^4(kd)};$$

$$E_{21} = -2\left(\frac{H\pi^2}{T^2}\right)\frac{\sinh[k(z+d)]}{\sinh(kd)};$$

$$F_{21} = -3\left(\frac{H\pi^2}{T^2}\right)\left(\frac{H\pi}{L}\right)\frac{\sinh[2k(z+d)]}{\sinh^4(kd)}。$$

将波浪参数代入式（2-65）可求得参数数值为

$$A_{22} = 57.1335, B_{22} = 17.4250, C_{22} = 1.2654,$$

$$D_{22} = 0.2526, E_{22} = -2.2085, F_{22} = -0.8818$$

因此，垂直方向的波浪力为

$$F_v = 57.1335 \mid 1.2654\sin\theta + 0.2526\sin 2\theta \mid (1.2654\sin\theta +$$

$$0.2526\sin 2\theta) + 17.4250 \times (-2.2085\cos\theta - 0.8818\cos 2\theta)$$

通过计算可得垂直波浪力的极值为

$$\begin{cases} \text{Max}(F_v) = 109.2060 \text{ N/m} \\ \text{Min}(F_v) = -110.2966 \text{ N/m} \end{cases}$$

利用 Matlab 软件画出垂直波浪力随时间变化的曲线，如图 2-16 所示。

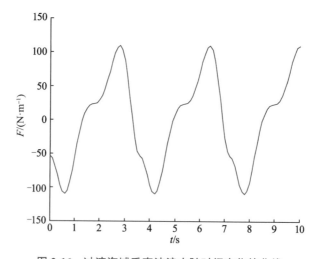

图 2-16　过渡海域垂直波浪力随时间变化的曲线

2.3.5.3　浅水海域

根据前文分析，运用孤立波理论计算水深 $d<2$ m 海域软管的波浪载荷。在一定水深情况下，孤立波能达到的最大波高为极限波高。波高超过极限波高后，波形就会破碎。1984 年 Keulegan 提出的极限波高条件为

$$\left(\frac{H}{d}\right)_{max} = 0.78 \tag{2-66}$$

根据设计海况，波高 $H = 1.45$ m，因此最小水深 d 满足

$$d_{min} = \frac{H}{0.78} = 1.8590 \text{ m}$$

因为软管漂浮于水面上，所以有

$$z = d = 1.8590 \text{ m}$$

（1）水平方向

将式（2-32）和式（2-34）代入式（2-58）可得水平方向的波浪力为

$$
\begin{aligned}
F_h = A_{31} u_x \times |u_x| + B_{31} a_x = \\
A_{31}(K_1 \text{sech}^2\theta + K_2 \text{sech}^2\theta + K_3 \text{sech}^4\theta) \times \\
|(K_1 \text{sech}^2\theta + K_2 \text{sech}^2\theta + K_3 \text{sech}^4\theta)| + \\
B_{31}(K_4 \text{sech}^2\theta \times \tanh\theta + K_5 \text{sech}^2\theta \times \tanh\theta + K_6 \text{sech}^4\theta \times \tanh\theta) \quad (2\text{-}67)
\end{aligned}
$$

式中：F_h 为水平方向的波浪力；

$$A_{31} = \frac{1}{2}C_D\rho h \, ;$$

$$B_{31} = C_M\rho S \, ;$$

$$K_1 = \sqrt{gd}\frac{H}{d} \, ;$$

$$K_2 = \sqrt{gd}\frac{H}{d}\left[1 + \frac{H}{d}\left(1 - \frac{3z^2}{2d^2}\right)\right] \, ;$$

$$K_3 = -\frac{\sqrt{gd}}{4}\left(\frac{H}{d}\right)^2\left(7 - \frac{9z^2}{d^2}\right) \, ;$$

$$K_4 = g\sqrt{3\left(1 + \frac{H}{d}\right)\left(\frac{H}{d}\right)^3} \, ;$$

$$K_5 = g\sqrt{3\left(1 + \frac{H}{d}\right)\left(\frac{H}{d}\right)^3}\left[1 + \frac{H}{d}\left(1 - \frac{3z^2}{2d^2}\right)\right] \, ;$$

$$K_6 = -\frac{g}{2}\sqrt{3\left(1 + \frac{H}{d}\right)\left(\frac{H}{d}\right)^5}\left(7 - \frac{9z^2}{d^2}\right) \, 。$$

将波浪参数代入式（2-67）可求得参数数值为

$$A_{31} = 57.1335, B_{31} = 17.4250,$$

$$K_1 = 3.3292, K_2 = 2.0308,$$

$$K_3 = 1.2984, K_4 = 15.6001,$$

$$K_5 = 9.5162, K_6 = 24.3359$$

因此，水平方向的波浪力为

$$F_h = 57.1335(5.36\mathrm{sech}^2\theta + 1.2984\mathrm{sech}^4\theta) \times |(5.36\mathrm{sech}^2\theta + 1.2984\mathrm{sech}^4\theta)| +$$

$$17.4250 \times (25.1163\mathrm{sech}^2\theta \times \tanh\theta + 24.3359\mathrm{sech}^4\theta \times \tanh\theta)$$

通过计算可得水平波浪力的极值为

$$\begin{cases} \mathrm{Max}(F_v) = 2533 \text{ N/m} \\ \mathrm{Min}(F_v) = -30.245 \text{ N/m} \end{cases}$$

利用 Matlab 软件画出水平波浪力随时间变化的曲线，如图 2-17 所示。

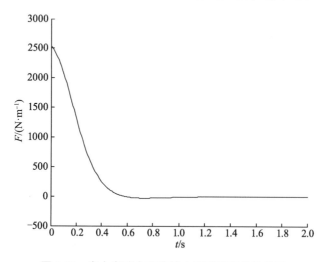

图 2-17　浅水海域水平波浪力随时间变化的曲线

（2）垂直方向

将式（2-29）和式（2-31）代入式（2-58）可得垂直方向的波浪力为

$$F_v = A_{32}u_v \times |u_v| + B_{32}a_v =$$

$$A_{32}(K_1\mathrm{sech}^2\theta \times \tanh\theta + K_2\mathrm{sech}^2\theta \times \tanh\theta + K_3\mathrm{sech}^4\theta \times \tanh\theta) \times$$

$$|(K_1\mathrm{sech}^2\theta \times \tanh\theta + K_2\mathrm{sech}^2\theta \times \tanh\theta + K_3\mathrm{sech}^4\theta \times \tanh\theta)| +$$

$$B_{32}(K_4\mathrm{sech}^2\theta + K_5\mathrm{sech}^4\theta + K_6\mathrm{sech}^2\theta + K_7\mathrm{sech}^4\theta + K_8\mathrm{sech}^6\theta) \qquad (2\text{-}68)$$

式中：F_v 为垂直方向的波浪力；

$$A_{32} = \frac{1}{2}C_D\rho h;$$

$$B_{32} = C_M\rho S;$$

$$K_1 = \sqrt{3gd}\,\frac{z}{d}\left(\frac{H}{d}\right)^{\frac{3}{2}};$$

$$K_2 = \sqrt{3}\sqrt{gd}\,\frac{z}{d}\left(\frac{H}{d}\right)^{\frac{3}{2}}\left[1+\frac{H}{d}\left(1-\frac{z^2}{2d^2}\right)\right];$$

$$K_3 = -\frac{\sqrt{3}}{2}\sqrt{gd}\,\frac{z}{d}\left(\frac{H}{d}\right)^{\frac{5}{2}}\left(1-\frac{3z^2}{d^2}\right);$$

$$K_4 = g\,\frac{3z}{d}\left(\frac{H}{d}\right)^2\sqrt{1+\frac{H}{d}};$$

$$K_5 = -\frac{9}{2}g\,\frac{z}{d}\left(\frac{H}{d}\right)^2\sqrt{1+\frac{H}{d}};$$

$$K_6 = \frac{3}{2}g\,\frac{z}{d}\left(\frac{H}{d}\right)^2\sqrt{1+\frac{H}{d}}\left[1+\frac{H}{d}\left(1-\frac{z^2}{2d^2}\right)\right];$$

$$K_7 = -\frac{9}{2}g\,\frac{z}{d}\left(\frac{H}{d}\right)^2\sqrt{1+\frac{H}{d}}\left[1+\frac{H}{d}\left(\frac{17}{3}-\frac{5z^2}{2d^2}\right)\right];$$

$$K_8 = \frac{15}{4}g\,\frac{z}{d}\left(\frac{H}{d}\right)^3\sqrt{1+\frac{H}{d}}\left(7-\frac{3z^2}{d^2}\right)\,.$$

将波浪参数代入式（2-68）可求得参数数值为

$$A_{32} = 57.1335, B_{32} = 17.4250,$$

$$K_1 = 5.0927, K_2 = 7.0788,$$

$$K_3 = 3.9722, K_4 = 23.8635,$$

$$K_5 = -35.7952, K_6 = 16.5850,$$

$$K_7 = -124.2080, K_8 = 93.0662$$

因此，垂直方向的波浪力为

$$F_v = 57.1335(12.1715\mathrm{sech}^2\theta\times\tanh\theta+3.9722\mathrm{sech}^4\theta\times\tanh\theta)\times$$

$$|(12.1715\mathrm{sech}^2\theta\times\tanh\theta+3.9722\mathrm{sech}^4\theta\times\tanh\theta)|+$$

$$17.4250\times(40.4485\mathrm{sech}^2\theta-160.0032\mathrm{sech}^4\theta+93.0662\mathrm{sech}^6\theta)$$

通过计算可得垂直波浪力的极值为

$$\begin{cases}\mathrm{Max}(F_v) = 1570.6\ \mathrm{N/m}\\ \mathrm{Min}(F_v) = -461.5631\ \mathrm{N/m}\end{cases}$$

利用 Matlab 软件画出垂直波浪力随时间变化的曲线，如图 2-18 所示。

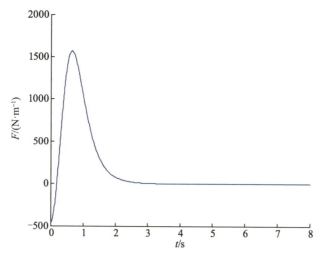

图 2-18　浅水海域垂直波浪力随时间变化的曲线

2.3.6　波浪载荷的修正

由于软管在海上铺设长度较长，波浪的作用情况与软管的作用方式是时刻变化的，因此应根据波浪的作用情况对波浪力进行一定的修正。

2.3.6.1　相位角的影响

前面在利用改进 Morison 公式进行波浪力的计算时，是以波浪力垂直作用于软管为前提的，而实际情况中波浪力作用方向通常与软管成一定角度 θ，且该角度是时刻变化的，因此应该在软管的垂直方向对作用力进行分解，即计算出来的最大波浪力应乘以 $\cos\theta$。海岸区的软管受海湾的影响，其波浪力的作用方向与软管的轴线平行，作用力近似为 0，但考虑到波流紊乱的影响和一定的安全系数，仍以 30°~60° 的夹角进行计算。本书中在深水区和过渡区采用 30° 夹角，浅水区采用 60° 夹角进行计算。

2.3.6.2　管线长度的影响

由于管线的铺设长度较长，波浪不可能以同样的方式作用于整条管线，而且管线是柔性的，前后段之间也有缓冲和牵制作用，因此根据表 2-10 中的折减系数对管线上的波浪载荷进行修正。

表 2-10　波浪力折减系数

管道长度	$<0.25L$	$(0.25\sim0.5)L$	$(0.5\sim1)L$	$>L$
折减系数	0.8	0.7	0.6	0.5

注：L 为波长，m。

考虑到相位角和管线长度的影响，修正后的波浪力如表2-11所示。

表2-11　波浪力修正值

波浪力/($N \cdot m^{-1}$)	水深 d/m		
	$d \leqslant 2$	$2 < d < 4$	$d \geqslant 4$
水平波浪力	633.2	79.2	44.7
垂直波浪力	392.6	47.3	41.3

参考文献

[1] 张琳. 单锚腿系泊系统数值模拟[D]. 北京:清华大学,2005.

[2] 沙鑫. 海上风电机组四桩导管架支撑结构的动力响应分析[D]. 青岛:中国海洋大学,2014.

[3] 田建明. 圆形明流洞水力瞬变问题的研究[D]. 郑州:郑州大学,2009.

[4] 林振东. 腐蚀影响下海洋平台结构的极限承载力研究[D]. 镇江:江苏科技大学,2014.

[5] 竺艳蓉. 几种波浪理论适用范围的分析[J]. 海岸工程,1983,2(2):11-27.

[6] 李东. 基于 ANSYS 的超深水钻井隔水管力学分析[D]. 海口:海南大学,2013.

[7] 周广利,白若阳. 导管架平台的动力分析[J]. 中国海洋平台,2006, 21(1):45-48.

[8] 杨茂红. 深水钻井隔水管的振动分析与数值模拟[D]. 北京:中国石油大学,2008.

[9] 岳晓瑞,徐海祥,罗薇,等. 海洋工程结构物风载荷计算方法比较[J]. 武汉理工大学学报(交通科学与工程版),2011,35(3):453-456.

[10] 张帅. 冰与直立型及锥型结构的相互作用力分析[D]. 哈尔滨:哈尔滨工程大学,2013.

[11] Kim B W, Sung H G, Kim J H, et al. Comparison of linear spring and nonlinear FEM methods in dynamic coupled analysis of floating structure and mooring system[J]. Journal of Fluids and Structures,2013,42:205-227.

[12] Kim T, Lee J, Fredriksson D W, et al. Engineering analysis of a submersible abalone aquaculture cage system for deployment in exposed marine environ-

ments[J]. Aquacultural Engineering,2014,63:72-88.

[13] Yang W L, Li Q. The expanded Morison equation considering inner and outer water hydrodynamic pressure of hollow piers[J]. Ocean Engineering, 2013,69:79-87.

[14] Avila J P J, Adamowski J C. Experimental evaluation of the hydrodynamic coefficients of a ROV through Morison's equation[J]. Ocean Engineering, 2011,38(17/18):2162-2170.

[15] Li X, Li M G, Zhou J. Experimental study of the hydrodynamic force on a pipeline subjected to vertical seabed movement[J]. Ocean Engineering,2013, 72:66-76.

[16] Burrows R, Tickell R G, Hames D, et al. Morison wave force coefficients for application to random seas[J]. Applied Ocean Research,1997,19(3/4): 183-199.

[17] Riziotis V A, Katsaounis G M, Papadakis G, et al. Numerical and experimental analysis of the hydroelastic behavior of purse seine nets[J]. Ocean Engineering,2013,58:88-105.

[18] Arena F, Nava V. On linearization of Morison force given by high three-dimensional sea wave groups[J]. Probabilistic Engineering Mechanics, 2008,23(2/3):104-113.

[19] Krenk S. Time-domain analysis of frequency dependent inertial wave forces on cylinders[J]. Computers & Structures,2013,126:184-192.

[20] Boccotti P, Arena F, Fiamma V, et al. Two small-scale field experiments on the effectiveness of Morison's equation[J]. Ocean Engineering,2013,57: 141-149.

[21] 何晓宇,李宏男. 波浪与地震对小尺度桩柱的共同作用研究[J]. 地震工程与工程振动,2007,27(5):139-145.

[22] 胡忠璜. 桶形浅基础水平极限承载力分析研究[D]. 大连:大连理工大学,2007.

[23] 王敏. 胜利海上边缘区块FPSO生产系统研究[D]. 青岛:中国石油大学(华东),2011.

[24] 王亚磊. 在役自升式平台作业状态下强度评估[D]. 天津:天津大学,2009.

第 3 章　漂浮软管波流作用及稳定性

3.1　水域漂浮软管力学性能研究概况

国内外学者在海上输油管线的受力和稳定性方面进行了大量的理论研究工作，积累了很多理论研究成果。

3.1.1　漂浮软管主要特点

相比于装配式钢管，漂浮软管的优点在于质量轻，便于携行和收卷，但软管在不同情况下也会出现失效的现象，其失效模式如下：

① 轴向拉力超过其抗拉强度，导致软管被拉断或接头被拉脱。

② 软管过长，出现打绞现象，导致软管被破坏。此类失效一般发生在管线铺设时，因此铺设时必须密切关注软管是否打绞。为避免软管在铺设时打绞，软管通常不宜过长，应制定科学、严格的操作规程使铺设过程规范化，尽量减少铺设中的错误操作。

③ 弯曲过度，导致局部出现临界压曲，使得连接处的接头相互挤压而损坏；或导致软管局部拉应力超过软管的许用应力而造成软管损坏。

④ 理论上，扭转力矩过大也会导致软管失效。但在一般情况下，扭矩的幅值都是很小的，所以这种失效模式发生的可能性非常低。

⑤ 输送过程中水击或者设计缺陷导致软管内压过大而使软管胀破。

⑥ 软管被过大的外压压坏。但是浮动软管铺设在岸滩，不可能存在巨大的外部压力，因此可以不考虑此失效模式。

⑦ 如果软管选用的材料不合适，海水温度过高或过低都会导致软管失效。

⑧ 软管外层和海水之间的化学作用会导致材料老化，造成软管失效。而且，如果材料是可渗透的液体，或者能通过软管扩散出去的油气，软管

就会局部变弱，最后失效。

⑨ 在动态力的作用下会发生疲劳，从而失效。

因此，针对软管失效模式，需建立复杂力学模型，研究软管力学性能和稳定性。

3.1.2 研究现状

3.1.2.1 软管的静态分析研究

软管的静态分析主要是对其在静力作用下的形态变化及张力变化的分析。由于软管通常由聚氨酯或其他非金属材料制成，所以软管的弯曲刚度相对于钢管非常小，软管在海上铺设展开后像一根有张力的悬索，因此最初对软管进行静态分析是对经典的悬链线方程进行求解。De Zoysa 等在分析海上软管静力学问题时采用了悬链线方程进行求解，可是这种方法只对软管的自重和软管所受的海流力进行分析，没有考虑软管自身的弯曲刚度产生的影响，所以运用该方法得到的软管形态和张力计算结果与实际有一定的偏差，也难以计算出作用在软管上的弯矩。因此，有学者将悬链线方程与经典张力梁方程结合起来对软管承受的弯矩进行求解。

Peyrot 和 Goulois 于 1979 年提出了基于一般悬链线软管的三维分析方法，编写了可对任意两点间的悬链线软管进行分析的计算程序，该程序的可靠性较高。该方法对软管的弯曲刚度进行了简化处理，只考虑软管的轴向伸长效应及软管的自重，通过该方法计算出的软管张力和静态形状结果存在一定的偏差，也无法通过该方法求得软管承受的弯矩，但是其计算结果可作为软管的初步形状，为下一步精确数值分析做准备。

Ractliff 于 1985 年分析了张紧和松弛两种静态形状的悬链线海上软管，并对软管的质量、长度、跨度、端部张力及软管最高点与最低点之间的垂直距离等参数之间的关系进行了研究，采用近似经验的方法，给出了不同参数之间的计算公式。

随着新材料的研发和制造工艺的升级，大量新型软管形式在海洋工程中广泛应用，亟须开发出基于软管弯曲刚度和软管几何非线性的软管分析方法，从而实现对软管张力和静态形状的精确求解。软管弯矩和张力模型的建立主要有两种方法，分别是有限元法和有限差分法。一般采用增量和增量平衡迭代算法对模型进行求解。

Cowan 和 Andris 于 1977 年在求解海底和船上的软管张力及静态形状问

题时采用了增量漂移算法，软管的形状计算开始于水平位置，然后缓慢放下软管的一端，直到软管端部到达海底。在放下的过程中软管会经历大变形，考虑到采用增量算法可能会产生漂移，因此可用快速平衡迭代算法对计算结果进行修正。

由于需要应用到 Gauss-Seidel 迭代法或 Jacobi 迭代法，并且存在结果不收敛的问题，因此使用有限差分法的文献不多，大多数文献主要采用有限元法（FEM）。软管有限元模型的建立主要有两种方法，一是利用变分方法在局部坐标系下根据能量守恒定律建立方程，然后利用坐标转换建立软管的整体平衡方程；二是通过受力分析，在整体坐标系下建立软管的矢量平衡方程。

3.1.2.2　软管的动态分析研究

软管的动态分析主要是分析其在波浪载荷及船舶运动激励下的动态效应，而动态分析又可以分为时域分析和频域分析两大类。

（1）时域分析法

时域分析能有效适应材料、几何和载荷的非线性分析，相比于频域分析，时域分析虽耗时较长，但精度较高。一般的时域分析法主要有 NewMark-β 法、Houbolt 法、有限差分法、Wilson-θ 法。其中，NewMark-β 法因具有零周期延长、无条件稳定、高精度、低幅值衰减等优点，被广泛应用于近海海洋工程中。

Gardner 和 Kotch 于 1976 年运用 NewMark-β 法和有限元法对立管在波浪中的动态反应进行分析，并将与刚度矩阵成比例的阻尼矩阵引入动态平衡方程。经分析发现，结构阻尼远小于流体动力阻尼，因此可以忽略不计。

Malahy 于 1985 年提出立管、管道和悬索的三维动态分析方法，在模型的构建之初就考虑到了管道的扭转变形和轴向伸长效应，采用 NewMark-β 法对时间进行积分，分析了管道在规则波作用下的动态效应。

McNamara 和 O'Brien 于 1988 年在对管道进行二维分析的基础上，构建了杂交有限元模型，运用 Houbolt 法求解动态效应问题。

文献中也有运用其他方法进行分析计算的，比如 O'Brien 和 McNamara 于 1992 年将 Hilber-Hinghes-Taylor 法引入海上软管的动态分析中，该方法可实现变步长分析。

（2）频域分析法

频域分析法在应用于软管分析问题时对计算机性能的要求较低，因而

在早期计算机技术还不是特别先进的时候，频域分析法就得到了广泛应用。频域分析法最大的特点是仅适用于线性过程，因此对于像波浪力这样的非线性力，在软管的波浪载荷分析中直接运用频域分析法会遇到较大的困难，必须先对波浪阻力项（简称波阻项）中的非线性 $C_D|u|u$ 进行线性化处理，而且只有先从数学上将波浪的随机过程分解成若干谐过程，才能应用频域分析法。

Kirk 和 Etok 于 1979 年提出管道在遭受随机振荡时的频域分析法，在求解管道的自然振荡频率时运用了混合的 Lagrangian（拉格朗日函数）和 Rayleigh-Ritz 法，并在给定的波高谱下导出了反应谱和波浪力谱。

线性化处理波阻项的方法主要有以下几种：

① 将波阻项按 Fourier 级数展开，并只保留展开项中的低频部分，从而实现线性化。但 Eatock Taylor 和 Raja Gopalon 于 1983 年运用 Fourier 级数展开波阻项的线性化方法，分析刚性长体受波浪和对流的作用，研究表明，为了得到较好的分析结果，展开项必须保留至 3 阶，否则高频部分将产生非保守结果。

② Krolikowski 于 1980 年提出了一种改进的波阻项线性化方法。通过对 Fourier 级数展开波阻项的线性化方法进行研究，他发现此方法的计算结果存在较大误差，因此对这种方法进行了改进。计算结果表明，改进后的波阻项线性化方法分析计算的结果较为令人满意，并且与时域分析法的计算结果比较吻合，因此有利于推广并应用在实际工程计算中。Kao 等于 1982 年通过对该方法进行研究，指出了这种线性分析方法中存在的问题，并认为线性技术严重低估了低频反应，高估了高频反应，而且低频反应往往占了整个波能的较大部分，这也是设计者们通常最为关心的问题。

③ Langly 于 1984 年通过分析整个频谱中阻力的统计特性，提出了线性化处理波阻项的方法，并将非线性阻力与线性回归值之间的均方差降到最小。然而，其阻力系数矩阵由于需要运用重积分进行积分计算，因而对计算机的性能要求较高。

④ Leira 于 1984 年提出了用 Fourier 级数展开项中的卷积来表示波阻项的方法。结果表明，此种方法的非线性化效果较好，计算得出的弯矩同时域分析方法的结果较为接近。

从以上分析可知，由于海上漂浮软管的材质不同，其弯曲刚度比一般的钢质管线小几个数量级，在受到海洋载荷的作用时可以弯曲成任何形状，所以传统的 Euler-Bernouri 梁弯曲理论引出的大变形模型不适用于对海上软管的分析。

近年来，软管分析中大量应用了杂交有限元法。针对漂浮软管的动态分析问题，时域分析法在处理几何非线性、载荷非线性、材料非线性等方面得到了比较令人满意的结果。而频域分析法由于依赖波浪力的线性化处理，因此计算结果中软管的高频反应被高估，低频反应被严重低估。随着计算机的飞速发展，时域分析法在软管的动态分析中被广泛应用。

3.1.2.3　漂浮软管的研究

漂浮管道主要存在于海面或海面下几十厘米，主要受波浪、海流及风力的影响。对海上漂浮软管来说，无论是空管还是输油作业，其始终漂浮于海面上。

2003 年，孟浩龙、吕宏庆等通过建立数学模型的方法进行了海上漂浮软管的静态分析，得到了软管的偏移及其所受的拉力、弯矩和剪力等，并且做了初步的动态分析，为海上管线设计提供了静力计算方法。

2004 年，赵伟、吕英民等建立了基于广义变分原理的三维有限元模型，以此对漂浮软管的有限元单元模型运用 Newton-Raphson 迭代法和增量漂移法进行求解，开发出软管的二维和三维静态分析计算程序，并应用该程序对漂浮软管在海流作用下的弯矩和张力进行了计算。

2005 年，吕晨亮等对波纹管的扭转特性进行了研究，采用旋转壳理论推导出 U 形波纹管和 C 形波纹管的扭转刚度的积分计算公式，并与有限元分析进行了对比验证；其运用修正的 Riks 弧长法进行了非线性后屈曲阶段的波纹管扭转特性分析，提出波纹管的扭转屈曲对于缺陷不太敏感，也不存在某些屈曲类型中会出现的载荷变形曲线的突然"坍塌"现象，该理论为波纹管在后屈曲阶段的继续应用提供了理论依据。

2007 年，张世富、张骞、王云龙等研究了在波浪载荷下的海上漂浮管线的变形、管线内部流体流速对海上漂浮式管线变形的影响，并对漂浮钢质管线进行了静态分析和非线性动态分析。

2009 年，由丹丹等利用有限元分析软件的参数化设计语言（APDL），根据有限元分析的思路，通过对金属软管建立三维有限元模型，研究分析了金属软管静态和动态的力学问题。

在管线疲劳分析方面，一般认为管线因振动产生的疲劳主要可划分为两个方向：一是在垂直平面内与波浪和海流垂直的横向振动，二是在水平面内与海流或波浪同方向的振动。有不少文献对旋涡释放引起的疲劳进行了研究，国内比较有特色的研究成果主要有：余建星等分析并测得了管跨在随机流和稳定流作用下的动力响应；高平福等建立了 U 形实验槽，对铺设于海床上的管道在波浪作用下的稳定性进行了实验。

3.2 海上漂浮软管计算分析

3.2.1 海上漂浮软管力学模型

3.2.1.1 基本假设

为了建立漂浮软管在海上受力的数学模型，求解软管两端的拉力，通常忽略次要的和影响不大的因素，只保留最重要的因素。

① 软管输油时，因具有较高的内压，因此认为其具有一定的刚度，设横截面上的抗弯刚度为恒定值。

② 忽略软管接头对软管的影响。

③ 海流与波浪的作用力垂直于软管的布管方向，即考虑软管所受波浪力和海流力为最大的特殊情况。

3.2.1.2 模型建立

以水平向右为 x 轴，垂直于布管方向为 y 轴，在水平面上建立如图 3-1 所示的坐标系。图中，L_0 为穿越宽度，H 为软管最大挠度，取软管左右两端进行分析，拉力 T_1 可以分解为沿坐标轴方向的拉力 T_{1x} 和 T_{1y}，拉力 T_2 可以分解为沿坐标轴方向的拉力 T_{2x} 和 T_{2y}。

为分析拉力 T_1，取软管在横坐标上投影长度为 dx 的一个软管微元，其受力如图 3-2 所示。

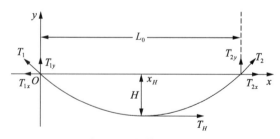

图 3-1 海上漂浮软管极端受力分析图

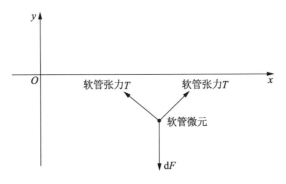

图 3-2　软管微元受力分析图

在极端情况下，微元所受波浪力、海流力等载荷均垂直向下，合力为 $\mathrm{d}F$，此时软管受力达到最大，即

$$\mathrm{d}F = (F_1 + F_2)\,\mathrm{d}x = \left(\frac{1}{2}C_D\rho h u_x\,|\,u_x\,| + C_M\rho S\frac{\partial u_x}{\partial t} + \frac{1}{2}C_K\rho A u_c^2\right)\mathrm{d}x \tag{3-1}$$

式中：F_1 表示微元受到的波浪载荷；F_2 表示微元受到的海流载荷。

由于软管受力沿 y 轴方向，以整条管线为分析对象，整条管线长 L，因此以点 $(L,0)$ 为轴心建立力矩平衡方程：

$$\begin{aligned}
T_{1y}L &= \int_0^L (L-x)\,\mathrm{d}F \\
&= \int_0^L (L-x)\left(\frac{1}{2}C_D\rho h u_x\,|\,u_x\,| + C_M\rho S\frac{\partial u_x}{\partial t} + \frac{1}{2}C_K\rho A u_c^2\right)\mathrm{d}x
\end{aligned} \tag{3-2}$$

以点 $(0,0)$ 至点 $(x_H,0)$ 段软管为分析对象，其右端受到拉力 T_H（图 3-1），根据水平方向受力平衡条件，得

$$T_H = T_{1x} \tag{3-3}$$

又以点 $(0,0)$ 为轴心建立如下力矩平衡方程：

$$T_H H = \int_0^{x_H} x\left(\frac{1}{2}C_D\rho h u_x\,|\,u_x\,| + C_M\rho S\frac{\partial u_x}{\partial t} + \frac{1}{2}C_K\rho A u_c^2\right)\mathrm{d}x \tag{3-4}$$

即

$$T_{1x} H = \int_0^{x_H} x\left(\frac{1}{2}C_D\rho h u_x\,|\,u_x\,| + C_M\rho S\frac{\partial u_x}{\partial t} + \frac{1}{2}C_K\rho A u_c^2\right)\mathrm{d}x \tag{3-5}$$

所以软管左端的拉力 T_1 可表示为

$$T_1 = \sqrt{T_{1x}^2 + T_{1y}^2} \tag{3-6}$$

以整条软管为分析对象，以点 $(0,0)$ 为轴心建立力矩平衡方程：

$$T_{2y}L = \int_0^L x\left(\frac{1}{2}C_D\rho h u_x\,|\,u_x\,| + C_M\rho S\frac{\partial u_x}{\partial t} + \frac{1}{2}C_K\rho A u_c^2\right)\mathrm{d}x \tag{3-7}$$

由受力平衡关系可知

$$T_{2x} = T_{1x} \tag{3-8}$$

因此，软管右端的拉力 T_2 可表示为

$$T_2 = \sqrt{T_{2x}^2 + T_{2y}^2} \tag{3-9}$$

软管在输油过程中内压较高，因此认为其具有一定的刚度，可以将输油软管简化成梁来进行分析，简化模型如图 3-3 所示。

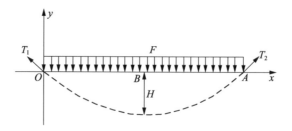

图 3-3　简化梁模型示意图

为分析软管在极端海况下的力学性能，假定长度为 L 的软管受到集度为 F 的均布载荷作用，并且两端点固支。以左端点为原点，建立与图 3-1 相同的坐标系，则梁的弯矩方程可表示为

$$M(x) = \frac{FL}{2}x - \frac{F}{2}x^2 \tag{3-10}$$

由力学相关知识可知梁的挠曲线近似微分方程为

$$y'' = \frac{\mathrm{d}^2 y}{\mathrm{d}x^2} = \frac{M(x)}{EI} \tag{3-11}$$

将式（3-10）代入式（3-11）得到

$$EIy'' = \frac{FL}{2}x - \frac{F}{2}x^2 \tag{3-12}$$

对微分方程（3-12）积分得到

$$EIy' = \frac{FL}{4}x^2 - \frac{F}{6}x^3 + C \tag{3-13}$$

对微分方程（3-13）积分得到

$$EIy = \frac{FL}{12}x^3 - \frac{F}{24}x^4 + Cx + D \tag{3-14}$$

简化梁模型的边界条件为两端点的挠度等于零，即有

$$\begin{cases} x=0,\ y_A=0 & ① \\ x=L,\ y_B=0 & ② \end{cases}$$

将①代入式（3-14）可得

$$D=0$$

将②和 $D=0$ 代入式（3-14）可得

$$C=-\frac{FL^3}{24}$$

将 C 和 D 代入式（3-13）及式（3-14）可得

$$y'=\frac{-F}{24EI}(L^3+4x^3-6Lx^2) \tag{3-15}$$

$$y=-\frac{Fx}{24EI}(L^3-2Lx^2+x^3) \tag{3-16}$$

由于简化梁模型上的载荷和边界条件均关于梁跨中点对称，因此简化梁的挠度曲线也必关于中点对称，最大挠度必在简化梁的中点位置处，即 $y_{\max}=y\,|_{x=\frac{L}{2}}$，代入式（3-16）可得

$$|y_{\max}|=\left|-\frac{F\dfrac{L}{2}}{24EI}\left[L^3-2L\left(\frac{L}{2}\right)^2+\left(\frac{L}{2}\right)^3\right]\right|=\frac{5FL^4}{384EI}$$

因此，软管左端的拉力 T_1 为

$$T_1=\left\{\left[\frac{1}{L}\int_0^L(L-x)\left(\frac{1}{2}C_D\rho hu_x\,|\,u_x\,|+C_M\rho S\frac{\partial u_x}{\partial t}+\frac{1}{2}C_K\rho Au_c^2\right)\mathrm{d}x\right]^2+\right.$$

$$\left.\left[\frac{384EI}{5FL^4}\int_0^{x_H}x\left(\frac{1}{2}C_D\rho hu_x\,|\,u_x\,|+C_M\rho S\frac{\partial u_x}{\partial t}+\frac{1}{2}C_K\rho Au_c^2\right)\mathrm{d}x\right]^2\right\}^{-\frac{1}{2}}$$

3.2.2　锚固方案设计

取临界状态即管线所受水平方向的力刚好等于锚产生的拉力，计算抛锚的间距并确定锚固方案所需要的锚的数量。

3.2.2.1　当选用 10 kg 的海军锚作为软管系统的锚固用锚时

在浅水区（$d\leqslant 2$ m）内，

$$l=686/665.86\approx1\ \text{m}$$

即在浅水区，每隔 1 m 软管就得抛一个 10 kg 的锚。

在过渡区（2 m<d<4 m）内，

$$l=686/112\approx6 \text{ m}$$

即在过渡水域，每隔 6 m 软管就得抛一个 10 kg 的锚。

在深水区（$d\geq$4 m）内，

$$l=686/77.33\approx9 \text{ m}$$

即在深水水域，每隔 9 m 软管就得抛一个 10 kg 的锚。

3.2.2.2 当选用 15 kg 的海军锚作为软管系统的锚固用锚时

在浅水区（$d\leq$2 m）内，

$$l=1030/665.86\approx1.5 \text{ m}$$

即在浅水区，每隔 1.5 m 软管就得抛一个 15 kg 的锚。

在过渡区（2 m<d<4 m）内，

$$l=1030/112\approx9 \text{ m}$$

即在过渡水域，每隔 9 m 软管就得抛一个 15 kg 的锚。

在深水区（$d\geq$4 m）内，

$$l=1030/77.33\approx13.3 \text{ m}$$

即在深水水域，每隔 13.3 m 软管就得抛一个 15 kg 的锚。

3.2.2.3 当选用 20 kg 的海军锚作为软管系统的锚固用锚时

在浅水区（$d\leq$2 m）内，

$$l=1373/665.86\approx2 \text{ m}$$

即在浅水区，每隔 2 m 软管就得抛一个 20 kg 的锚。

在过渡区（2 m<d<4 m）内，

$$l=1373/112\approx12 \text{ m}$$

即在过渡水域，每隔 12 m 软管就得抛一个 20 kg 的锚。

在深水区（$d\geq$4 m）内，

$$l=1373/77.33\approx18 \text{ m}$$

即在深水水域，每隔 18 m 软管就得抛一个 20 kg 的锚。

3.2.2.4 当选用 30 kg 的海军锚作为软管系统的锚固用锚时

在浅水区（$d\leq$2 m）内，

$$l=2060/665.86\approx3 \text{ m}$$

即在浅水区，每隔 3 m 软管就得抛一个 30 kg 的锚。

在过渡区（2 m<d<4 m）内，

$$l=2060/112\approx18 \text{ m}$$

即在过渡水域，每隔 18 m 软管就得抛一个 30 kg 的锚。

在深水区（$d \geqslant 4$ m）内，

$$l = 2060/77.33 \approx 27 \text{ m}$$

即在深水水域，每隔 27 m 软管就得抛一个 30 kg 的锚。

3.2.2.5　当选用 50 kg 的海军锚作为软管系统的锚固用锚时

在浅水区（$d \leqslant 2$ m）内，

$$l = 3433/665.86 \approx 5 \text{ m}$$

即在浅水区，每隔 5 m 软管就得抛一个 50 kg 的锚。

在过渡区（2 m$<d<$4 m）内，

$$l = 3433/112 \approx 30 \text{ m}$$

即在过渡水域，每隔 30 m 软管就得抛一个 50 kg 的锚。

在深水区（$d \geqslant 4$ m）内

$$l = 3433/77.33 \approx 45 \text{m}$$

即在深水水域，每隔 45 m 软管就得抛一个 50 kg 的锚。

3.2.2.6　当选用 75 kg 的海军锚作为软管系统的锚固用锚时

在浅水区（$d \leqslant 2$ m）内，

$$l = 5150/665.86 \approx 7 \text{ m}$$

即在浅水区，每隔 7 m 软管就得抛一个 75 kg 的锚。

在过渡区（2 m$<d<$4 m）内，

$$l = 5150/112 \approx 46 \text{ m}$$

即在过渡水域，每隔 46 m 软管就得抛一个 75 kg 的锚。

在深水区（$d \geqslant 4$ m）内，

$$l = 5150/77.33 \approx 67 \text{ m}$$

即在深水水域，每隔 67 m 软管就得抛一个 75 kg 的锚。

考虑到海上漂浮软管系统快速展收的使用要求，以及人工抛锚的操作特点，在选择锚固所用的锚时，锚的质量既不能过大，也不能过小。若锚的质量过大，虽然总的抛锚数量较少，但人工操作的难度较大；若锚的质量过小，为确保软管系统的稳定性，需要的锚数量较多，不仅增加了抛锚的工作量，也延长了系统展开与撤收的时间，因此综合考虑人工搬运抛锚和锚固强度的要求，本书选择 50 kg 海军锚作为整套系统的锚固用锚，相应的锚固方案为浅水区锚距 5 m，过渡水域锚距 30 m，深水水域锚距 45 m。

3.2.3　软管接头强度分析

在海上实际使用过程中，由于海浪、海流时刻发生变化，因此软管接头受到来自不同方向的作用力。在软管的带动下，软管接头发生拉伸、弯曲、转动等变化，但由于软管自身抗弯刚度较小，接头承受的弯矩较小，弯曲作用较小，加上软管在海上主要用锚进行固定，因此接头的转动变化也较小，接头主要承受来自轴向的作用力，表现为接头轴向方向的拉伸。分析时假设插转式接头只受到轴向载荷，只考虑接头沿轴向的位移变化，接头不承受扭矩，不考虑接头的转动等其他作用情况；接头材料质地均匀，无加工等原因造成的初始缺陷。

3.2.3.1　模型建立

本书以某公司生产的插转式接头为基本模型进行有限元分析，图 3-4 所示为插转式接头及装配截面图，图 3-5 所示为插转式接头各部位简图。

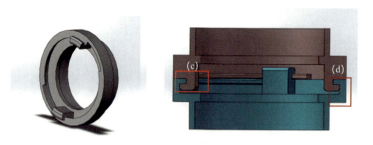

图 3-4　插转式接头及装配截面图 [图中（c）、（d）对应图 3-5 中（c）、（d）]

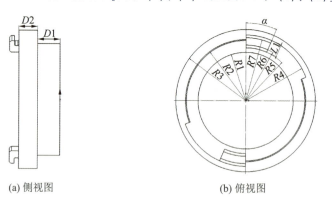

(a) 侧视图　　　　　　　　　　　　　　　(b) 俯视图

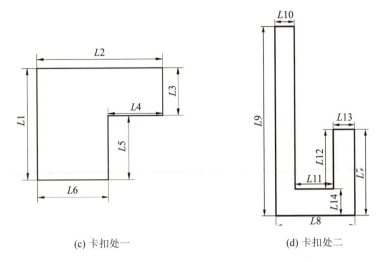

(c) 卡扣处一　　　　　　　　　　(d) 卡扣处二

图 3-5　插转式接头各部位简图

接头模型的主要几何尺寸如表 3-1 所示。

表 3-1　接头模型的几何尺寸

参数	尺寸	参数	尺寸
圆半径 $R1$/mm	53	宽度 $L4$/mm	6
圆半径 $R2$/mm	66	宽度 $L5$/mm	5
圆半径 $R3$/mm	78	宽度 $L6$/mm	8
圆半径 $R4$/mm	72	宽度 $L7$/mm	12
圆半径 $R5$/mm	58	宽度 $L8$/mm	22
圆半径 $R6$/mm	62	宽度 $L9$/mm	25
圆半径 $R7$/mm	70	宽度 $L10$/mm	8
厚度 $D1$/mm	26	宽度 $L11$/mm	9
厚度 $D2$/mm	22	宽度 $L12$/mm	6
宽度 $L1$/mm	11	宽度 $L13$/mm	5
宽度 $L2$/mm	14	宽度 $L14$/mm	6
宽度 $L3$/mm	6	角度 α/(°)	90

　　常见插转式接头的部件材料主要是铝合金 LY12M，该材料的力学性能见表 3-2。

表 3-2 　插转式接头材料铝合金 **LY12M** 的力学性能

参数	数值
弹性模量 E/MPa	$0.71×10^5$
密度 ρ/(kg·m^{-3})	$2.8×10^3$
泊松比 μ	0.31
屈服强度 $\sigma_{0.2}$	300

（1）几何模型的建立

根据接头各部位的尺寸信息，在 SolidWorks 软件中建立基本模型，考虑到接头连接咬合部位及宽度的定义方便，引入对称楔子中心连线夹角 α 及接头楔子部位对应圆心角 β。一般情况下，在连接插转式接头的对称两部分时咬合部位中心连线夹角 α 常成 90°。对 SolidWorks 软件中建立的模型进行对称装配后，构成有限元分析基本模型，角度 α 和 β 标注如图 3-6 所示，插转式接头转配体截面如图 3-7 所示。

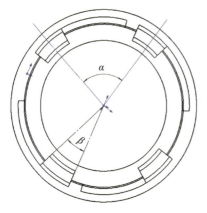

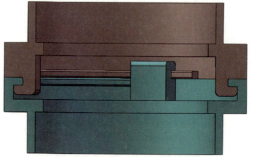

图 3-6　角度 α 和 β 的标注图　　图 3-7　插转式接头转配体截面图

（2）基本属性的定义

在计算软件中，根据表 3-2 中的数据建立材料属性及具有该材料属性的截面，设置静态通用分析步，开启几何非线性，初始增量步为 0.1，最小分析步为 $1.0×10^{-9}$，最大增量步数为 10000。定义接头连接后的接触面，通过查询相关资料可知铝合金摩擦副材料摩擦系数为 0.3。

（3）网格的划分

将三维几何模型导入 HyperMesh 软件，通过先划分二维网格再划分三维

网格的方式进行，对接头的楔子等接触部分局部加密网格，考虑到分析效
果和计算时间，最终划分六面体网格数量为 20450 个，设置单元格式为减缩
积分六面体单元，如图 3-8 和图 3-9 所示。

图 3-8　接头网格划分图　　　　图 3-9　装配体网格划分图

（4）施加载荷

设置接头的右侧端面为活动面，在其中心设置参考点，并于右侧端面
耦合约束，对参考点设置位移载荷为 5 mm，如图 3-10 所示。

（5）边界条件

设置接头左侧面为固定面，固定其 x 轴、y 轴和 z 轴方向的位移，右侧
活动端面固定 x 轴和 y 轴方向的位移，只保留 z 轴方向的运动，接头沿轴向
的转动为 0，边界条件设置如图 3-11 所示。

图 3-10　接头载荷施加　　　　图 3-11　接头边界条件设置

3.2.3.2　计算结果分析

（1）接头的应变分析

图 3-12 所示为接头各部位的变形图，通过观察分析可知，接头装配体

固定端和活动端两部分的应变分布规律相似，应变主要发生在接头的楔子部位的内侧及连接的卡槽部位，其他部位应变较小。在整个棱边，应变只发生在与楔子连接的部位，且其卡槽部位外侧的应变大于内侧的应变，在沿棱边厚度方向上，最大应变发生在与楔子接触的部位，随着厚度的增加，应变逐渐变小。楔子部位的应变主要集中在缺口部位及缺口的背侧，主要原因是接头在拉拔的过程中，楔子作为主要的固定和受力部位，其缺口部位向外侧张开，从而带动缺口背侧出现向内收缩的趋势，使其发生应变集中。

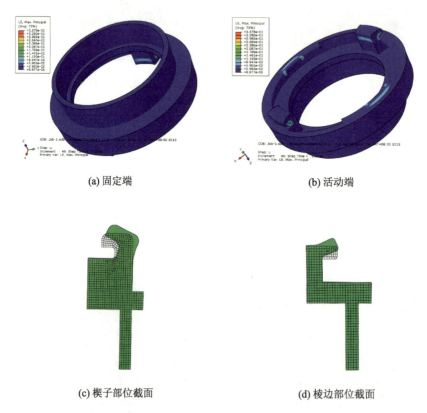

(a) 固定端　　　　　　　　　　　　　　　(b) 活动端

(c) 楔子部位截面　　　　　　　　　　　　(d) 棱边部位截面

图 3-12　接头各部位的变形图

1）棱边部位应变分析

为精确分析棱边部位的应变分布情况，从棱边的缺口位置开始，在不同高度的 xOy 平面内，沿着棱边设置一系列的检测点，并通过引入归一化参数 K 来表示不同监测路径的相对位置：$K=0$ 表示以棱边侧面的底边为路径；$K=0.2$ 表示以棱边底部为基准时，该路径相对于底边的高度与棱边侧面的高度之比为 0.2；$K=1$ 表示以棱边侧面的顶边为路径。分别提取六条不同路径内监测点的对数应变和等效塑性应变数据，绘制出棱边真实应变和等效塑性应变分布曲线图，如图 3-13 所示。

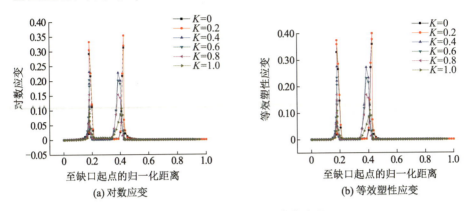

图 3-13　接头棱边应变分布曲线图

从图 3-13 中可以看出，棱边的对数应变和等效塑性应变的变化规律基本一致，接头的等效塑性应变的极值略高于对数应变。以图 3-12a 中路径 $K=0.2$ 为例进行分析，整个过程中对数应变存在两个峰值。从棱边的缺口位置开始，对数应变值基本为 0；当监测点位置到达缺口起点 0.2 左右（即接头咬合部位的左边界位置）时，对数应变值陡升，达到极大值约 0.33；当监测点继续往右推移，通过左边界点到达咬合部位的内侧时，对数应变值又发生陡降，变为 0；当监测点位置到达距离缺口起点 0.4 左右时，对数应变值再次陡升，达到约 0.35，此时位置为咬合位置的右侧边界；监测点通过右边界后，对数应变值降为 0，且稳定在 0 左右。由此可知，应变主要发生在接头咬合部位的端部。分析其他五条路径上监测点的应变变化规律，得出相似的结论。此外，六条不同路径应变的极值随着 K 值的增加不断减小，表明棱边的应力分布在纵向上主要集中在棱边咬合部位的底部。

2）楔子部位应变分析

对于接头的楔子部位，分别选取 yOz 平面作为截面，从楔子的底部开始，向上每隔 1 mm 选取一个监测点，以此构建监测路径，并用每个监测点相对于底端起点的距离与整个路径长度的比值来定义监测点的相对位置。分别提取楔子部位不同路径的对数应变和等效塑性应变数值，绘制楔子部位不同路径的对数应变分布曲线和等效塑性应变分布曲线图，如图 3-14 所示。

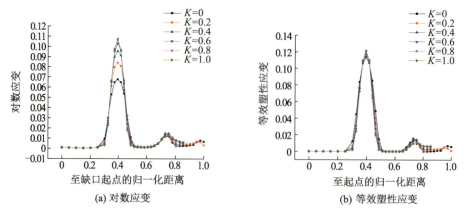

图 3-14　接头楔子部位应变分布曲线图

从图 3-14 中可以看出，楔子部位对数应变和等效塑性应变变化规律基本相似。以图 3-13a 中路径 $K=0$ 的对数应变分布曲线为例，分析楔子部位的应变变化情况。楔子部位应变的整体变化规律呈波浪状，整个路径内存在两个极值点。在楔子的底端部位，即归一化距离小于 0.3 时，应变基本维持在 0 左右，主要原因是接头楔子的底端不是抗拉作用时候的直接作用点，且距离作用端较远，因此应变在底端基本为零。当监测点从楔子的底部到达中部位置，即监测点归一化距离为 0.3~0.4 时，对数应变值迅速增加，并在归一化距离 0.4 处达到最大值 0.07，表明整个楔子部位的应变集中在其背侧的顶端，主要是因为接头在拉拔的过程中楔子在载荷的作用下有着向内侧弯曲的变化趋势，因此变化程度最大。在楔子顶部的右侧面，即路径上归一化距离为 0.4~1.0 的监测点，应变值迅速降至 0 后又小幅增长至局部极大值，然后再次降为 0，主要原因是在楔子右侧下方缺口作为接头拉拔作用的作用点，接头拉拔的过程中产生一定的变形，变形的连续性导致局部发生应变集中。分析其他五条路径发现应变变化规律相似，且随着路径向楔子中部平移，对数应变的最大值不断增加，因此楔子在横向上有变形向中部集中的趋势。

（2）接头的应力分析

提取接头各部位的应力分布图如图 3-15 所示。通过观察分析可知，装配体的固定端应力分布规律与活动端的分布规律相似。图 3-15a 中，装配体固定端的应力主要集中在楔子部位的中段以及连接的卡槽部位，楔子部位的尾端也存在一定的应力集中，整个固定端应力分布具有一定的对称性。

图 3-15b 中，棱边卡槽的连接部位因在拉拔过程中作为主要受力点而发生严重应力集中，棱边沿厚度方向应力也较大，这主要是由拉拔过程中力的传递性导致的。

从图 3-15c 中可以看出，楔子部位的应力集中在其顶部卡口，从上往下应力集中发生渐近性变化并逐步降低，中部高应力区域较窄。楔子中部因厚度较大，因此应力集中主要发生在内侧，外侧集中程度较小。从图 3-15d 中可以看出，棱边连接部位的应力集中在弯曲部位，中部高应力区域较宽，因此该部位为拉断过程中易被破坏的危险区域。

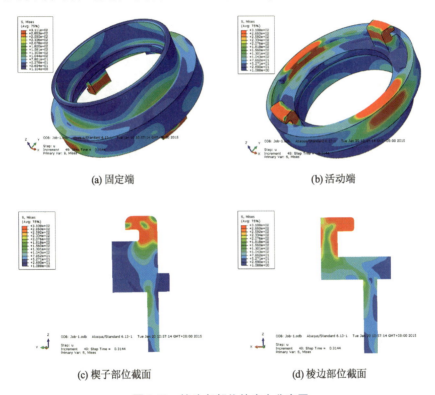

(a) 固定端　　　　　　　　　　　　　　(b) 活动端

(c) 楔子部位截面　　　　　　　　　　(d) 棱边部位截面

图 3-15　接头各部位的应力分布图

1）棱边部位应力分析

分别提取棱边六条监测点路径的等效应力、x 轴向应力、y 轴向应力、z 轴向应力数据，绘制出棱边等效应力分布曲线图（如图 3-16 所示）和棱边轴向应力分布曲线图（如图 3-17 所示）。

以图 3-16 中路径 $K=0$ 为例进行分析可知，棱边等效应力最大值为 300 MPa。起点等效应力为 0，随着监测点位置的变化，在归一化距离 0 ~

0.2 范围内，等效应力基本呈线性增加，在 $x = 0.2$（即咬合部位）处的左边界点达到最大值 300 MPa；在归一化距离 0.2~0.4 范围内，应力维持在峰值附近；在归一化距离 0.4~1.0 范围内，应力先急剧下降至 50 MPa，而后小幅增加至局部极大值 90 MPa，然后不断减小，最终在 $x = 1.0$ 处降为 0。分析另外五条路径应力曲线发现，不同路

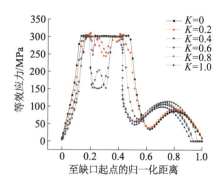

图 3-16　棱边等效应力分布曲线图

径的应力变化规律相似，在归一化距离为 0.2~0.4 时，从路径 $K = 0$ 至 $K = 0.4$，应力不断降低，且在 $K = 0.4$（即棱边的中间部位）时降到最低，从路径 $K = 0.4$ 至 $K = 1.0$，应力不断增加，且在 $K = 1.0$（即棱边的顶部部位）时达到最大值，说明在拉拔作用的过程中，棱边侧面在中部存在局部低应力区，此处的应力值明显小于周边其他部位。

　　图 3-17a 为棱边 x 轴向应力分布图。通过分析可知，棱边六条路径上监测点的 x 轴向应力都小于 0，最小值为 -200 MPa，说明棱边在 x 轴方向上承受的都是压作用，且接头的咬合部位承受的压作用较强。

　　图 3-17b 为棱边 y 轴向应力分布图。以 $K = 0$ 为例进行分析，在归一化距离 0~0.2 范围内，应力均大于 0，且存在最大值 290 MPa，说明棱边在 y 轴方向上承受的是拉作用；在归一化距离 0.2~0.4 范围内，应力均为负值，且存在最小值 -310 MPa，说明在该区域棱边在 y 轴方向上主要承受压作用；在归一化距离 0.4~1.0 范围内，应力先增加至 290 MPa，而后迅速降为 0，说明该部分棱边在 y 轴方向上主要承受拉作用。

　　图 3-17c 为棱边 z 轴向应力分布图，通过分析图中六条曲线的变化规律可知，棱边咬合部位在归一化距离 0.18~0.2 范围内，应力为正值；在归一化距离 0.2~0.4 范围内，应力均小于 0 并存在最小值 -400 MPa，因而该部分棱边在 z 轴方向上承受的主要是压作用；在归一化距离 0.4~0.48 范围内，应力为正值。在归一化距离 0~0.18 和 0.48~1.0 范围内，应力均为 0，说明在这两段局部区域内棱边不承受 z 轴方向上的力作用。

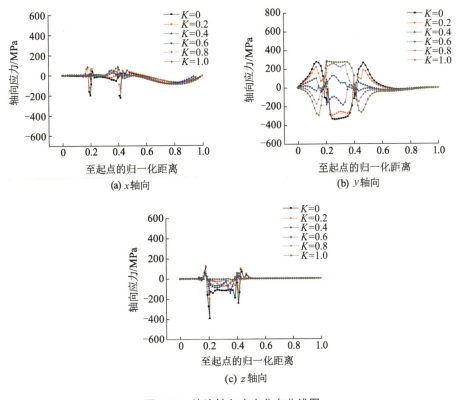

图 3-17 棱边轴向应力分布曲线图

2）楔子部位应力分析

分别提取楔子侧面六条监测点路径的等效应力、x 轴向应力、y 轴向应力、z 轴向应力数据，绘制出棱边的等效应力分布曲线图（如图 3-18 所示）和轴向应力分布曲线图（如图 3-19 所示）。

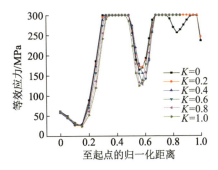

图 3-18 楔子部位等效应力分布曲线图

以图 3-18 中路径 $K=0$ 的等效应力分布曲线为例，分析楔子部位的应力变化情况。楔子部位应力的整体变化规律呈近似波浪状，整个路径上监测点的最大等效应力达到 300 MPa。在楔子的底部即在归一化距离小于 0.2 时，应力基本在 50 MPa 以下；当监测点从楔子的底部到达中部位置，即在归一化距离 0.2~0.3 范围内，等效应力迅速增大，并在归一化距离为 0.3 时达到最大值 300 MPa；在归一化距离 0.3~0.45 范围内，应力保持在最大值 300 MPa，表明整个楔子部位的顶部表面出现高度的应力集中，原因主要是接头在受到拉拔作用前，固定端与受力端紧密连接，施加在受力端的载荷不断增加，在载荷传递的过程中，为使受力端产生轴向位移，载荷在装配体的薄弱部位（即楔子和棱边连接部）集中，使其发生拉拔变形。在归一化距离 0.45~1.0 范围内的监测点，等效应力值迅速降低，并在归一化距离 0.6 处达到局部极小值 180 MPa，之后又迅速增加至最大值 300 MPa。分析其他五条路径可知不同路径变化规律相似，且随着路径向楔子中部平移，等效应力的局部极小值不断减小，因此楔子在横向上存在低应力区。

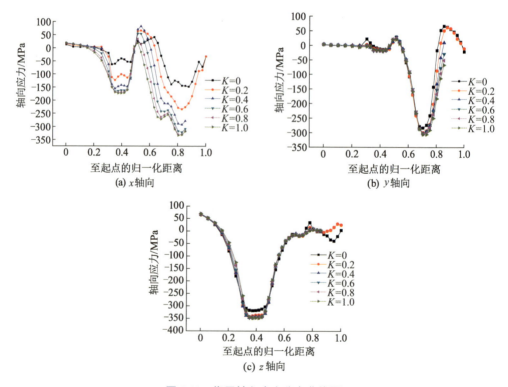

图 3-19　楔子轴向应力分布曲线图

以图 3-19a 中路径 $K=0$ 为例进行分析，可以看出在楔子的底部即在归一化距离 $0\sim0.3$ 范围内，x 轴向应力值基本在 0 左右，表明此时在 x 轴方向上不受拉应力或压应力。在归一化距离 $0.3\sim0.4$ 范围内，x 轴向应力呈线性降低，并在归一化距离 0.4 处达到极小值 -50 MPa，随着监测点的位置不断向顶部推移，x 轴向应力值小幅增加，并在归一化距离 0.6 处达到最大值 25 MPa，之后保持负值，表明在 y 轴方向上顶部楔子主要承受压应力。

图 3-19b 为 y 轴向应力的变化情况。从图中可以看出，楔子自底部到顶部，y 轴向应力大部分为负值，即在 y 轴方向上主要承受压应力。且在归一化距离 0.7 处到达最小值，表明整个楔子在该位置 y 轴向压应力最为集中。监测点的 y 轴向应力值在归一化距离 $0.7\sim1.0$ 范围内呈线性增加，并且在路径的终点达到最大值 50 MPa，原因主要是在拉拔的过程中楔子顶部的受拉形变较为明显，因此顶部主要承受拉应力。

图 3-19c 为楔子部位 z 轴向应力的变化情况。从图中可以看出，从楔子的底部开始，在归一化距离 $0\sim0.4$ 范围内，z 轴向应力从 75 MPa 不断降低，并在归一化距离 0.4 处降至最小值 -325 MPa，然后随着监测点位置的推移，z 轴向应力值不断增加，在归一化距离 0.8 左右处回到数值 0。

3）楔子不同厚度切片应力分析

由前面的应力分析可知，楔子部位的中部存在低应力区，为了更好地分析楔子在拉拔作用下的应力分布，对楔子部位根据一定的角度进行切割，分析不同厚度下楔子截图的应力分布变化规律，如图 3-20 所示。

从图 3-20 中可以看出，棱边不同厚度下切片的应力分布规律基本一致，楔子顶部均出现高度应力集中，自顶部而下应力明显降低，并出现明显的应力渐进性变化。从 $\gamma=66°$ 开始，楔子顶部出现局部低应力区，并随着切片向楔子的中间位置变化，低应力区不断扩大；切片逐渐远离中间位置时，低应力区不断缩小，表明接头楔子部位的外侧应力较高，中心应力较低。

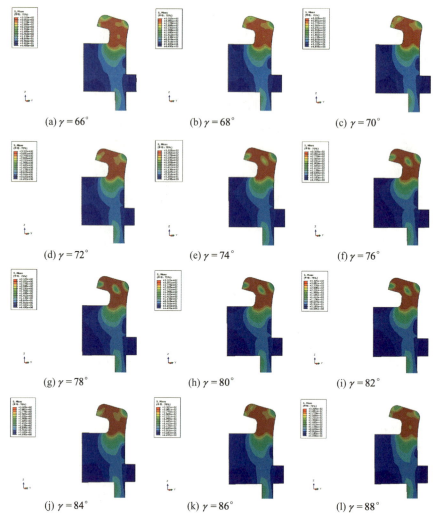

(a) $\gamma = 66°$ (b) $\gamma = 68°$ (c) $\gamma = 70°$

(d) $\gamma = 72°$ (e) $\gamma = 74°$ (f) $\gamma = 76°$

(g) $\gamma = 78°$ (h) $\gamma = 80°$ (i) $\gamma = 82°$

(j) $\gamma = 84°$ (k) $\gamma = 86°$ (l) $\gamma = 88°$

图 3-20 楔子不同位置切片图

(3) 接头的抗拉强度分析

提取受力端面上的参考点 RP 的位移及拉力变化情况，以拉力为 x 轴、位移为 y 轴，绘制接头的拉力位移曲线，如图 3-21 所示。

分析图 3-21 可知，当施加在接头上的载荷在 10000 N 以内时，受力端的位移基本为 0；施加的载荷超过 10000 N 后，受力端的位移不断增加。当施加的载荷在 10000~80000 N 范围内时，拉力与位移几乎呈线性增长关系；施加的载荷超过 80000 N 后，接头的位移发生短暂的急剧增加，并在位移 2.5 mm 处达到极限拉力 91147.4 N。

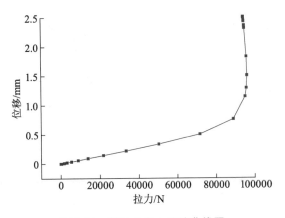

图 3-21　接头的拉力位移曲线图

（4）接头的拉拔过程分析

从接头拉拔作用的整个过程来看，从施加载荷开始到接头拉断的总时间为 T，其间接头固定端与移动端间隙逐渐增大，直至接头拉断。不同时刻的拉拔过程变化情况如图 3-22 所示。

从图中可以看出，在 $t=0$ 时刻，接头完全闭合，固定端与移动端之间无间隙，由于没有任何拉拔作用，因此接头整体应力为 0；在 $t=\frac{1}{7}T$ 时刻，接头在拉拔作用下，整体受力分布出现变化，接头的连接部位出现一定应力集中，但是固定端与受力端之间仍然无间隙；在 $t=\frac{2}{7}T$ 时刻，接头连接部位应力集中显著增加，固定端与移动端之间发生小幅位移，接头开始拉开；在 $t=\frac{3}{7}T$ 时刻，接头连接部位应力集中继续增加，固定端与移动端之间位移增大，接头继续拉开；在 $t=\frac{4}{7}T$ 时刻，接头连接部位应力集中继续增加，固定端与移动端之间位移增大，接头继续拉开；在 $t=\frac{5}{7}T$ 时刻，接头连接部位应力集中继续增加，固定端与移动端之间位移增大，接头继续拉开；在 $t=\frac{6}{7}T$ 时刻，接头连接部位应力集中继续增加，固定端与移动端之间位移增大，接头继续拉开；在 $t=T$ 时刻，接头连接部位应力集中达到最大值，接头的楔子部位和棱边部位变形严重，达到拉脱的临界情况。

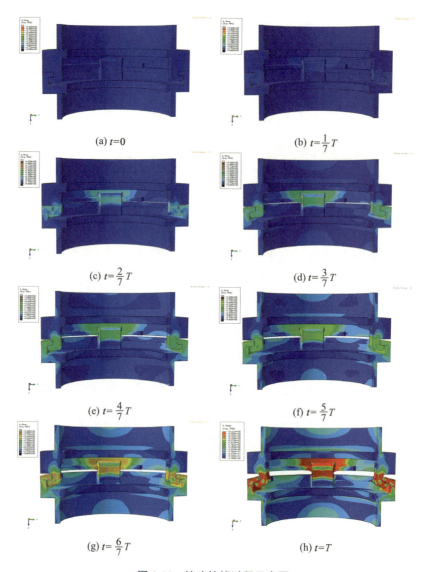

$$(a)\ t=0 \qquad\qquad (b)\ t=\frac{1}{7}T$$

$$(c)\ t=\frac{2}{7}T \qquad\qquad (d)\ t=\frac{3}{7}T$$

$$(e)\ t=\frac{4}{7}T \qquad\qquad (f)\ t=\frac{5}{7}T$$

$$(g)\ t=\frac{6}{7}T \qquad\qquad (h)\ t=T$$

图 3-22　接头拉拔过程示意图

3.2.3.3　材料特性对软管接头强度的影响分析

为研究不同材料参数下软管接头抗拉强度的变化情况，选取常见的铸造铝合金材料 LY12CZ 和 LC4-CS，在接头基本有限元模型的基础上，建立不同材料下的接头有限元分析模型进行分析，并与材料为铝合金 LY12M 的初始接头进行对比。三种材料的力学性能参数如表 3-3 所示。

表 3-3　三种材料的力学性能参数

材料	参数	数值
铝合金 LY12M	弹性模量 E/MPa	0.71×10^5
	密度 ρ/(kg·m^{-3})	2.8×10^3
	泊松比 μ	0.31
	屈服强度 $\sigma_{0.2}$	300
铝合金 LY12CZ	弹性模量 E/MPa	0.72×10^5
	密度 ρ/(kg·m^{-3})	2.8×10^3
	泊松比 μ	0.33
	屈服强度 $\sigma_{0.2}$	380
铝合金 LC4-CS	弹性模量 E/MPa	0.74×10^5
	密度 ρ/(kg·m^{-3})	2.8×10^3
	泊松比 μ	0.33
	屈服强度 $\sigma_{0.2}$	550

　　将软管接头分别赋予不同的材料参数，建立不同材料参数下的软管接头模型，如图 3-23 所示。

(a) 铝合金LY12CZ接头模型　　　　(b) 铝合金LC4-CS接头模型

图 3-23　不同材料参数下的软管接头模型

　　在两个软管接头有限元分析的基础上，提取受力端面上的参考点 RP 的位移及拉力变化情况，以拉力为 x 轴、位移为 y 轴，绘制接头的拉力位移曲线图，并与材料为铝合金 LY12M 的接头模型分析结果进行对比，如图 3-24 所示。

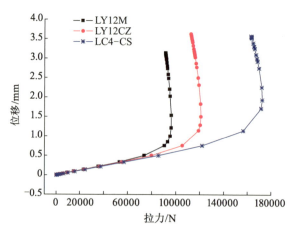

图 3-24　不同材料参数下接头的拉力位移曲线图

从图 3-24 中可知，三条拉力位移曲线变化规律相似，拉力在 10000 N 以下时，接头活动端的位移约为 0；施加在接头上的拉力继续增大，接头活动端的位移从 0 开始逐渐增加，并呈线性递增关系。相比铝合金材料 LY12M，铝合金材料 LY12CZ 接头的极限拉力达到 112142 N，提高约 23%；铝合金材料 LC4-CS 接头的极限拉力达到 162756 N，提高约 79%。分析材料本身的差异，发现材料的屈服强度对接头的抗拉强度影响较大，主要原因是整个接头的材料单一，为铝合金材料，拉拔作用开始时，楔子和棱边接触紧密，接头拉拔的过程中楔子和棱边逐渐分开至拉脱。这一过程实质上就是材料的屈服过程，因此在不改变接头几何尺寸的基础上，选用屈服强度较高的材料，可以显著提高接头的极限拉力。

3.2.3.4　圆心角对软管接头强度的影响分析

用圆心角 β 来定义接头楔子部位的尺寸，在插转式接头原模型中，圆心角 $\beta=23.5°$，为分析楔子尺寸大小对接头抗拉极限的影响，在保留接头其他基本尺寸不变的情况下，建立具有不同圆心角 β 的楔子，并分别进行接头的有限元分析，不同接头楔子部位的尺寸信息如表 3-4 所示。

表 3-4　不同接头楔子部位的尺寸信息

序号	1	2	3	4	5
圆心角 $\beta/(°)$	21.5	22.5	23.5	24.5	25.5

建立不同圆心角下的软管接头，其楔子部位的径向截面图如图 3-25 所示。

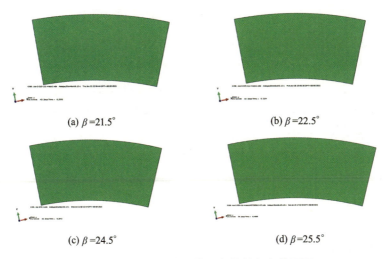

(a) β =21.5°　　　　　　　(b) β =22.5°

(c) β =24.5°　　　　　　　(d) β =25.5°

图 3-25　不同圆心角下楔子部位的径向截面图

为保证接头对比分析的合理性，针对建立的不同圆心角对应的接头模型设置相同的边界条件，即只设置 z 轴向的位移，并且无轴向转动，对实体划分同样密度的网格，在有限元分析软件中赋予相同的单元属性和材料属性，材料选择铝合金 LY12M，在检查模型无误后，分别提交 Standard 求解器进行分析计算。

在四个不同软管接头有限元模型分析的基础上，提取各个接头受力端面上参考点 RP 的位移及拉力变化情况，以拉力为 x 轴、位移为 y 轴，绘制不同圆心角对应接头的拉力位移曲线图，并与原模型的拉力位移曲线图进行对比分析，如图 3-26 所示。

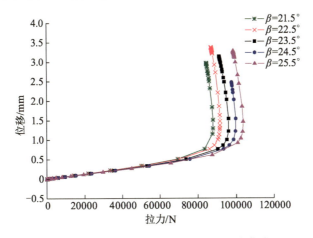

图 3-26　不同圆心角对应接头的拉力位移曲线图

分析图 3-26 可知，五条拉力位移曲线的变化规律相似，拉力在 10000 N 以下时，接头活动端的位移约为 0；施加在接头上的拉力继续增大，接头活动端的位移从 0 开始逐渐增加，并呈线性递增关系。相比圆心角为 $\beta = 23.5°$ 的接头，圆心角为 $\beta = 21.5°$ 的接头的极限拉力为 84415.5 N，降低约 7%；圆心角为 $\beta = 22.5°$ 的接头的极限拉力为 86866.7 N，降低约 5%；圆心角为 $\beta = 24.5°$ 的接头的极限拉力为 97520.5 N，提高约 7%；圆心角为 $\beta = 25.5°$ 的接头的极限拉力为 98411 N，提高约 8%。因此，增大接头的楔子部位的圆心角即可增加楔子与棱边的接触面积，从而提高接头的抗拉强度。

3.3 内河漂浮软管载荷分析

3.3.1 内河漂浮软管力学模型

弹性地基梁是指在具有弹性特性的基床上放置梁，这种梁具有无穷多个支点和无穷多个未知反力。在梁与基床相互影响的过程中，它们作用在一起共同变形。对于弹性地基梁的计算模型有两类：

① 局部弹性地基模型。该模型虽然考虑到土体的弹性特性，但是对范围很广的土基来说，该模型没有将较大范围之外的土基变形考虑在其中。

② 半无限弹性地基模型。该模型将土基作为一个整体，考虑了较大范围以外地基的影响，但是该方法在数学处理上较为复杂，在应用上也有一定的限制。

3.3.1.1 基本假设

考虑到管线简化的实际情况及计算方便，采用弹性地基梁的 Winkler 地基模型。该模型有三个基本假设：

① 梁与土基贴合紧密，在变形方面考虑每个点的挠度都相等，梁与地基共同变形。

② 不考虑土基与放置于其上的梁之间的摩擦力。

③ 可以直接利用材料力学中关于梁的简约计算方法。

在运用弹性地基梁模型的时候，将地基梁分为无限长梁和半无限长梁两段进行计算。其中，无限长梁的梁的变形及受力不受端部条件影响，而半无限长梁则需要考虑端部条件的影响。

3.3.1.2 模型建立

对漂浮软管这样的薄壁圆筒来说，首先其剪应力比其他应力通常小很多，所以切开软管的一个微小部分作为基床时，摩擦力是可以忽略的。其次，基床与上部软管始终紧密连接，共同变形，挠度处处相等。对直径比跨度小很多的漂浮软管来说，可以将其作为无限长梁进行计算，将靠近岸边和事故船只部分的软管部分视为半无限长梁进行计算。所以将漂浮软管简化为弹性地基梁模型符合该模型的三个基本假设。锚固下的漂浮软管系统如图 3-27 所示，梁微段变形及受力如图 3-28 所示。

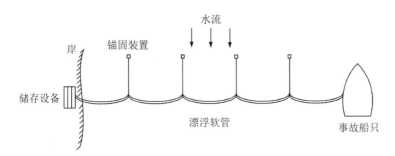

图 3-27　锚固下的漂浮软管系统

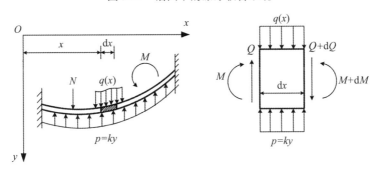

图 3-28　梁微段变形及受力

如图 3-28 所示，截取梁的微段 $\mathrm{d}x$，观察 y 轴方向上的静力平衡有 $\sum Y = 0$，得到

$$Q-(Q+\mathrm{d}Q)+ky\mathrm{d}x-q(x)\mathrm{d}x=0$$

对边界端点取矩，有 $\sum M = 0$，得到

$$M-(M+\mathrm{d}M)+(Q+\mathrm{d}Q)\mathrm{d}x+q(x)\frac{(\mathrm{d}x)^2}{2}-ky\frac{(\mathrm{d}x)^2}{2}=0$$

联立两个等式，略去二阶微量并对 x 求导，得到

$$\frac{\mathrm{d}Q}{\mathrm{d}x} = \frac{\mathrm{d}^2 M}{\mathrm{d}x^2} = ky - q(x) \tag{3-17}$$

根据材料力学特性，得到弹性地基梁的挠度微分方程式为

$$EI\frac{\mathrm{d}^4 y}{\mathrm{d}x^4} + ky = q(x) \tag{3-18}$$

式（3-18）可以通过令 $q(x) = 0$ 得到通解，并令 $\alpha = \sqrt[4]{\dfrac{k}{4EI}}$，称 α 为弯曲特征系数，计算时可作为常数，则式（3-18）可变形为

$$\frac{\mathrm{d}^4 y}{\mathrm{d}x^4} + 4\alpha^4 y = 0 \tag{3-19}$$

式（3-19）的通解为

$$y = \mathrm{e}^{\alpha x}(A_1 \cos \alpha x + A_2 \sin \alpha x) + \mathrm{e}^{-\alpha x}(A_3 \cos \alpha x + A_4 \sin \alpha x) \tag{3-20}$$

对于漂浮软管，以管线为梁，将锚固力看作作用于管线上的集中载荷，水流载荷看作地基反力，则漂浮软管受力图如图 3-29 所示。

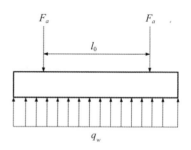

图 3-29 漂浮软管受力图

（1）漂浮软管中段视为无限长梁部分分析

将锚固的一侧视为施加载荷一端，再将锚固力 F_a 视为集中载荷，均布载荷水流力 q_w 视为基床反力。取施加集中载荷 F_a 截面位置处左右各半个锚固距离 $l_0/2$ 进行计算，软管变形如图 3-30 所示。

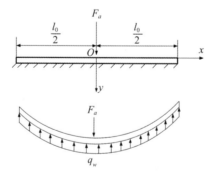

图 3-30 集中载荷下漂浮软管变形示意图

对 $\alpha = \sqrt[4]{\dfrac{k}{4EI}}$（其中 k 为单位面积地表下沉 1 m 的反力），根据 $q_w = ky$，

令 $y=1$，则得到 $k=q_w$（其中 q_w 为风流载荷）。

对无限长梁来说，其边界条件如下：

① 当 $x \to \infty$ 时，即在右端无穷远处梁的位移为 0，代入通解式可得

$$A_1 \cos \alpha x + A_2 \sin \alpha x = 0$$

② 根据通解式，可得梁的弯矩方程为

$$M = -EI \frac{\mathrm{d}^2 y}{\mathrm{d}x^2}$$

$$= 2EI\alpha^2 \left[\mathrm{e}^{\alpha x} (A_1 \sin \alpha x - A_2 \cos \alpha x) + \mathrm{e}^{-\alpha x} (-A_3 \sin \alpha x + A_4 \cos \alpha x) \right]$$

当 $x \to \infty$ 时，梁弯矩为 0，代入梁的弯矩方程可得

$$A_1 \sin \alpha x - A_2 \cos \alpha x = 0$$

即 $A_1 = A_2 = 0$，则通解式为

$$y = \mathrm{e}^{-\alpha x} (A_3 \cos \alpha x + A_4 \sin \alpha x)$$

③ 当 $x = 0$ 时，由于左右对称，所以倾角为 0，倾角方程为

$$\theta = EI \frac{\mathrm{d}y}{\mathrm{d}x} = -\alpha \mathrm{e}^{-\alpha x} \left[(A_3 - A_4) \cos \alpha x + (A_3 + A_4) \sin \alpha x \right] = 0$$

很容易得到 $A_3 = A_4$。

④ 当 $x = 0$ 时，梁的剪力 $Q = \dfrac{F_a}{2}$，由于左右对称，因此在 F_a 左右各有 $\dfrac{F_a}{2}$ 的剪力，根据通解式，剪力方程为

$$Q = -EI \frac{\mathrm{d}^3 y}{\mathrm{d}x^3}$$

$$= -2EI\alpha^3 \mathrm{e}^{-\alpha x} \left[(A_3 + A_4) \cos \alpha x - (A_3 - A_4) \cos \alpha x \right]$$

$$= -\frac{F_a}{2}$$

解得 $A_3 = A_4 = \dfrac{F_a}{8EI\alpha^3}$，化简后的通解式为

$$y = \frac{F_a}{8EI\alpha^3} \mathrm{e}^{-\alpha x} (\cos \alpha x + \sin \alpha x)$$

此外，还可以得到转角 θ、弯矩 M、剪力 Q 等，公式如下。

挠度：
$$y = \frac{F_a}{8EI\alpha^3} e^{-\alpha x} (\cos \alpha x + \sin \alpha x)$$

转角：
$$\theta = -\frac{F_a}{4EI\alpha^2} e^{-\alpha x} \sin \alpha x$$

弯矩：
$$M = \frac{F_a}{4\alpha} e^{-\alpha x} (\cos \alpha x - \sin \alpha x)$$

剪力：
$$Q = -\frac{F_a}{2} e^{-\alpha x} \cos \alpha x$$

由于集中力加载在梁中间，即弯矩和挠度左右正对称，剪力和转角左右反对称，因此引入四个符号 ξ_1，ξ_2，ξ_3，ξ_4，即有

$$\begin{cases} \xi_1 = e^{-\alpha x}(\cos \alpha x + \sin \alpha x) \\ \xi_2 = e^{-\alpha x} \sin \alpha x \\ \xi_3 = e^{-\alpha x}(\cos \alpha x - \sin \alpha x) \\ \xi_4 = e^{-\alpha x} \cos \alpha x \end{cases} \tag{3-21}$$

通过观察，这四个函数之间有如下关系：

和差关系
$$\begin{cases} \xi_1(x) = \xi_2(x) + \xi_4(x) \\ 2\xi_2(x) = \xi_1(x) - \xi_3(x) \\ \xi_3(x) = \xi_4(x) - \xi_2(x) \\ 2\xi_4(x) = \xi_1(x) + \xi_3(x) \end{cases} \tag{3-22}$$

积分关系
$$\begin{cases} \int \xi_1(x)\,\mathrm{d}x = -\frac{1}{\alpha}\xi_4(x) + C \\ \int \xi_2(x)\,\mathrm{d}x = -\frac{1}{2\alpha}\xi_1(x) + C \\ \int \xi_3(x)\,\mathrm{d}x = \frac{1}{\alpha}\xi_2(x) + C \\ \int \xi_4(x)\,\mathrm{d}x = -\frac{1}{2\alpha}\xi_3(x) + C \end{cases} \tag{3-23}$$

根据式（3-22）和式（3-23），得到左右半部分梁的参数表达式，且弯矩和挠度左右正对称，转角和剪力左右反对称，即对右半部分有

$$\begin{cases} y = \dfrac{F_a}{8EI\alpha^3}\xi_1(x) \\[2mm] \theta = -\dfrac{F_a}{4EI\alpha^2}\xi_2(x) \\[2mm] M = \dfrac{F_a}{4\alpha}\xi_3(x) \\[2mm] Q = -\dfrac{F_a}{2}\xi_4(x) \end{cases}$$

对左半部分有

$$\begin{cases} y = \dfrac{F_a}{8EI\alpha^3}\xi_1(x) \\[2mm] \theta = \dfrac{F_a}{4EI\alpha^2}\xi_2(x) \\[2mm] M = \dfrac{F_a}{4\alpha}\xi_3(x) \\[2mm] Q = \dfrac{F_a}{2}\xi_4(x) \end{cases}$$

以 αx 为横坐标，用 Matlab 画出 $\xi_1(\alpha x)$，$\xi_2(\alpha x)$，$\xi_3(\alpha x)$，$\xi_4(\alpha x)$ 的函数图，如图 3-31 所示。

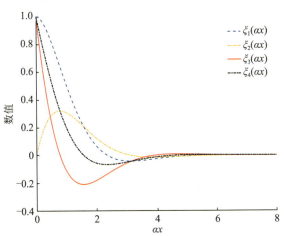

图 3-31　$\xi_1(\alpha x)$，$\xi_2(\alpha x)$，$\xi_3(\alpha x)$，$\xi_4(\alpha x)$ 的函数图

观察图 3-31 可知，这四个函数都具有收敛性。考虑一个临界距离 L_{cr}，在这个距离内时，由于函数的收敛性，有如下边界条件：

$$\begin{cases} y \mid_{x=L_{cr}} = 0 \\ M \mid_{x=L_{cr}} = 0 \\ Q \mid_{x=L_{cr}} = 0 \\ \theta \mid_{x=0} = 0 \\ Q \mid_{x=0} = -\dfrac{P}{2} \end{cases}$$

根据计算结果，αx 在 π 处附近达到收敛，可得 $\alpha x = \pi$，则临界距离为 $L_{cr} = \dfrac{\pi}{\alpha}$。

当 $\alpha x \geq \pi$ 时，曲线已经趋于稳定并在 0 附近波动，并可以认为对更远处几乎没有影响。所以，当漂浮软管总长度 $L \geq 2\pi/\alpha$ 时，可以将其中段 L_m 作为无限长梁进行计算，而其首尾两端（长度 $L_e \leq \pi/\alpha$）则无法作为无限长梁进行计算，这时可以将其考虑为半无限长梁分段计算，如图 3-32 所示。

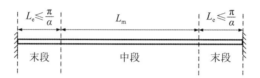

图 3-32　漂浮软管分段计算示意图

由图 3-32 可知，在一个锚固力作用下，挠度、转角、弯矩及剪力存在最大值。由于漂浮软管中段部分有多个锚固力，因此需要考虑在多个集中载荷下截面的最大弯矩。根据虚功原理画出弯矩影响线图，如图 3-33 所示。

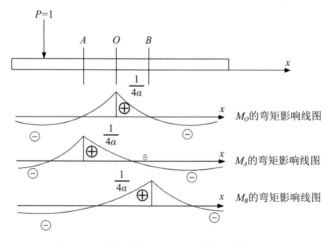

图 3-33　软管截面 O、A、B 弯矩影响线图

将载荷放在影响线最不利的计算位置，就可以得到在单个集中载荷下的截面最大弯矩和挠度。由于漂浮软管上存在多个集中载荷，因此可将其看作多个移动集中载荷来求截面 O 的最大挠度和最大弯矩，如图 3-34 所示。

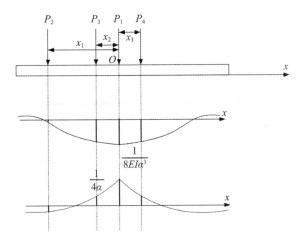

图 3-34　多个移动集中载荷的影响值

截面 O 的最大挠度为

$$(y_O)_{max} = \frac{1}{8EI\alpha^3} \sum_{i=1}^{n} P_i \xi_1(x_i)$$

最大弯矩为

$$(M_O)_{max} = \frac{1}{4\alpha} \sum_{i=1}^{n} P_i \xi_3(x_i)$$

根据函数图即临界距离可以看出，若相邻锚固点与截面 O 的距离 $x_i \geq \pi/\alpha$，则可以忽略相邻集中载荷带来的影响。对弯矩来说，若相邻锚固点与截面 O 的距离 x_i 介于 $\pi/(4\alpha)$ 与 π/α 之间，此时挠度会变大，但是锚固处弯矩最大值却会减小。

（2）漂浮软管末段视为半无限长梁部分分析

对于中段 $L_m > 2\pi/\alpha$，即与两端距离各自大于 π/α 时，可以用无限长梁计算。而对于末段 $L_e < \pi/\alpha$ 部分，因为函数无法达到收敛，所以需要考虑岸边边界条件带来的影响。如果有集中载荷 P 和弯矩 M 分别作用于半无限长弹性地基梁的末端（图 3-35），那么在有集中载荷 P 和弯矩 M 共同作用时，由于此时半无限长弹性地基梁右端连接的是无限长弹性地基梁，因此可得边界条件为

$$\begin{cases} M\big|_{x\to\infty}=0 \\ y\big|_{x\to\infty}=0 \\ M\big|_{x=0}=M_0 \\ Q\big|_{x=0}=-P \end{cases}$$

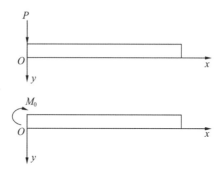

图 3-35 半无限长弹性地基梁末端

将此边界条件代入通解式中，可得

$$\begin{cases} A_1=0 \\ A_2=0 \\ A_3=\dfrac{P}{2EI\alpha^3}-A_4 \\ A_4=\dfrac{M_0}{2EI\alpha^2} \end{cases}$$

若只有集中载荷 P 作用，此时 $M_0=0$，可得

$$A_4=0, A_3=\frac{P}{2EI\alpha^3}$$

挠度：
$$y=\frac{P}{2EI\alpha^3}\xi_4(x)$$

转角：
$$\theta=-\frac{P}{2EI\alpha^2}\xi_1(x)$$

弯矩：
$$M=-\frac{P}{\alpha}\xi_2(x)$$

剪力：
$$Q=-P\xi_3(x)$$

若只有 M_0 作用，此时 $P=0$，可得

$$A_4 = \frac{M_0}{2EI\alpha^2}, A_3 = -\frac{M_0}{2EI\alpha^2}$$

挠度： $$y = -\frac{M_0}{2EI\alpha^2}\xi_3(x)$$

转角： $$\theta = \frac{M_0}{EI\alpha}\xi_4(x)$$

弯矩： $$M = M_0\xi_1(x)$$

剪力： $$Q = -2M_0\xi_2(x)$$

讨论完不同载荷影响下的软管受力变形表达式之后，还需要讨论不同边界条件下的表达式。

（3）末段为自由端

若末段为自由端，当一集中载荷 P 作用在末段，计算任一截面的弯矩和位移时，可以将自由端向左延长为无限长梁（如图 3-36 所示，虚线部分为延长部分），则此时弯矩和位移的计算由三部分构成：集中载荷 P 作用于无限长梁上对任一截面的影响、延长部分在截面 O 产生的弯矩对截面 O_0 造成的弯矩和位移、延长部分在截面 O 产生的剪力对截面 O_0 造成的弯矩和位移。

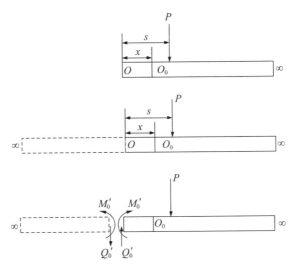

图 3-36　半无限长弹性地基梁末段为自由端

此时的 M_0' 和 Q_0' 为无限长梁时集中载荷 P 对截面 O 的影响值。对延长了一部分成无限长梁的半无限长梁来说，其凭空产生了内力，为了得到真实的受力状态，在计算时需要去掉因为延长产生的内力对半无限长梁所产生的影响。

当集中载荷 P 作用于无限长梁上时以截面 O_0 为原点，P 作用下梁的任一截面产生的弯矩 M_1 的表达式为

$$M_1 = \frac{P}{4\alpha}\xi_3(x-s) \tag{3-24}$$

延长部分在截面 O 产生的弯矩对截面 O_0 造成的弯矩 M_2 为

$$M_2 = M_0'\xi_1(x) = \frac{P}{4\alpha}\xi_3(s)\xi_1(x) \tag{3-25}$$

延长部分在截面 O 产生的剪力（与推导所用集中载荷方向相反，对原式加负号）对截面 O_0 造成的弯矩 M_3 为

$$M_3 = \frac{Q_0'}{\alpha}\xi_2(x) = \frac{P}{2\alpha}\xi_4(s)\xi_2(x) \tag{3-26}$$

对于集中载荷 P 作用于无限长梁上对任一截面的位移影响 y_1，此时以截面 O_0 为原点，由前文影响线可知其表达式为

$$y_1 = \frac{P}{8EI\alpha^3}\xi_1(x-s) \tag{3-27}$$

延长部分在截面 O 产生的弯矩对截面 O_0 造成的位移 y_2 为

$$y_2 = -\frac{M_0'}{2EI\alpha^2}\xi_3(x) = -\frac{P}{8EI\alpha^3}\xi_3(s)\xi_3(x) \tag{3-28}$$

延长部分在截面 O 产生的剪力（与推导所用集中载荷方向相反，对原式加负号）对截面 O_0 造成的位移 y_3 为

$$y_3 = -\frac{Q_0'}{2EI\alpha^3}\xi_4(x) = -\frac{P}{4EI\alpha^3}\xi_4(s)\xi_4(x) \tag{3-29}$$

综合三部分影响可以得到边界为自由端时末段在集中载荷 P 作用下任一截面的弯矩和挠度公式如下。

弯矩：　　　$M_{xs}^P = M_1 - M_2 - M_3$

$$= \frac{P}{4\alpha}[\xi_3(x-s) - \xi_3(s)\xi_1(x) - 2\xi_4(s)\xi_2(x)] \tag{3-30}$$

挠度：　　　$y_{xs}^P = y_1 - y_2 - y_3$

$$= \frac{P}{8EI\alpha^3}[\xi_1(x-s) + \xi_3(s)\xi_3(x) + 2\xi_4(s)\xi_4(x)] \tag{3-31}$$

若令 $x=s$，则得到 P 作用点的弯矩和挠度公式如下：

$$M_{ss}^P = M_1 - M_2 - M_3$$

$$= \frac{P}{4\alpha} \left[\xi_3(0) - \xi_3(s)\xi_1(s) - 2\xi_4(s)\xi_2(s) \right]$$

$$= \frac{P}{4\alpha} \left[1 - \xi_1(2s) \right] \tag{3-32}$$

$$y_{ss}^P = y_1 - y_2 - y_3$$

$$= \frac{P}{8EI\alpha^3} \left[\xi_1(0) + \xi_3(s)\xi_3(s) + 2\xi_4(s)\xi_4(s) \right]$$

$$= \frac{P}{8EI\alpha^3} \left[1 - \xi_1(2s) + 4\xi_4^2(s) \right] \tag{3-33}$$

当一集中载荷 P 作用在末段，计算任一截面的弯矩和位移时，可以将刚支端向左延长为无限长梁，此时弯矩和位移的计算由四部分构成：集中载荷 P 作用于无限长梁上对任一截面的影响、延长部分在截面 O 产生的弯矩对截面 O_0 造成的弯矩和位移、延长部分在截面 O 产生的剪力对截面 O_0 造成的弯矩和位移、去掉支座后的支反力对截面 O_0 造成的弯矩及位移，如图 3-37 所示。

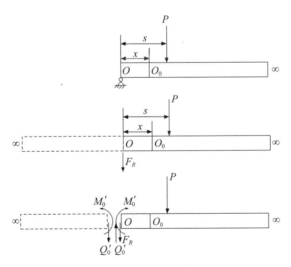

图 3-37　半无限长弹性地基梁末端为刚支端

此时的 M_0' 和 Q_0' 为无限长梁时载荷 P 对截面 O 的影响值。同样地，对延长了一部分成无限长梁的半无限长梁来说，其凭空产生了内力，为了得到真实的受力状态，在计算时需要去掉因为延长产生的内力对半无限长梁所

产生的影响。可以通过刚支端处位移为零的边界来求支反力 F_R，即

$$y \mid_{x=0} = 0 \tag{3-34}$$

对于集中载荷 P 作用于无限长梁上对截面 O 的位移影响 y_1，此时以截面 O 为原点，表达式为

$$y_1 = \frac{P}{8EI\alpha^3}\xi_1(s) \tag{3-35}$$

延长部分在截面 O 产生的弯矩对截面 O_0 造成的位移 y_2 为

$$y_2 = -\frac{M_0'}{2EI\alpha^2}\xi_3(0) = -\frac{P}{8EI\alpha^3}\xi_3(s)\xi_3(0) \tag{3-36}$$

延长部分在截面 O 产生的剪力（与推导所用集中载荷方向相反，对原式加负号）对截面 O_0 造成的位移 y_3 为

$$y_3 = -\frac{Q_0'}{2EI\alpha^3}\xi_4(0) = -\frac{P}{4EI\alpha^3}\xi_4(s)\xi_4(0) \tag{3-37}$$

刚支端处的支反力 F_R 对截面 O_0 造成的位移 y_4 为

$$y_4 = \frac{F_R}{2EI\alpha^3}\xi_4(0) \tag{3-38}$$

由函数和差关系式（3-22）可知

$$\begin{cases} \xi_1(s) + \xi_3(s) = 2\xi_4(s) \\ \xi_3(0) = 1 \\ \xi_4(0) = 1 \end{cases}$$

综合四部分影响可以得到刚支端（固定铰支座）末段在集中载荷 P 作用下截面 O 的挠度为

$$y = \frac{P}{8EI\alpha^3}\xi_1(s) + \frac{P}{8EI\alpha^3}\xi_3(s)\xi_3(0) + \frac{P}{4EI\alpha^3}\xi_4(s)\xi_4(0) + \frac{F_R}{2EI\alpha^3}\xi_4(0) = 0$$

化简可得

$$y = P\xi_1(s) + P\xi_3(s) + 2P\xi_4(s) + 4F_R = 4P\xi_4(s) + 4F_R = 0$$

即

$$F_R = -P\xi_4(s) \quad （正值方向向上） \tag{3-39}$$

对于集中载荷 P 作用于无限长梁上对任一截面的弯矩影响 M_1，此时以截面 O_0 为原点，由前文影响线可知其表达式为

$$M_1 = \frac{P}{4\alpha}\xi_3(x-s) \tag{3-40}$$

延长部分在截面 O 产生的弯矩对截面 O_0 造成的弯矩 M_2 为

$$M_2 = M_0' \xi_1(x) = \frac{P}{4\alpha} \xi_3(s) \xi_1(x) \tag{3-41}$$

延长部分在截面 O 产生的剪力（与推导所用集中载荷方向相反，对原式加负号）对截面 O_0 造成的弯矩 M_3 为

$$M_3 = \frac{Q_0'}{\alpha} \xi_2(x) = \frac{P}{2\alpha} \xi_4(s) \xi_2(x) \tag{3-42}$$

支反力对截面 O_0 造成的弯矩 M_4 为

$$M_4 = \frac{P\xi_4(s)}{\alpha} \xi_2(x) = \frac{P}{\alpha} \xi_4(s) \xi_2(x) \tag{3-43}$$

对于集中载荷 P 作用于无限长梁上对任一截面的位移影响 y_1，此时以截面 O_0 为原点，由前文影响线可知其表达式为

$$y_1 = \frac{P}{8EI\alpha^3} \xi_1(x-s) \tag{3-44}$$

延长部分在截面 O 产生的弯矩对截面 O_0 造成的位移 y_2 为

$$y_2 = -\frac{M_0'}{2EI\alpha^2} \xi_3(x) = -\frac{P}{8EI\alpha^3} \xi_3(s) \xi_3(x) \tag{3-45}$$

延长部分在截面 O 产生的剪力（与推导所用集中载荷方向相反，对原式加负号）对截面 O_0 造成的位移 y_3 为

$$y_3 = -\frac{Q_0'}{2EI\alpha^3} \xi_4(x) = -\frac{P}{4EI\alpha^3} \xi_4(s) \xi_4(x) \tag{3-46}$$

支反力对截面 O_0 造成的位移 y_4 为

$$y_4 = -\frac{P\xi_4(s)}{2EI\alpha^3} \xi_4(x) = -\frac{P}{2EI\alpha^3} \xi_4(s) \xi_4(x) \tag{3-47}$$

综合四部分影响可以得到固定末段在集中载荷 P 作用下任一截面的弯矩和挠度公式。

弯矩：　　$M_{xs}^P = M_1 - M_2 - M_3 + M_4$

$$= \frac{P}{4\alpha} \left[\xi_3(x-s) + 2\xi_4(s)\xi_2(x) - \xi_3(s)\xi_1(x) \right] \tag{3-48}$$

挠度：　　$y_{xs}^P = y_1 - y_2 - y_3 + y_4$

$$= \frac{P}{8EI\alpha^3} \left[\xi_1(x-s) - 2\xi_4(s)\xi_4(x) + \xi_3(s)\xi_3(x) \right] \tag{3-49}$$

若令 $x=s$，则得到 P 作用点的弯矩和挠度公式。

变距： $M_{ss}^{P} = M_1 - M_2 - M_3 + M_4$

$$= \frac{P}{4\alpha} \left[\xi_3(0) - \xi_3(s)\xi_1(s) + 2\xi_4(s)\xi_2(s) \right]$$

$$= \frac{P}{4\alpha} \left[1 - \xi_3(2s) \right] \tag{3-50}$$

位移： $y_{ss}^{P} = y_1 - y_2 - y_3 + y_4$

$$= \frac{P}{8EI\alpha^3} \left[\xi_1(0) + \xi_3(s)\xi_3(s) - 2\xi_4(s)\xi_4(s) \right]$$

$$= \frac{P}{8EI\alpha^3} \left[1 - \xi_1(2s) \right] \tag{3-51}$$

若转角和挠度均为零，则有边界条件如下：

$$\begin{cases} y \big|_{x=0} = 0 \\ \theta \big|_{x=0} = 0 \end{cases}$$

解开支座，有支反力 F_R（设方向向下）和弯矩 M_{0R}（设方向为顺时针），可以根据边界条件列出以下公式。

挠度为零：

$$\frac{P}{8EI\alpha^3}\xi_1(s) + \frac{P}{8EI\alpha^3}\xi_3(s) + \frac{P}{4EI\alpha^3}\xi_4(s) + \frac{F_R}{2EI\alpha^3}\xi_4(0) - \frac{M_{0R}}{2EI\alpha^2}\xi_3(0) = 0$$

转角为零：

$$-\frac{P}{4EI\alpha^2}\xi_2(s) - \frac{P}{4EI\alpha^2}\xi_3(s)\xi_4(0) + \frac{P}{4EI\alpha^2}\xi_4(s)\xi_1(0) - \frac{F_R}{2EI\alpha^2}\xi_1(0) + \frac{M_{0R}}{EI\alpha}\xi_4(0) = 0$$

化简可得

$$\begin{cases} P\xi_4(s) + F_R - \alpha M_{0R} = 0 \\ -P\xi_2(s) - P\xi_3(s) + P\xi_4(s) - 2F_R + 4\alpha M_{0R} = 0 \end{cases}$$

解得

$$\begin{cases} F_R = -2P\xi_4(s) \\ M_{0R} = \frac{F_R}{2\alpha} = -\frac{P\xi_4(s)}{\alpha} \end{cases} \tag{3-52}$$

式中： F_R 为垂直向上方向； M_{0R} 为逆时针方向。

对于集中载荷 P 作用于无限长梁上对任一截面的弯矩影响 M_1 ，此时以截面 O_0 为原点，由前文影响线可知其表达式为

$$M_1 = \frac{P}{4\alpha}\xi_3(x-s) \tag{3-53}$$

延长部分在截面 O 产生的弯矩对截面 O_0 造成的弯矩 M_2 为

$$M_2 = M_0'\xi_1(x) = \frac{P}{4\alpha}\xi_3(s)\xi_1(x) \tag{3-54}$$

延长部分在截面 O 产生的剪力（与推导所用集中载荷方向相反，对原式加负号）对截面 O_0 造成的弯矩 M_3 为

$$M_3 = \frac{Q_0'}{\alpha}\xi_2(x) = \frac{P}{2\alpha}\xi_4(s)\xi_2(x) \tag{3-55}$$

支反力 F_R 对截面 O_0 造成的弯矩 M_4 为

$$M_4 = \frac{2P\xi_4(s)}{\alpha}\xi_2(x) = \frac{2P}{\alpha}\xi_4(s)\xi_2(x) \tag{3-56}$$

去掉支座释放的弯矩 M_{0R} 对截面 O_0 造成的弯矩 M_5 为

$$M_5 = -\frac{P\xi_4(s)}{\alpha}\xi_1(x) = -\frac{P}{\alpha}\xi_4(s)\xi_1(x) \tag{3-57}$$

对于集中载荷 P 作用于无限长梁上对任一截面的位移影响 y_1，此时以截面 O_0 为原点，由前文影响线可知其表达式为

$$y_1 = \frac{P}{8EI\alpha^3}\xi_1(x-s) \tag{3-58}$$

延长部分在截面 O 产生的弯矩对截面 O_0 造成的位移 y_2 为

$$y_2 = -\frac{M_0'}{2EI\alpha^2}\xi_3(x) = -\frac{P}{8EI\alpha^3}\xi_3(s)\xi_3(x) \tag{3-59}$$

延长部分在截面 O 产生的剪力（与推导所用集中载荷方向相反，对原式加负号）对截面 O_0 造成的位移 y_3 为

$$y_3 = -\frac{Q_0'}{2EI\alpha^3}\xi_4(x) = -\frac{P}{4EI\alpha^3}\xi_4(s)\xi_4(x) \tag{3-60}$$

支反力对截面 O_0 造成的位移 y_4 为

$$y_4 = -\frac{2P\xi_4(s)}{2EI\alpha^3}\xi_4(x) = -\frac{P}{EI\alpha^3}\xi_4(s)\xi_4(x) \tag{3-61}$$

去掉支座释放的弯矩 M_{0R} 对截面 O_0 造成的位移 y_5 为

$$y_5 = \frac{P\xi_4(s)}{2EI\alpha^3}\xi_3(x) = \frac{P}{2EI\alpha^3}\xi_4(s)\xi_3(x) \tag{3-62}$$

综合五部分影响可以得到固定端末段在集中载荷 P 作用下任一截面的弯矩和挠度公式。

弯矩： $M_{xs}^P = M_1 - M_2 - M_3 + M_4 + M_5$

$$= \frac{P}{4\alpha} [\xi_3(x-s) - \xi_3(s)\xi_1(x) + 6\xi_4(s)\xi_2(x) - 4\xi_4(s)\xi_1(x)]$$

(3-63)

挠度： $y_{xs}^P = y_1 - y_2 - y_3 + y_4 + y_5$

$$= \frac{P}{8EI\alpha^3} [\xi_1(x-s) + \xi_3(s)\xi_3(x) - 6\xi_4(s)\xi_4(x) + 4\xi_4(s)\xi_3(x)]$$

(3-64)

若令 $x = s$，则得到 P 作用点的弯矩和挠度公式。

弯矩： $M_{ss}^P = M_1 - M_2 - M_3 + M_4 + M_5$

$$= \frac{P}{4\alpha} [\xi_3(0) - \xi_3(s)\xi_1(s) + 6\xi_4(s)\xi_2(s) - 4\xi_4(s)\xi_1(s)]$$

$$= \frac{P}{4\alpha} [1 - 4\xi_4^2(s) - \xi_4(2s)]$$

(3-65)

位移： $y_{ss}^P = y_1 - y_2 - y_3 + y_4 + y_5$

$$= \frac{P}{8EI\alpha^3} [\xi_1(0) + \xi_3(s)\xi_3(s) - 6\xi_4(s)\xi_4(s) + 4\xi_4(s)\xi_3(s)]$$

$$= \frac{P}{8EI\alpha^3} [1 - 3\xi_2(2s) - \xi_4(2s)]$$

(3-66)

综上所述，三种边界条件下的末端软管弯矩及挠度都有最大值，如表 3-5 所示。

表 3-5 不同边界条件下末段软管弯矩及挠度最大值

边界条件	挠度最大值 y_{max}/m	弯矩最大值 M_{max}/(kN·m)
自由端	$\dfrac{P}{2EI\alpha^3}$	$\dfrac{P}{3.8344\alpha}$
固定铰支座	$\dfrac{P}{7.6687EI\alpha^3}$	$\dfrac{P}{3.3115\alpha}$
固定支座	$\dfrac{P}{7.5414EI\alpha^3}$	$\dfrac{P}{\alpha}$

3.3.1.3　计算示例

将 DN150 软管置于大流速的内河流域，流速为 2.5 m/s，设计风速参考武汉阳逻大桥，取 28 m/s，软管总长度为 700 m，内充液体为柴油，密度为 0.83 g/cm³。根据《150 mm 软质输油管线系统软管规范》（GJB 5509—2006），软管工作时伸长率不大于 5%，最大拉应力不超过 57.414 MPa，以此得到软管材料的弹性模量 E。DN150 软管详细参数如表 3-6 所示。

表 3-6　DN150 软管详细参数

类型	外径 r/mm	最大壁厚 δ/mm	许用拉应力 σ/MPa	弹性模量 E/Pa	单位长度质量 ρ/(kg·m⁻¹)
DN150 软管	161	4.5	57.414	$1.15×10^9$	2.5

对内河漂浮软管来说，软管会始终漂浮在水面上，载荷的计算与软管沉入水中的面积密切相关，分为未过半和过半两种情况，如图 3-38 所示。

对于软管沉水面积未过半的情况，先通过管线重力和浮力相等的关系求出软管沉入水中的面积 S，再利用几何关系求出软管沉入水中的高度 h_w 和露出水面的高度 h_f，得到这两个数据后就可以计算流载荷和风载荷的大小。

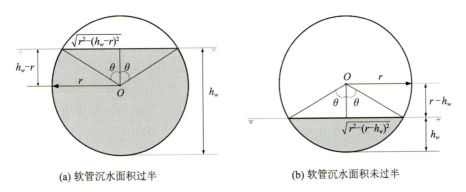

(a) 软管沉水面积过半　　　　　　　　　(b) 软管沉水面积未过半

图 3-38　软管沉入水中面积示意图

沉水面积过半：

$$S = S_圆 - S_{扇形} + S_{三角形}$$

$$= \pi r^2 - \frac{2\theta}{2\pi} \times \pi r^2 + (h_w - r) \times \sqrt{r^2 - (h_w - r)^2}$$

$$= \pi r^2 - \arccos\left(\frac{h_w - r}{r}\right) r^2 + (h_w - r) \times \sqrt{r^2 - (h_w - r)^2} \tag{3-67}$$

沉水面积未过半：

$$S = S_{扇形} - S_{三角形}$$

$$= \frac{2\theta}{2\pi} \times \pi r^2 - (r - h_w) \times \sqrt{r^2 - (r - h_w)^2}$$

$$= \arccos\left(\frac{r - h_w}{r}\right) r^2 - (r - h_w) \times \sqrt{r^2 - (r - h_w)^2} \quad (3\text{-}68)$$

经计算，软管在充油情况下沉入水中的面积为

$$S = \frac{G_{管} \times L_1 + G_{油} \times L_1}{L_1 \times \rho_{水} \times g}$$

$$= \frac{2.5 \times 9.8 + \pi \times 0.152^2 \div 4 \times 830 \times 9.8}{1000 \times 9.8}$$

$$= 0.01756 \text{ m}^2$$

可以求出

$$h_w = 0.1296 \text{ m}, h_f = 0.161 - 0.1296 = 0.0314 \text{ m}$$

计算流载荷时，阻力系数 C_D 是根据经验和试验得到的，是一个与雷诺数有关的数，软管的雷诺数为

$$Re = \frac{2.5 \times 0.161}{1.01 \times 10^{-6}} \approx 3.98 \times 10^5$$

国内外已经有很多专家学者做过相关研究和试验，对于此雷诺数下的水阻力系数 C_D，美国石油协会（API）推荐使用 0.65；Sarpkaya 和 Isaacson 在 *Mechanics of wave forces on offshore stractwes* 中对定常流推荐使用 0.5；Victor L. Streeter 在《流体力学》（第 9 版）中对稳定流场推荐使用 0.6。本书选取阻力系数 C_D 为 0.65，则流载荷为

$$F_{wd} = \frac{1}{2} C_D \rho_w A V_w^2 = \frac{1}{2} \times 0.65 \times 1000 \times 1 \times 0.1296 \times 2.5^2 = 263.25 \text{ N/m}$$

计算风载荷时，基本风压为

$$P_0 = \frac{1}{1600} V_f^2 = \frac{1}{1600} \times 28^2 = 0.49 \text{ kPa}$$

管线风振系数 η_z 取 1.0，高度变化系数 μ_z 取 0.64，风载荷体型系数 μ_s 取 0.5，则单位长度管线所受的风载荷为

$$F_f' = \eta_z \mu_s \mu_z P_0 A = 1.0 \times 0.5 \times 0.64 \times 490 \times 1 \times 0.0314 \approx 4.924 \text{ N/m}$$

则软管受到的总的均布载荷 q_w 为

$$q_w = F_{wd} + F'_f = 268.174 \text{ N/m}$$

有了水流载荷以后，还需要计算软管截面的惯性矩 I，得到 $I = 6.779 \times 10^{-6} \text{ m}^4$，则弯曲特征系数 α 为

$$\alpha = \sqrt[4]{k/4EI} \approx 0.3046 \text{ m}^{-1}$$

软管的临界距离 L_{cr} 为

$$L_{cr} = \frac{\pi}{\alpha} \approx 10.31 \text{ m}$$

（1）对于软管中段部分

① 若锚固距离 $l_0 \geqslant L_{cr} = 10.31 \text{ m}$，则不考虑相邻锚固带来的影响。

在漂浮软管系泊系统中，锚固力和锚固距离 l_0 有关：

$$F_a = q_w \cdot l_0 = 268.174 l_0 \tag{3-69}$$

此时弯矩表达式为

$$M = \frac{q_w l_0}{4\alpha} e^{-\alpha x} (\cos \alpha x - \sin \alpha x) \tag{3-70}$$

则弯矩最大值为

$$M = \frac{q_w (l_0)_{max}}{4\alpha} \tag{3-71}$$

根据软管自身参数，其能承受的最大弯矩为

$$M_{max} = \frac{\sigma I}{y_{max}} = 4834.9 \text{ N} \cdot \text{m}$$

根据式（3-67）和式（3-68），有 $(l_0)_{max} = 21.97 \text{ m}$，则此时符合要求的锚固距离为 $10.31 \text{ m} \leqslant l_0 \leqslant 21.97 \text{ m}$。

② 若锚固距离 $l_0 < L_{cr} = 10.31 \text{ m}$，则需要考虑相邻锚固带来的影响。

若在 10.31 m 范围内的相邻锚固数为 2 个，则锚固距离在 $3.437 \text{ m} \leqslant l_0 \leqslant 5.155 \text{ m}$ 范围内，此锚固距离太小，导致在实际作业时，布锚时间增加。

若考虑在 10.31 m 范围内只有 1 个相邻锚固点，则根据左右对称，应计算左右两个相邻锚固带来的影响，示意图如图 3-39 所示，此时锚固距离范围为 $5.155 \text{ m} \leqslant l_0 \leqslant 10.31 \text{ m}$。

此时需要计算不同锚固距离叠加起来后在不同截面的总弯矩大小，弯矩计算公式为

$$M = \frac{q_w l_0}{4\alpha} [\xi_3(x) + \xi_3(|l_0 - x|) + \xi_3(l_0 + x)] \tag{3-72}$$

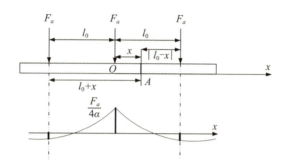

图 3-39　中段考虑相邻锚固示意图

利用 Matlab 软件画出式（3-72）以 x 及 l_0 为自变量的函数图，如图 3-40 所示。

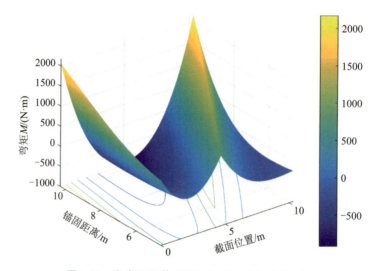

图 3-40　考虑不同截面及不同锚固距离的弯矩图

在 $x = 10.31$ m，$l_0 = 10.31$ m 处取得最大值，$M_{max} = 2175.00$ N·m；在 $x = 5.155$ m，$l_0 = 10.31$ m 处取得最小值，$M_{min} = -922.99$ N·m。

可以看出，锚固距离在 5.155 m $\leqslant l_0 \leqslant 10.31$ m 范围内时，最大弯矩也能符合要求，所以锚固方案安全可靠。

锚固距离在 5.155 m $\leqslant l_0 \leqslant 10.31$ m 范围内时，考虑相邻锚固带来的影响，挠度公式为

$$y = \frac{F_a}{8EI\alpha^3} \left[\xi_1(x) + \xi_1(|l_0 - x|) + \xi_1(l_0 + x) \right] \tag{3-73}$$

取软管弯矩最大时的锚固距离 $l_0 = 10.31$ m，得到：在 $x = 0$ m 处取得最大值，$y'_{max} = 1.5036$ m；在 $x = 5.082$ m 处取得最小值，$y'_{min} = 0.6386$ m。

因为实际操作中锚固处没有位移，所以此时在 $x = 5.082$ m 处取得实际挠度最大值，即

$$y_{max} = y'_{max} - y'_{min} = 0.865 \text{ m}$$

综上所述，对中段来说，锚固距离在 $5.155 \text{ m} \leqslant l_0 \leqslant 21.97 \text{ m}$ 范围内都符合要求。

（2）对于软管末段部分

同理，得到软管末段不同边界条件下的弯矩最大值及挠度最大值，见表 3-7。

表 3-7　软管末段不同边界条件下的弯矩最大值及挠度最大值

边界条件	弯矩最大值 $M_{max}/(\text{kN} \cdot \text{m})$	挠度最大值 y_{max}/m
自由端	2.367	6.275
固定铰支座	2.741	1.636
固定支座	9.077	1.664

综上所述，当软管在大流速情况下，锚固距离在 21.97 m 以内，边界为自由端或固定铰支座时，满足安全需要。

3.3.2　模型对比与验证

利用 OrcaFlex 软件对漂浮软管进行等效质量下的仿真计算。OrcaFlex 软件的优势是在处理关于海洋立管及漂浮软管的计算时，能够解决系泊分析、立管强度、结构物模态分析等问题。

首先验证以弹性地基梁模型计算漂浮软管的可行性。取漂浮软管锚固距离为 12 m，以跨中进行对比分析。虽然该锚固距离不会使锚固点的弯矩值和挠度值受到相邻锚固的影响，但是对跨中会有影响，为了得到更加准确的值，用 Matlab 对弹性地基梁模型相邻锚固下的弯矩值及挠度值进行叠加，得到图 3-41 所示曲线。

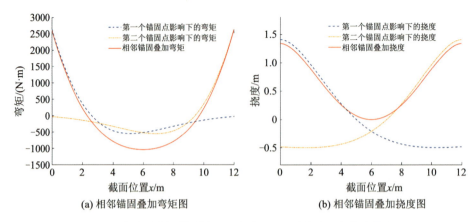

图 3-41 弹性地基梁模型锚固距离为 12 m 时的弯矩与挠度叠加图

利用 OrcaFlex 软件对漂浮软管进行建模，跨数为五跨，跨长 12 m，为更好地与弹性地基梁模型进行比较，在锚固点用微段的锚链进行锚固，且软管内部不充液体，将液体质量等效于软管自重。软管建模长 60 m，每 0.05 m 进行一个切片，共得到 1200 个切片，采用隐式求解器，最大迭代次数为 400，时间步长为 0.01 s，最小收敛值为 $1.0×10^{-6}$，准备时间为 8 s，求解时间为 30 s。软管端部分别连接储油设备和油船，且储油设备和油船的自由度均为 0。由此得到无内部液体时的 OrcaFlex 仿真与弹性地基梁理论计算的对比图，如图 3-42 所示。

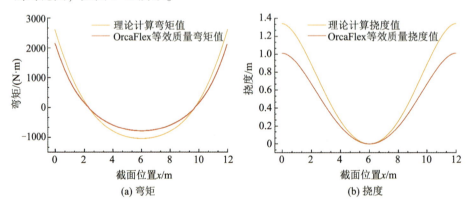

图 3-42 弹性地基梁理论计算与 OrcaFlex 仿真结果对比图

观察图 3-42 可以发现，弹性地基梁理论计算的弯矩值和挠度值整体上与 OrcaFlex 仿真结果相差不大，且曲线变化规律相同。弹性地基梁理论计算所得的弯矩与挠度都是在锚固点达到最大，且最大值比 OrcaFlex 仿真所得值要大，跨中位置比 OrcaFlex 仿真求得的弯矩值也要大，原因是 OrcaFlex 将沉入水中的软管部分质量折减后进行计算。总的来说，用弹性地基梁求得的数值与仿真结果的差值在 20% 以内，可以接受，在不考虑软管内部流体影响时用于初步计算是适用的。

3.3.3　漂浮软管展开及岸端锚固分析

弹性地基梁模型只分析了漂浮软管在充油且固定好以后的情形，还需考虑其展开的情形。为此，考虑三个展开方案。

方案一：直接拖曳展开。

该方案是对软管直接进行拖曳，拖曳过程中软管自身受到流载荷及风载荷作用，其变形曲线由软管水平拉力 H_{0s}、中央挠度 f_0 及跨长 l_0 决定。

方案二：悬空加强钢索式拖曳展开。

该方案是将一根加强钢索直接从岸边锚固在事故船只上，再以吊环将软管吊在钢索上，达到软管悬空且不受流载荷作用的目的，如图 3-43 所示。

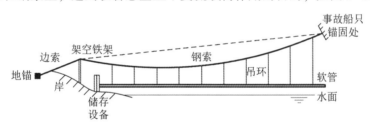

图 3-43　悬空加强钢索式拖曳展开

方案三：水面加强钢索式拖曳展开。

该方案同样是将一根钢索直接从岸边锚固在事故船只上，但钢索在水面附近，再以吊环将软管固定在钢索附近。这种方案可避免软管因发生长距离下的大变形而造成破坏，但其本质上与边直接展开边锚固方案一样，软管在大流速条件下极易在吊环处或锚固点处发生弯折，这种弯折情况对于后续的充油是极为不利的，所以这种方案不予考虑，其示意图如图 3-44 所示。

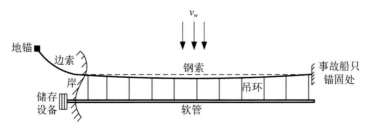

图 3-44　水面加强钢索式拖曳展开

若以弹性地基梁对方案一或方案二进行分析，则分别缺少了外部载荷和地基反力条件，此时以"悬索曲线理论"对软管进行分析，以"抛物线理论"对钢索进行分析，这两种分析方法在忽略软管自身刚度的前提下可以实现工程上的初步设计意义。"悬索曲线理论"是为了解决大跨度、大挠度的情况，相较于"抛物线理论"，其更适用于中央挠度系数更大的情况，在中央挠度系数很小的情况下，用"抛物线理论"计算则更为方便。

如图 3-45 所示，取软管微段进行分析，有微分关系如下：

$$H_0 \frac{\mathrm{d}^2 y}{\mathrm{d}x^2} = q \frac{\mathrm{d}s}{\mathrm{d}x} = w_x \qquad (3\text{-}74)$$

经推导得到经典悬链线方程：

$$y = \frac{H_0}{q}\cosh\left(\frac{q}{H_0}x\right) - \frac{H_0}{q} \qquad (3\text{-}75)$$

由于经典悬链线方程为超越函数，较难求解，为方便计算，对等式右边作级数展开，得到

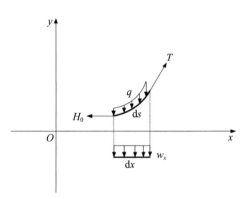

图 3-45 软管微段分析图

$$y = \frac{q}{2H_0}x^2 + \frac{q^3}{24H_0^3}x^4 + \frac{q^5}{720H_0^5}x^6 + \frac{q^7}{40320H_0^7}x^8 + \cdots \qquad (3\text{-}76)$$

取 x 的前四次进行计算，且令递增系数 $\zeta_0 = \dfrac{q^3}{2H_0^2}$，则得到悬索方程表达式为

$$y = \frac{q}{2H_0}x^2 + \frac{\zeta_0}{12H_0}x^4 \qquad (3\text{-}77)$$

对受到均布载荷的对称形状的悬索来说，其长度 L_s、水平拉力 H_0 与端部拉力 T 的公式分别如下：

$$L_s = l_s\sqrt{1 + \frac{16}{3}N_0^2} \qquad (3\text{-}78)$$

$$H_0 = \frac{ql_s}{16N_0}\left(\sqrt{1 + \frac{16}{3}N_0^2} + 1\right) \qquad (3\text{-}79)$$

$$T = H_0 + ql_sN_0 \qquad (3\text{-}80)$$

式中：l_s 为悬索水平投影长度；N_0 为中央挠度系数。

悬索中央挠度系数 N_0 取值越大，悬索的水平拉力 H_0 和端部拉力 T 就

越小，三者之间的曲线关系如图 3-46 所示。

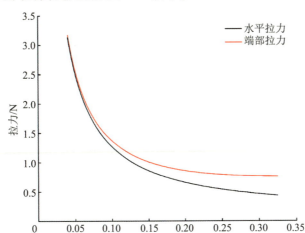

图 3-46　软管水平拉力与端部拉力随中央挠度系数的变化图

对软管架空拖曳来说，考虑到水
域事故船只一般不会太高，为了避免
软管与水面接触，需要控制其最大挠
度，即尽管软管有由自身重力导致的
弯曲，也不会与水面接触，这样钢索
的最大挠度相较于长距离跨度来说一
定是个微小值，且在"抛物线理论"
中，假设自重折合在 x 轴上呈均匀分
布，则运用"抛物线理论"是符合实

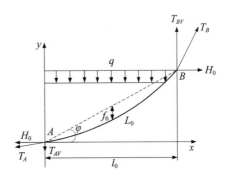

图 3-47　抛物线受力示意图

际的。通常来说，事故船只的类型不同，在船只处锚固的高度也不同，如
果船只高度与岸边锚固高度的差值相对于跨度来说不可忽略，就需要考虑
这一高度差，受力示意图如图 3-47 所示。

对很长的软管来说，其中间的吊环很多，可将众多的集中载荷近似看
成作用在钢索上的均布载荷。同时根据实际情况，钢索的挠度很小，所以
可将均布在钢索上的均布载荷 q 视为沿水平分布，其由三部分组成，即垂直
面内的钢索自重 q_g、软管自重 q_{sw}，以及水平面内软管单位长度所受的风载
荷 F_f。

均布载荷 q 直接考虑为沿水平分布，计算公式为

$$q = \sqrt{(q_g + q_{sw})^2 + F_f^2} \tag{3-81}$$

由静力平衡可知，$\sum M_A = 0$，即

$$T_{BV} = H_0 \tan \varphi + \frac{1}{2} q l_0 \qquad (3\text{-}82)$$

$\sum M_B = 0$，即

$$T_{AV} = H_0 \tan \varphi - \frac{1}{2} q l_0 \qquad (3\text{-}83)$$

从距离 A 点 x 处断掉，得到 AK 段，受力如图 3-48 所示。

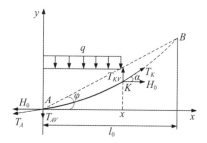

图 3-48　抛物线任意一点受力示意图

由静力平衡可知，$\sum T_V = 0$，即

$$H_0 \tan \alpha = T_{AV} + qx = H_0 \tan \varphi - \frac{1}{2} q l_0 + qx \qquad (3\text{-}84)$$

将上式变形且进行微分，得到以 A 点为原点的抛物线方程：

$$y = x \tan \varphi - \frac{q}{2H_0} x(l_0 - x) \qquad (3\text{-}85)$$

显然，在 $x = \frac{1}{2} l_0$ 处取得最大挠度，其值为 $f_0 = f_{\max} = \dfrac{q l_0^2}{8 H_0}$。

这里引入无荷中央挠度系数概念 N_0，其值为无荷挠度与跨距之比，即

$$N_0 = \frac{f_0}{l_0} \qquad (3\text{-}86)$$

则以 A 点为原点的抛物线方程可改写为

$$y = x \tan \varphi - \frac{4N_0}{l_0} x(l_0 - x) \qquad (3\text{-}87)$$

对于抛物线上任意一点的拉力，有

$$T_K = \frac{H_0}{\cos \alpha} = H_0 \sec \alpha = H_0 \sqrt{1 + \tan^2 \alpha} = H_0 \sqrt{1 + \left[\tan \varphi - \frac{4N_0}{l_0}(l_0 - 2x) \right]^2}$$

$$(3\text{-}88)$$

对 AB 间钢索长度来说，有

$$L_0 = \int_0^{l_0} \sqrt{1 + \left(\frac{\mathrm{d}y}{\mathrm{d}x}\right)^2} \, \mathrm{d}x = \int_0^{l_0} \sqrt{1 + \left[\tan\varphi - \frac{4N_0}{l_0}(l_0 - 2x)\right]^2} \, \mathrm{d}x \quad (3\text{-}89)$$

利用换元法积分，令 $t = -\dfrac{4N_0}{l_0}(l_0 - 2x)$，则式（3-89）可写为

$$L_0 = \int_{-4S_0}^{4S_0} \frac{l_0}{8N_0} \sqrt{1 + (\tan\varphi + t)^2} \, \mathrm{d}t$$

$$= \int_{-4S_0}^{4S_0} \frac{l_0 \sec\varphi}{8N_0} \sqrt{1 + 2\sin\varphi\cos(\varphi t) + t^2\cos^2\varphi} \, \mathrm{d}t \quad (3\text{-}90)$$

通过麦克劳林展开和分析，得到抛物线绳长为

$$L_0 = l_0 \sec\varphi\left(1 + \frac{8}{3}N_0^2\cos^4\varphi\right) \quad (3\text{-}91)$$

对铁架高度来说，其需要满足软管在自重变形产生挠度的情况下不与水面接触的条件，假设相邻吊环的距离为 d、软管的自身重力为 q_s、软管水平拖曳拉力为 H_{0s}，则软管由于自重产生的变形曲线方程为

$$y = \frac{q_s}{2H_{0s}}x^2 + \frac{q_s^3}{24H_{0s}^3}x^4 \quad (3\text{-}92)$$

将 DN150 软管在大流速的内河流域中展开，流速为 2.5 m/s，设计风速参考武汉阳逻大桥，取 28 m/s，软管总长为 700 m，管线同样采用 DN150 软管，最小拉断力为 $[T] = 127$ kN。

3.3.3.1　方案一计算

流动的河水在同一截面中的流速并不是处处相等，靠近岸边的河水的流速会比河流中央低，但考虑到河岸形状的不规则性及安全性，假定整个河水流动的速度均为河流中央的流速 2.5 m/s，即不管是靠近岸边还是河流中央，流速都相等。

在软管拖曳过程中，软管为空管状态，且漂浮在水面上。此时沉入水中的软管的截面面积为

$$S = \frac{G_{\text{管}} \times L_1}{L_1 \times \rho_{\text{水}} \times g} = \frac{2.5 \times 9.8}{1000 \times 9.8} = 0.0025 \ \text{m}^2$$

由此可知，软管为空管状态时沉入水中的投影面积小于截面一半的面积 0.01018 m²，则管线沉入水中的高度 $h_w = 0.02905$ m，软管露出水面的高度 $h_f = 0.161 - 0.02905 = 0.13195$ m。

在流速为 2.5 m/s 的情况下，软管单位长度所受水流载荷为 $F_D = 59.01$ N/m，软管单位长度所受风载荷为 $F_f = 20.69$ N/m，则软管受到的总的均布载荷为 $q = F_D + F_f = 79.70$ N/m。

在工程实践中，对于中央挠度系数，欧美各国常采用 1/12~1/9，我国常采用 1/12~1/8。现采用中央挠度系数 $N_0 = 1/12$ 来计算直接托管的拉力。

根据悬索公式，软管总长为

$$L_0 = l_0 \sqrt{1 + \frac{16}{3} N_0^2} = 700 \times \sqrt{1 + \frac{16}{3} \times \left(\frac{1}{12}\right)^2} \approx 712.85 \text{ m}$$

水平拉力为

$$H_0 = \frac{q l_0}{16 N_0} \left(\sqrt{1 + \frac{16}{3} N_0^2} + 1 \right) = \frac{79.70 \times 700}{16 \times \frac{1}{12}} \times \left[\sqrt{1 + \frac{16}{3} \times \left(\frac{1}{12}\right)^2} + 1 \right] \approx 84.45 \text{ kN}$$

端部拉力为

$$T = H_0 + q l_0 N_0 = 84.45 + 0.0797 \times 700 \times \frac{1}{12} \approx 89.10 \text{ kN} < [T] = 127 \text{ kN}$$

3.3.3.2 方案二计算

(1) 软管竖向挠度计算

以弹性地基梁模型计算出的软管临界距离 10.31 m 进行计算，保守起见，忽略其自身抗弯刚度，以其受到自身重力下的悬索曲线来计算其最大挠度，且软管的中央挠度系数同样取 1/12，则软管受到的自身重力 $q_{sw} = 2.5 \times 9.8 = 24.5$ N/m。

软管的水平拉力 $H_0 = 382.37$ N，软管总长为

$$L_0 = 12.37 \times \sqrt{1 + \frac{16}{3} \times \left(\frac{1}{12}\right)^2} \approx 12.60 \text{ m}$$

则其最大挠度在跨中取得，即最大挠度为

$$y \bigg|_{x=6.185} = \frac{24.5}{2 \times 382.37} \times 5.155^2 + \frac{24.5^3}{24 \times 382.37^3} \times 5.155^4 \approx 0.859 \text{ m}$$

(2) 钢索中央挠度系数

以 2010 年 4 月在长江发生危化品事故的"华航浦 8001"轮为例，该船舶总吨位 2833 t，型深 6.80 m，载重时艏吃水 4.2 m、尾吃水 4.4 m，以平均吃水 4.3 m 进行计算，岸边塔架按 2 m 进行计算。考虑到软管的挠度，钢索的最大挠度须小于 1.36 m，则钢索的中央挠度系数 $N_0 \leq 1.36/700 \approx$

0.00194，且将钢索受到的均布载荷看作沿水平方向分布，得到如下数据：

软管所受风载荷为

$$F_f = 25.088 \text{ N/m}$$

钢索单位长度受到的载荷为

$$q = \sqrt{(q_g + q_{sw})^2 + F_f^2} = \sqrt{(15.4 + 24.5)^2 + 25.088^2} \approx 47.13 \text{ N/m}$$

钢索水平拉力为

$$H_0 = \frac{q l_0}{8 N_0} = \frac{47.13 \times 700}{8 \times 0.00194} \approx 2125.71 \text{ kN}$$

钢索在岸边的拉力为

$$T_A = \frac{q l_0}{8 N_0} \sqrt{1 + (\tan\varphi - 4N_0)^2} \approx 2125.76 \text{ kN}$$

钢索在船只端的拉力为

$$T_B = \frac{q l_0}{8 S_0} \sqrt{1 + (\tan\varphi + 4N_0)^2} \approx 2125.79 \text{ kN}$$

对于锚固装置，岸边锚碇座常用形式有卧桩锚碇座、锚杆锚碇座、重力式锚碇座等。

卧桩锚碇主要靠土体被动土压力来满足张纲需要，单个锚碇由锚碇坑、锚梁、被覆木、水平板栅和锚纲等组成，该锚碇装置全部采用人工拼装、挖土机挖制和回填，工程量较大，周期较长，其能提供的锚定力为 30~400 kN。

锚杆锚碇通过锚固于岩层中的锚杆来满足张纲需要，可以采用机械锚固或者用凝结材料将锚杆与岩土黏结。机械锚固依靠机械的扩张或者拉紧装置将锚杆的根部锚固在孔内，该方法的特点是直接快速，承载快；此外，还可通过选用水泥砂浆或合成树脂将锚杆端头与孔壁黏结在一起，待材料硬化以后，通过与表面接触产生的剪力来传递锚杆的拉力，但该锚碇装置的工艺要求高、设计施工技术强，单桩锚定力为 10~30 kN，并列桩锚定力为 30~50 kN，群桩锚定力为 30~100 kN。

重力式锚碇主要依靠锚碇结构自身的巨大自重来平衡缆绳拉力，其尺寸需要满足抗倾覆与抗滑移的要求，通常将基础设置得很深来平衡拉力的水平分力需求，但这也导致挖基坑的施工时间较长，无法满足应急救援的要求。

综合上述分析，方案一尽管拉应力小于最大拉断力，但会使得软管拉应力没有太多的安全空间；而方案二钢索端部拉力太大，会使得岸边的锚固装置被破坏。

3.4 漂浮软管流固耦合分析

3.4.1 流固耦合力学分析

3.4.1.1 理论分析

假定流体具有不可压缩黏性，漂浮软管在材料方面具有线弹性特性，则内外流体区域运动控制方程为

$$\rho_w \left[\frac{\partial \dot{u}_w}{\partial t} + (\dot{u}_w \cdot \nabla) u_w \right] = \rho_w f_{wd} - \nabla p_w + \mu \nabla^2 \dot{u}_w \tag{3-93}$$

式中：ρ_w 为流体密度；$\dot{u}_w$ 为流体速度；f_{wd} 为单位质量流体力；p_w 为流体压力；μ 为动力黏度；∇ 为哈密顿算子；∇^2 为拉普拉斯算子。

连续性方程为

$$\nabla \cdot \dot{u}_w = 0 \tag{3-94}$$

流体本构关系为

$$\tau = -p_w I + 2\mu K + \tau_0 \tag{3-95}$$

式中：I 为流体的单位矩阵；K 为流体变形率矩阵；τ_0 为流体屈服应力。

软管的平衡方程为

$$M\ddot{u}_r + C\dot{u}_r + Ku_r = \sum F \tag{3-96}$$

式中：M、C、K 分别为软管的质量矩阵、阻尼矩阵、刚度矩阵；$\ddot{u}_r$、$\dot{u}_r$ 和 u_r 分别表示软管外壁加速度、速度和位移；F 为软管受到的外力，如内外部流体作用力、重力和浮力等。

在流固耦合边界面上，漂浮软管与流体满足速度及边界条件：

$$\begin{cases} \dot{u}_w(t) = \dot{u}_r(t) \\ u_w(t) = u_r(t) \end{cases} \tag{3-97}$$

对式（3-97）进行有限元的离散及联合求解，可以得到漂浮软管流固耦合的位移及应力。

3.4.1.2 内部流体密度对软管受力及空间形态的影响

考虑软管内部液体带来的影响，将软管内流密度分别设置为 0.50，0.83，1.20，1.50 g/cm³，内流流速设定为 2 m/s，用 OrcaFlex 软件分别计算这四种内部流体密度下的软管中间跨的弯矩及挠度。利用 OrcaFlex 软件对

漂浮软管进行建模，除设定内流密度和流速以外，还设定跨数为五跨，跨长为 12 m，通过在锚固点用微段的锚链进行锚固来更好地观察挠度值。软管建模总长 60 m，每 0.05 m 进行一个切片，共得到 1200 个切片。采用隐式求解器，最大迭代次数为 400，时间步长 0.01 s，最小收敛值为 1.0×10^{-6}，准备时间为 8 s，求解时间为 30 s，将软管标为橘色，锚固点标为青绿色，软管端部分别连接储油设备和油船，自由度为 0，建模图如图 3-49 所示。

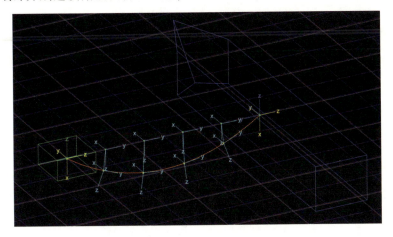

图 3-49　OrcaFlex 建模图

经仿真计算，得到不同密度的内部流体对软管受力及变形的影响，如图 3-50 所示。

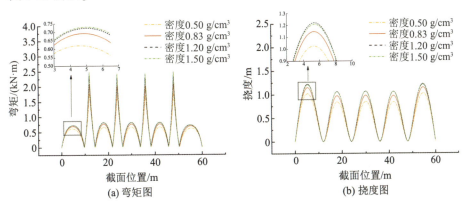

图 3-50　不同内流密度下的 OrcaFlex 仿真结果

由图 3-50 可知，在考虑外流大流速条件及不同内流密度的情况下，软管的最大弯矩发生在锚固处，最大挠度在跨中处。随着内流密度的增大，弯矩的最大值增大，跨中的弯矩也在增大，但是增大的速度越来越慢；挠度的最大值也在增大，增大的速度同样越来越慢。这是因为随着密度的增大，软管和内流的整体质量也在增大，沉入水中的部分越来越多，软管受到的水流阻力也随着投影面积的增大而增大，虽然风载荷随着水面上的软管部分减少而变小，但是相较于大流速的水流阻力，风载荷的减小量可以忽略，直到密度增大到 1.20 g/cm³ 以后，锚固处挠度的增加量几乎可以忽略不计，但弯矩值还是有一定的增加量。

3.4.1.3 内部流体流速对软管受力及空间形态的影响

软管内流的作用主要体现在两个方面，一是具有流速的内部流体对管线的冲力，二是内部流体本身具有的重力。考虑软管内部流体流速带来的影响时，将流速分别设置为 1.5、2.0、2.5、3.0 m/s，内流密度设定为 0.83 g/cm³，通过 OrcaFlex 软件分别计算这四种流速下的软管中间跨的弯矩及挠度，如图 3-51 所示。

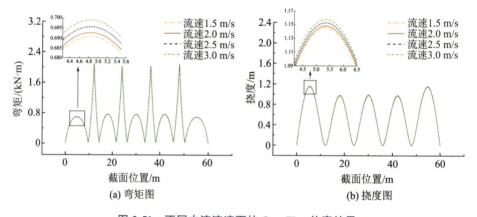

(a) 弯矩图   (b) 挠度图

图 3-51 不同内流流速下的 OrcaFlex 仿真结果

由图 3-51 可知，在考虑外部流体大流速条件及不同内流流速的情况下，软管的最大弯矩发生在锚固处，最大挠度发生在跨中处。随着内流流速的增大，弯矩的最大值也在增大，跨中的弯矩也在增大，且增大的速度越来越快；挠度的最大值也在增大，增大的速度同样越来越快。这是因为随着流速的增大，在软管弯曲的情况下，内部流体的冲击力越大，软管各部分的弯曲角度相应增大，使得软管弯曲越发严重。但在外部流体处于大流速条件下，软管锚固处和跨中弯矩及跨中挠度的增加量几乎可以忽略不计。

综合上述分析可知，在外部流体大流速条件下，流速的改变对软管的受力影响很小，密度变化对软管的受力有一定影响。比较而言，弹性地基梁模型虽然在数值上和理论计算结果有些差别，但差别不大。因此，在输送不同液体和输送流速不同，且无法精确计算或只能手算的情况下，可以用弹性地基梁模型进行初步设计。

3.4.2　流固耦合模态分析

当软管内部液体密度较大时，其可能会完全沉没于水中，而当水流流经软管时，管线表面具有压差。这种影响会造成旋涡周期性地脱落，当脱落频率在一定范围内并与软管的固有频率接近时，两者之间就会发生"锁定"现象，导致软管被破坏。软管的振动可分为横向振动和纵向振动两种，横向振动的方向与流速相垂直，纵向振动的方向与流速相平行。通常，低流速情况下管线的破坏主要由纵向振动造成，而高流速情况下管线的破坏则由横向振动引发。

3.4.2.1　漂浮软管流固耦合模态理论分析

通常模态分析时的前提条件是在空气中进行，由于空气的密度小，对模态分析结果的影响较小，因此常常会忽略空气的影响，等同于在真空中进行。但对处于外部流体中的软管来说，将液体与软管剥离进行分析会导致计算结果不准确，此时需要考虑液体与软管的耦合作用，这种分析方法称为湿模态分析，且通常使用虚拟质量法来解决流固耦合问题，即将流体作用转换为附加质量矩阵来实现。

软管动力学方程为

$$\boldsymbol{M}_S \ddot{u}_r + \boldsymbol{C}_S \dot{u}_r + \boldsymbol{K}_S u_r = \sum \boldsymbol{F}_S \tag{3-98}$$

式中：$\boldsymbol{M}_S$ 为结构质量矩阵；$\boldsymbol{C}_S$ 为阻尼矩阵；$\boldsymbol{K}_S$ 为结构刚度矩阵；$\ddot{u}_r$、$\dot{u}_r$ 和 u_r 分别为软管外壁加速度、速度和位移；$\boldsymbol{F}_S$ 为作用力。

在求解自由振动时，通常忽略结构阻尼，于是上式可简化为

$$\boldsymbol{M}_S \ddot{u}_r + \boldsymbol{K}_S u_r = 0 \tag{3-99}$$

得到特征方程及模态：

$$\left| \boldsymbol{K}_S - w_r^2 \boldsymbol{M}_S \right| = 0 \tag{3-100}$$

式中：w_r 为软管振动频率。

在考虑流体影响软管模态时，流体和结构仅在表面有相互接触的作用，其计算方程为

$$(\boldsymbol{M}_S + \boldsymbol{M}_A) \ddot{u}_r + (\boldsymbol{K}_S + \boldsymbol{K}_A) u_r = 0 \tag{3-101}$$

式中：M_A 为流体附加质量矩阵；K_A 为流体附加刚度矩阵。

通常流体附加刚度相较于结构自身刚度小很多，所以可以忽略 K_A。可结合 Helmholtz 方程与 Laplace 方程求得虚拟质量矩阵，最后得到软管固有频率。

定常流中，软管的旋涡脱落形态与雷诺数 Re 的变化紧密相关，软管的雷诺数为

$$Re \approx 3.98 \times 10^5$$

软管泄放旋涡频率 f 与斯特劳哈尔数 St 的关系为

$$St = \frac{fD}{v} \tag{3-102}$$

斯特劳哈尔数与雷诺数相关，当 $3 \times 10^5 < Re < 3.5 \times 10^6$ 时，旋涡泄放具有随机性，且在一个宽频带内变化，拖曳力显著降低，通过相关曲线关系资料可得

$$St = 0.29$$

此时泄放一对旋涡的频率 f 为 4.503 Hz。

3.4.2.2 内部流体密度对软管模态的影响

对软管振动的高阶模态来说，其能量对软管本身的影响不大，可以忽略不计，起主导作用的为前几阶模态，通常只考虑前六阶模态的影响。

考虑软管内部流体密度对软管模态的影响时，将软管内流密度分别设置为 0.50，0.83，1.20，1.50 g/cm³，内流流速设定为 2.0 m/s，通过 OrcaFlex 软件分别计算这四种密度下的软管模态。以内流密度 0.83 g/cm³、内部流速 2.0 m/s、锚固距离 12 m 为例，为了更清晰地观察不同模态，将幅值扩大两倍，得到图 3-52 所示模态振型，所有工况仿真所得值如表 3-8 所示，频率图如图 3-53 所示。

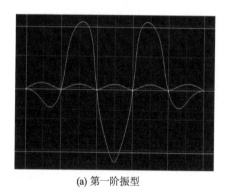
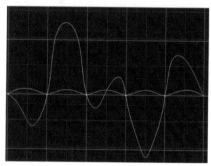

(a) 第一阶振型　　　　　　　　　　　(b) 第二阶振型

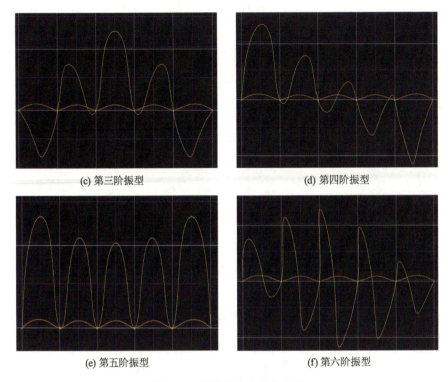

(c) 第三阶振型　　　　　　　　　　　(d) 第四阶振型

(e) 第五阶振型　　　　　　　　　　　(f) 第六阶振型

图 3-52　软管前六阶模态振型

表 3-8　不同内流密度软管前六阶模态固有频率　　　　　　　　　　Hz

阶数	内流密度			
	0.50 g/cm³	0.83 g/cm³	1.20 g/cm³	1.50 g/cm³
1	0.81513	0.74520	0.59653	0.46107
2	0.87791	0.79635	0.59767	0.48330
3	0.97202	0.87267	0.63781	0.51199
4	1.07314	0.95673	0.67030	0.54507
5	1.10832	0.98703	0.69812	0.57459
6	1.52364	1.31302	0.70267	0.64153

由图 3-52、表 3-8、图 3-53 可知，在内流密度增大的同时，同阶的软管固有频率会逐渐减小。同一内流密度下，固有频率随着阶数增加而增大，且第六阶频率的增长较前五阶增长更明显。因此，在对软管进行模态分析时，应该考虑不同密度带来的影响。

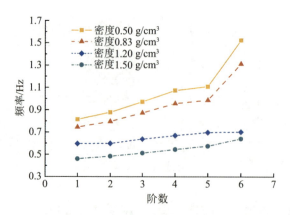

图 3-53　不同内流密度软管前六阶频率图

3.4.2.3　内部流体流速对软管模态的影响

考虑软管内部液体不同流速对模态带来的影响时，将流速分别设置为 1.5，2.0，2.5，3.0 m/s，内流密度设定为 0.83 g/cm³，锚固长度为 12 m，通过 OrcaFlex 软件分别计算这四种流速下的软管模态，其结果如表 3-9 及图 3-54 所示。

表 3-9　不同内流流速软管前六阶模态固有频率　　　　　　　　　　Hz

阶数	内流流速			
	1.5 m/s	2.0 m/s	2.5 m/s	3.0 m/s
1	0.74326	0.74520	0.74771	0.75078
2	0.79439	0.79635	0.79888	0.80197
3	0.87069	0.87267	0.87521	0.87833
4	0.95469	0.95673	0.95935	0.96256
5	0.98492	0.98703	0.98975	0.99307
6	1.31103	1.31302	1.31559	1.31874

由表 3-9 及图 3-54 可知，随着内部流体流速的增加，同阶的软管固有频率虽然会增大，但是增长幅度十分小，可以忽略不计。同一内流流速下固有频率随着阶数增加而增大，且第六阶频率的增长较前五阶增长更明显。因此，在对软管进行模态分析时，可以不考虑不同流速带来的影响。

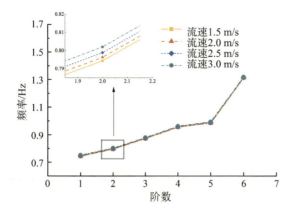

图 3-54　不同内流流速软管前六阶频率图

3.4.2.4　软管锚固长度对软管模态的影响

考虑软管不同锚固长度对模态带来的影响时，将锚固长度分别设置为 8，12，16，20 m，内流密度设定为 0.83 g/cm³，内流流速设定为 2.0 m/s，通过 OrcaFlex 软件分别计算这四种锚固长度下的软管模态，其结果如表 3-10 及图 3-55 所示。

表 3-10　不同锚固长度软管前六阶模态固有频率　　　　　　　　Hz

阶数	锚固长度			
	8 m	12 m	16 m	20 m
1	0.75952	0.74520	0.68631	0.62478
2	0.88583	0.79635	0.71585	0.64440
3	1.07616	0.87267	0.75958	0.67331
4	1.22049	0.95673	0.80887	0.70557
5	1.29402	0.98703	0.83065	0.72055
6	1.49571	1.31302	1.00304	0.83294

由表 3-10 及图 3-55 可知，随着锚固长度的增加，同阶的软管固有频率会逐渐减小。同一锚固长度的软管的固有频率随着阶数增加而增大，且第六阶频率的增长较前五阶增长更明显，但对较小的锚固长度而言，第六阶频率的增长幅值没有较大锚固长度的增长幅值大。因此，在对软管进行模态分析时，应该考虑不同锚固长度带来的影响。

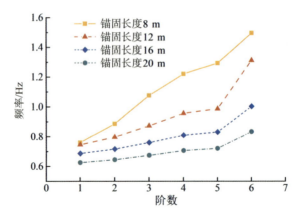

图 3-55 不同锚固长度软管前六阶频率图

综合上述分析，虽然内部流体流速及锚固长度会影响软管的固有频率，但是前六阶频率都小于旋涡脱落频率，且旋涡脱落频率为上述所有频率中最大频率的 2.5 倍以上，所以可以认为在大流速条件下的软管几乎不会发生涡激共振现象。

参考文献

[1] De Zoysa A P K. Steady-state analysis of undersea cables[J]. Ocean Engineering,1978,5(3):209-223.

[2] Pevrot A H,Goulois A M. Analysis of cable structures[J]. Computers & Structures,1979,10(5):805-813.

[3] Kirk C L,Etok E U. Wave induced random oscillations of pipelines during laying[J]. Applied Ocean Research,1979,1(1):51-60.

[4] Peyrot A H. Large deflection analysis of beams,pipes,or poles[J]. Engineering Structures,1982,4(1):11-16.

[5] Seyed F B,Patel M H. Mathematics of flexible risers including pressure and internal flow effects[J]. Marine Structures,1992,5(2-3):121-150.

[6] Ratcliffe A T. The validity of quasi-static and approximate formulae in the context of cable and flexible riser dynamics[J]//Behavior of Offshore Structures: Proceedings of the 4th International Conference on Behaviour of Offshore Structures.Delft: British Maritime Technology, 1985:337-347.

[7] Cowan R, Andris R P. Total pipelaying system dynamics[C]//Proceedings of the Annual Offshore Technology Conference. Houston: Offshore Technology Conference, 1977:291-302.

[8] Gardner T N, Kotch M A. Dynamic analysis of risers and caissons by the element method [C]//Proceedings of the Annual Offshore Technology Conference. Houston: Offshore Technology Conference, 1976:405-421.

[9] Malahy J R C. Nonlinear finite element method for the analysis of the offshore pipelaying problem[D].Texas:Rice University,1985.

[10] McNamara J F,O'Brien P J,Gilroy S G. Nonlinear analysis of flexible risers using hybrid finite elements[J]. Journal of Offshore Mechanics & Arctic Engineering, 1988,110(3):197-204.

[11] O'Brien P, McNamara J F, Grealish F. Extreme bending and torsional responses of flexible pipelines[C]//11th Intl Conf on Offshore Mechanics & Arctic Engng. Calgary:ASME,1992: 319-324.

[12] Kirk C L, Etok E U. Dynamic response of tethered production platform in a random sea state[C]//The Second International Conference on the Performance of Marine Structures. London,1979:139-163.

[13] Taylor R E, Rajag Palan A. Load spectra for slender offshore structures in waves and currents[J]. Earthquake Engineering & Structural Dynamics, 1983,11(6):831-842.

[14] Krolikowski W. Towards a dynamical preon model[J]. ACTA Physica Polonica, 1980,11(6):431-438.

[15] Kao S. An assessment of linear spectral analysis method for offshore structures via random sea simulation[J]. Journal of Energy Resources Technology,1982,104(1):39-46.

[16] Leira B J, Langen I. On probalistic design of a concrete floating bridge[J]. Nordic Concrete Research, 1984: 84.

[17] 孟浩龙,吕宏庆,李著信,等. 海上浮动软管的三维静态分析[J]. 海洋工程,2003,21(1):109-112.

[18] 孟浩龙,吕宏庆,李著信,等. 海上浮动软管的静态数学模型[J]. 油气储运. 2002,21(3):10-12.

[19] 赵伟. 海上漂浮输油软管非线性静动态反应分析研究[D]. 北京:中国石

油大学,2004.

[20] 吕晨亮,叶庆泰.波纹管抗扭刚度的计算[J].上海交通大学学报.2005,
39(2):317-319.

[21] 张骞,张世富.波浪载荷作用下海上漂浮式管线变形研究[J].山西建
筑,2007,33(18):5-6.

[22] 张骞,张世富,张起欣,等.海上漂浮式输油管线内部流体流速引起管线
变形的研究[J].管道技术与设备,2007(4):6-7.

[23] 由丹丹.波浪和流作用下漂浮软管的动力分析[D].哈尔滨:哈尔滨工程
大学,2009.

[24] 余建星,马勇健,杨源,等.海底管道允许悬空长度计算研究[J].天津理
工大学学报,2014,30(1):6-10.

第4章 钢质管线海上敷设技术

第3章介绍了软管在内河水域环境的敷设。由于软管具有质量小，可盘卷折叠，铺设和撤收可利用卷盘作业，操作简单方便等特点，因而以软管为主要管道的有关输转系统最大的优点就是展开速度快，在短时间内即可实现对淡水、油料等介质的输转能力，在内河水域有着较好的应用适应性。但当工作环境变为海洋水域时，由于软质管线强度、刚度较低，在风、浪、流等载荷联合作用下极易被拉断、翻转、扭曲、打绞，导致整个系统无法正常工作。相较于软质管线，钢质管线强度、刚度较大，抵御环境破坏的能力较强，具备较大的工作压力，可以提高系统的介质输转流量。因此，以岸—海为应用环境的应急输转系统须用钢质管线作为输转介质的主要管道。

利用钢质管线在海上进行介质输转有两种情况：一种是钢质管线漂浮于海面上（空管时部分管线露出海面，工作时管线悬浮于海面下适当深度），另一种是将钢质管线铺设于海底（在第5章进行讨论）。针对第一种情况，本章将从海洋环境下钢质管线的受力情况、漂浮于海上的管线的稳定性及管线的漂浮装置等几个方面展开讨论，相关算例均以我国某 A 海域4级海况下，DN150 机动式钢质管线海上铺设试验情况为背景。

4.1 载荷分析

机动式钢质管线在海上受到的作用力按照来源不同可分为以下几种。

（1）环境载荷

环境载荷主要指外在环境对管线的作用力，包括波浪作用力、海流作用力、风的作用力，以及温度变化对管线的作用力等。

（2）管线固有载荷

管线固有载荷指与管线共存的各种载荷，包括管子自重、浮力、管线内液体质量及管线定位拉力等。

(3) 工作载荷

工作载荷指管线在输转作业时产生的载荷,包括管线输送介质的内压力、压力变化引起的振动等。

(4) 铺设载荷

铺设载荷指管线铺设过程中作用在管线上的载荷,如牵引拉力、弯曲应力等。

(5) 偶然载荷

偶然载荷是一种特殊的载荷。这种载荷虽然经常在设计计算时被考虑,但在管线运行期间不一定出现,如船锚的冲击、管路的水击压力、突发地震而产生的作用于管线上的力等。

在本章的分析中,为了便于模型的建立与计算,主要考虑波浪载荷、海流载荷、风载荷等主要载荷,一些次要的、偶然发生的载荷则可忽略不计。虽然这些载荷的忽略会使得计算结果与实际情况有一定误差,但对具有临时应急性质的机动式管线系统来说,可以通过取大安全系数等方法来确保管线在海上运行的安全性。

为了保证管线能够安全工作,需要在海面上固定管线。但把整个管线完全固定在海面上既不现实,也没有必要,因此考虑管线在整体上稳固,允许其在安全的范围内局部偏移。

空管时,管线的受力状况如图 4-1 所示。要确保管线固定,就要确保其在水平方向和垂直方向的受力平衡。要使管线在垂直方向稳固,需满足 $F_浮 \geq F_{管重}$;要使管线在水平方向稳固,需满足 $F_拉 \geq F_风 + F_{波浪} + F_{海流}$。

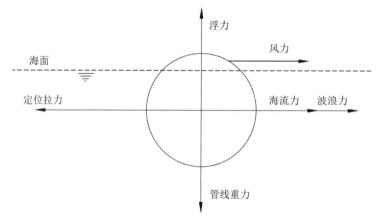

图 4-1　空管时管线的受力状况

工作时管线的受力状况如图4-2所示。要使管线在垂直方向稳固，需满足 $F_{外浮}+F_{管浮} \geqslant F_{管重}+F_{液重}$，即 $F_{外浮} \geqslant F_{管重}+F_{液重}-F_{管浮}$；要使管线在水平方向稳固，需满足 $F_{拉} \geqslant F_{波浪}+F_{海流}$。

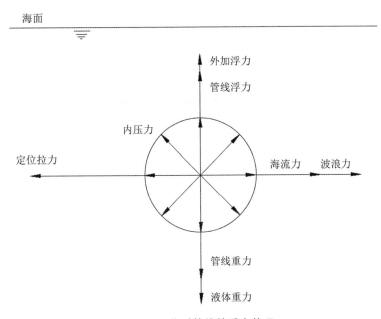

图 4-2　工作时管线的受力状况

4.2　载荷计算

4.2.1　风载荷

空管时，海上机动式钢质管线有一部分会暴露在海面上，因此需要考虑风载荷对管线系统的影响。根据中国船级社的规定，取设计风速为 26 m/s。

空管时，可根据管线的质量和管线外径计算管线暴露在海面上的面积。管线在海上的漂浮情况如图4-3所示。

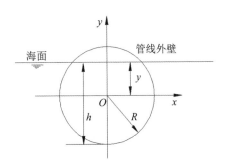

图 4-3　管线在海上的漂浮情况

以 DN150 机动式钢质管线为例,其单根长度为 6 m,质量为 56 kg,外径为 159 mm。每两根管线由一个连接器连接,连接器质量为 5 kg,则一根管线和一个连接器的质量为 61 kg。管线在海上的浮力按下式计算:

$$F_{浮} = L\rho \int_{-R}^{y} 2\sqrt{R^2 - y^2}\,\mathrm{d}y \qquad (4\text{-}1)$$

式中:L 为管线长度;ρ 为海水密度;R 为管线半径;y 为管线在海水中的深度。

管线在海上漂浮时所受到的浮力等于管线本身的质量,将管线质量代入式(4-1)可解得 $y = 0.00001$ m。也就是说,管线大约有一半暴露在水面上,那么单位管长的最大投影面积 $S = 0.0795$ m^2。钢管所受风压按式(2-42)计算,即

$$P = 0.613v^2 = 0.613 \times 26 \times 26 \approx 414.39 \text{ Pa}$$

从表 2-4 和表 2-5 中选取系数,按式(2-41)计算单位管长在极限情况下所受的风载荷:

$$F = 0.5 \times 0.64 \times 414.39 \times 0.0795 \approx 10.5 \text{ N/m}$$

当系统处于工作状态时,管线全部没于海面以下,不受风载荷影响。

4.2.2 海流载荷

近岸海水在外海潮波、大洋水团的迁移、风和气压、波浪破碎及海底地形等诸多因素影响下形成的流动称为近岸海流。在海洋工程中,海流对海上构造物的作用力是工程设计需要考虑的主要载荷之一。在近岸海流中,由于海流的运动速度和周期随时间的变化比较缓慢,因此可以将海流近似看作稳定的流动,认为它对管线的作用力仅有阻力。

根据我国近岸海流资料,以海流为 1.5 节(即 0.75 m/s)为例进行计算,DN150 机动式钢质管线所受的海流载荷为

$$F_D = \frac{1}{2} \times 1 \times 1030 \times 0.159 \times 0.75^2 \approx 46 \text{ N/m}$$

4.2.3 波浪载荷

根据竺艳蓉提出的波浪适用理论,该海域不同水深适用的波浪理论如表 4-1 所示。当水深大于 3.16 m 时,称为深水区,宜采用微幅波理论计算波浪对海上构造物的载荷;当水深在 1.58~3.16 m 范围内时,称为过渡区,

宜采用斯托克斯波理论计算波浪对海上构造物的载荷；当水深小于 1.58 m时，称为浅水区，宜采用孤立波理论和椭圆余弦波理论计算波浪对海上构造物的载荷。

表 4-1　不同水深波浪理论选择

参数范围	波浪理论选择
$d \leq 1.58$ m（浅水区）	孤立波理论、椭圆余弦波理论
1.58 m$<d<3.16$ m（过渡区）	斯托克斯波理论
$d \geq 3.16$ m（深水区）	微幅波（Airy、线性波）理论

下面以我国某 A 海域 4 级海况下，DN150 机动式钢质管线海面铺设为例进行管线承受波浪载荷计算。该海域波浪波长 L 为 20 m，钢质管线直径 D 为159 mm，$D/L \leq 0.15$，宜采用 Morison 方程计算波浪载荷。

机动式钢质管线的铺设从岸上固定设施延伸至位于深水区的漂浮转接平台，跨越水深变化范围较大，根据前文所述，需要先对不同水深区域的管线进行分段，再运用不同的波浪理论计算载荷。

4.2.3.1　管线在深水区的波浪载荷

（1）在水平方向上

将前文所述微幅波水平速度、水平方向加速度代入式（2-58）得出水平方向的波浪力为

$$F_h = A|C\cos\theta|C\cos\theta + BD\sin\theta \tag{4-2}$$

式中：$A = \dfrac{1}{2}C_D\rho_w D$；

$B = C_I\rho_w\dfrac{\pi D^2}{4}$；

$C = \dfrac{\pi H}{T}\dfrac{\cosh[k(z+d)]}{\sinh(kd)}$；

$D = \dfrac{2\pi^2 H}{T^2}\dfrac{\cosh[k(z+d)]}{\sinh(kd)}$；

$\theta = kx - \omega t$。

由于管线漂浮在海面上，所以取 $z=0$，$k=2\pi/L=0.314$，水深 $d=8$ m处计算，$C_D=1.0$，$C_I=2.0$。代入数据计算可得

$$A = 79.7385,\ B = 39.81,\ C = 1.1135,\ D = 1.9595$$

式（4-2）去掉绝对值为

$$F_{h_1}=AC^2\cos^2\theta+BD\sin\theta, 2k\pi-\frac{\pi}{2}\leq\theta\leq 2k\pi+\frac{\pi}{2} \tag{4-3}$$

$$F_{h_2}=-AC^2\cos^2\theta+BD\sin\theta, 2k\pi+\frac{\pi}{2}\leq\theta\leq 2k\pi+\frac{3\pi}{2} \tag{4-4}$$

式（4-3）、式（4-4）分别对 θ 求导得

$$\frac{\mathrm{d}F_{h_1}}{\mathrm{d}\theta}=-2AC^2\cos\theta\sin\theta+BD\cos\theta, 2k\pi-\frac{\pi}{2}\leq\theta\leq 2k\pi+\frac{\pi}{2} \tag{4-5}$$

$$\frac{\mathrm{d}F_{h_2}}{\mathrm{d}\theta}=2AC^2\cos\theta\sin\theta+BD\cos\theta, 2k\pi+\frac{\pi}{2}\leq\theta\leq 2k\pi+\frac{3\pi}{2} \tag{4-6}$$

令上面两式均等于零，解得

$$\begin{cases} \cos\theta=0 \text{ 或 } \sin\theta=-2\dfrac{BD}{AC^2}=-0.39451, 2k\pi-\dfrac{\pi}{2}\leq\theta\leq 2k\pi+\dfrac{\pi}{2} \\ \cos\theta=0 \text{ 或 } \sin\theta=2\dfrac{BD}{AC^2}=0.39451, 2k\pi+\dfrac{\pi}{2}\leq\theta\leq 2k\pi+\dfrac{3\pi}{2} \end{cases}$$

解得 $\theta=\dfrac{\pi}{2}, \theta=-0.4053, \theta=\dfrac{3\pi}{2}$，或 $\theta=0.4053$。

将上述结果分别代入式（4-2）解得

$$F_{h_1}=77.9931\ \text{N/m}, F_{h_2}=114.2620\ \text{N/m},$$

$$F_{h_3}=-77.7806\ \text{N/m}, F_{h_4}=-114.2596\ \text{N/m}$$

式中：F_{h_i} 为水平方向计算的第 i 个力。

从计算结果可知，水平方向的最大波浪载荷 $(F_h)_{\max}=114.2620\ \text{N/m}$，最小波浪载荷 $(F_h)_{\min}=-114.2596\ \text{N/m}$，在每个周期内还存在两个驻点。

根据上述数据利用软件画出波浪载荷曲线图，如图4-4所示。

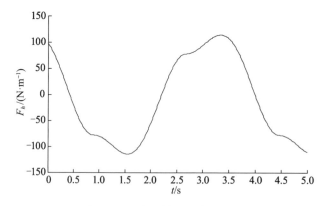

图 4-4　深水区的水平波浪载荷

（2）在垂直方向上

将前文所述微幅波垂直速度、垂直方向加速度代入式（2-58）得出垂直方向的波浪力为

$$F_l = A|C\sin\theta|C\sin\theta - BD\cos\theta \tag{4-7}$$

式中：$A = \dfrac{1}{2}C_D\rho_w D$；

$B = C_I\rho_w \dfrac{\pi D^2}{4}$；

$C = \dfrac{\pi H}{T}\dfrac{\sinh[k(z+d)]}{\sinh(kd)}$；

$D = \dfrac{2\pi^2 H}{T^2}\dfrac{\sinh[k(z+d)]}{\sinh(kd)}$；

$\theta = kx - \omega t$。

由于管线漂浮在海面上，所以取 $z=0$，$k = 2\pi/L = 0.314$，水深 $d = 8$ m 处计算，$C_D = 1.0$，$C_I = 2.0$。代入数据计算可得

$$A = 79.7385, B = 39.81, C = 1.099, D = 1.934$$

式（4-7）去掉绝对值为

$$F_{l_1} = AC^2\sin^2\theta - BD\cos\theta, 2k\pi \leqslant \theta \leqslant 2k\pi + \pi \tag{4-8}$$

$$F_{l_2} = -AC^2\cos^2\theta - BD\sin\theta, 2k\pi - \pi \leqslant \theta \leqslant 2k\pi \tag{4-9}$$

式（4-8）、式（4-9）分别对 θ 求导得

$$\frac{\mathrm{d}F_{l_1}}{\mathrm{d}\theta} = 2AC^2\cos\theta\sin\theta + BD\sin\theta, 2k\pi \leqslant \theta \leqslant 2k\pi + \pi \tag{4-10}$$

$$\frac{\mathrm{d}F_{l_2}}{\mathrm{d}\theta} = -2AC^2\cos\theta\sin\theta + BD\sin\theta, 2k\pi - \pi \leqslant \theta \leqslant 2k\pi \tag{4-11}$$

令上面两式均等于零，解得

$$\sin\theta = 0 \text{ 或 } \cos\theta = 2\frac{BD}{AC^2} = 0.3997, 2k\pi \leqslant \theta \leqslant 2k\pi + \pi$$

$$\sin\theta = 0 \text{ 或 } \cos\theta = -2\frac{BD}{AC^2} = -0.3997, 2k\pi - \pi \leqslant \theta \leqslant 2k\pi$$

解得 $\theta = 0$，$\theta = 1.1589$，$\theta = \pi$，或 $\theta = 4.2989$。

将上述结果分别代入式（4-7），解得

$$F_{l_1} = 76.9925 \text{ N/m}, F_{l_2} = 111.6959 \text{ N/m},$$

$$F_{l_3} = -76.9744 \text{ N/m}, F_{l_4} = -111.6958 \text{ N/m}$$

式中：F_{l_i} 为垂直方向计算的第 i 个力。

从计算结果可知，垂直方向的最大波浪载荷 $(F_l)_{max}=111.6959$ N/m，最小波浪载荷 $(F_l)_{min}=-111.6958$ N/m，在每个周期内还存在两个驻点。

根据上述数据利用软件画出波浪载荷曲线图，如图 4-5 所示。

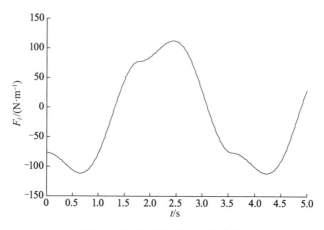

图 4-5　深水区的垂直波浪载荷

4.2.3.2　管线在过渡区的波浪载荷

管线在过渡区的波浪载荷采用 Stokes 二阶波理论进行计算，其基本公式如下。

水平速度：

$$u=u_1+u_2=\frac{\pi H\cosh[k(z+d)]}{T\quad\sinh(kd)}\cos(kx-\omega t)+$$
$$\frac{3\pi^2 H^2\cosh[2k(z+d)]}{4TL\quad\sinh^4(kd)}\cos[2(kx-\omega t)] \tag{4-12}$$

垂直速度：

$$v=v_1+v_2=\frac{\pi H\sinh[k(z+d)]}{T\quad\sinh(kd)}\sin(kx-\omega t)+$$
$$\frac{3\pi^2 H^2\sinh[2k(z+d)]}{4TL\quad\sinh^4(kd)}\sin[2(kx-\omega t)] \tag{4-13}$$

水平加速度：

$$\frac{\partial u}{\partial t}=\frac{\partial u_1}{\partial t}+\frac{\partial u_2}{\partial t}=\frac{2\pi^2 H\cosh[k(z+d)]}{T^2\quad\sinh(kd)}\sin(kx-\omega t)+$$
$$\frac{3\pi^3 H^2\cosh[2k(z+d)]}{T^2 L\quad\sinh^4(kd)}\sin[2(kx-\omega t)] \tag{4-14}$$

垂直加速度：

$$\frac{\partial v}{\partial t}=\frac{\partial v_1}{\partial t}+\frac{\partial v_2}{\partial t}=\frac{2\pi^2 H\sinh\left[k(z+d)\right]}{T^2}\frac{}{\sinh(kd)}\cos(kx-\omega t)-$$

$$\frac{3\pi^3 H^2}{T^2 L}\frac{\sinh\left[2k(z+d)\right]}{\sinh^4(kd)}\cos\left[2(kx-\omega t)\right] \tag{4-15}$$

(1) 在水平方向上

将式 (4-12)、式 (4-14) 代入式 (2-58) 得出水平方向的波浪力为

$$F_h=A\mid C\cos\theta+E\cos 2\theta\mid(C\cos\theta+E\cos 2\theta)+B(D\sin\theta+F\sin 2\theta) \tag{4-16}$$

式中：$A=\dfrac{1}{2}C_D\rho_w D$；

$B=C_I\rho_w\dfrac{\pi D^2}{4}$；

$C=\dfrac{\pi H\cosh\left[k(z+d)\right]}{T}\dfrac{}{\sinh(kd)}$；

$D=\dfrac{2\pi^2 H\cosh\left[k(+d)\right]}{T^2}\dfrac{}{\sinh(kd)}$；

$E=\dfrac{3\pi^2 H^2}{4TL}\dfrac{\cosh\left[2k(z+d)\right]}{\sinh^4(kd)}$；

$F=\dfrac{3\pi^3 H^2}{T^2 L}\dfrac{\cosh\left[2k(z+d)\right]}{\sinh^4(kd)}$；

$\theta=kx-\omega t$。

由于管线漂浮在海面上，所以取 $z=0$，$k=2\pi/L=0.314$，水深 $d=3$ m 处计算，$C_D=1.0$，$C_I=2.0$。代入数据计算可得

$A=79.7385,B=39.81,C=1.4929,D=2.6272,E=0.3892,F=1.3694$

利用软件绘制的波浪载荷曲线如图 4-6 所示。

从图中可以看出，水平方向的最大波浪载荷 $(F_h)_{\max}=307.0704$ N/m，最小波浪载荷 $(F_h)_{\min}=-129.8918$ N/m。

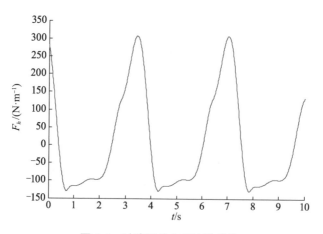

图 4-6　过渡区的水平波浪载荷

（2）在垂直方向上

将式（4-13）、式（4-15）代入式（2-58）得出垂直方向的波浪力为

$$F_l = A|C\sin\theta + E\sin 2\theta|(C\sin\theta + E\sin 2\theta) - B(D\cos\theta + F\cos 2\theta) \quad (4\text{-}17)$$

式中：$A = \dfrac{1}{2}C_D\rho_w D$；

$B = C_I\rho_w\dfrac{\pi D^2}{4}$；

$C = \dfrac{\pi H}{T}\dfrac{\sinh[k(z+d)]}{\sinh(kd)}$；

$D = \dfrac{2\pi^2 H}{T^2}\dfrac{\sinh[k(z+d)]}{\sinh(kd)}$；

$E = \dfrac{3\pi^2 H^2}{4TL}\dfrac{\sinh[2k(z+d)]}{\sinh^4(kd)}$；

$F = \dfrac{3\pi^3 H^2}{T^2 L}\dfrac{\sinh[2k(z+d)]}{\sinh^4(kd)}$；

$\theta = kx - \omega t$。

由于管线漂浮在海面上，所以取 $z = 0$，$k = 2\pi/L = 0.314$，水深 $d = 3$ m 处计算，$C_D = 1.0$，$C_I = 2.0$。代入数据计算可得

$A = 79.7385, B = 39.81, C = 1.0994, D = 1.934, E = 0.3716, F = 1.3075$

利用软件绘制的波浪载荷曲线如图 4-7 所示。

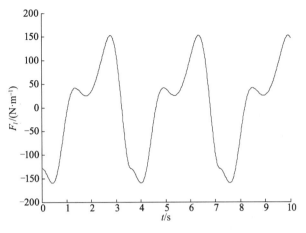

图 4-7　过渡区的垂直波浪载荷

从图中可以看出，垂直方向的最大波浪载荷 $(F_l)_{max} = 152.4527$ N/m，最小波浪载荷 $(F_l)_{min} = -160.0640$ N/m。

4.2.3.3　管线在浅水区的波浪载荷

在一定水深条件下，孤立波所能达到的最大波高称为极限波高。如果波高超过极限波高，其波形将不能维持，最终波浪破碎。本书采用 Keulegan 在 1984 年给出的极限波高条件进行计算，即

$$\left(\frac{H}{d}\right)_{max} = 0.78 \tag{4-18}$$

由于海浪波高为 1.25 m，取最小水深 $d = 1.25/0.78 \approx 1.6$ m。另由于管线在水面，所以取 $z = d$。

（1）在水平方向上

将 $z = 1.6$ m 代入孤立波水平速度及水平加速度公式得

$$u = 4.9727\text{sech}^2\theta + 1.2046\text{sech}^4\theta \tag{4-19}$$

$$\frac{\partial u}{\partial t} = 25.1168\text{sech}^2\theta \times \tanh\theta + 12.1684\text{sech}^4\theta \times \tanh\theta \tag{4-20}$$

将式（4-18）、式（4-20）代入式（2-58）得

$F_h = 79.7385 \times |4.9727\text{sech}^2\theta + 1.2046\text{sech}^4\theta|(4.9727\text{sech}^2\theta +$

　　$1.2046\text{sech}^4\theta + BD\sin\theta) + 39.81 \times (25.1168\text{sech}^2\theta \times \tanh\theta +$

　　$12.1684\text{sech}^4\theta \times \tanh\theta)$

利用软件绘制的波浪载荷曲线如图 4-8 所示。

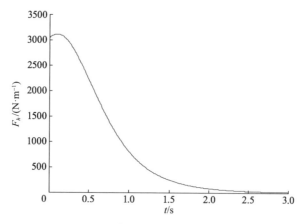

图 4-8　浅水区的水平波浪载荷

从图中可以看出，水平方向的最大波浪载荷 $F_{h_{\max}}=3117.9$ N/m。

（2）在垂直方向上

将 $z=1.6$ m 代入孤立波垂直速度及垂直加速度公式得

$$v=1.2921\mathrm{sech}^2\theta\times\tanh\theta-7.3706\mathrm{sech}^4\theta\times\tanh\theta \qquad (4-21)$$

$$\frac{\partial v}{\partial t}=57.0354\mathrm{sech}^2\theta-160.0094\mathrm{sech}^4\theta+93.0703\mathrm{sech}^6\theta \qquad (4-22)$$

将式（4-21）、式（4-22）代入式（2-58）得

$$F_l=79.7385\times\mid 11.2921\mathrm{sech}^2\theta\times\tanh\theta-7.3706\mathrm{sech}^4\theta\times\tanh\theta\mid\times$$
$$(11.2921\mathrm{sech}^2\theta\times\tanh\theta-7.3706\mathrm{sech}^4\theta\times\tanh\theta)+39.81\times$$
$$(57.0354\mathrm{sech}^2\theta-160.0094\mathrm{sech}^4\theta+93.0703\mathrm{sech}^6\theta)$$

利用软件绘制的波浪载荷曲线如图 4-9 所示。

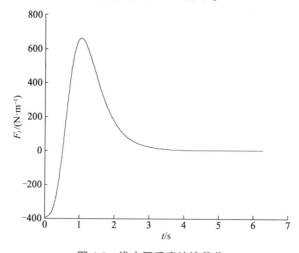

图 4-9　浅水区垂直波浪载荷

从图中可以看出，垂直方向的最大波浪载荷$(F_l)_{\max}=661.0358$ N/m。

4.2.4　波浪载荷的修正

4.2.4.1　波浪载荷的折减

由于管线敷设长度较长，且波浪是周期起伏的，不可能同时以同样的载荷作用于整条管线，而且管线前后段相互之间也有牵制作用。参照相关规定，可以选用表 4-2 所列的折减系数，将管道上的波浪载荷折减。

表 4-2　波浪力折减系数

管线长度	$<0.25L$	$(0.25\sim0.5)L$	$(0.5\sim1.0)L$	$>L$
折减系数	0.8	0.7	0.6	0.5

注：表中 L 为波长。

由于项目设计管线长度远远大于波长，因此选择折减系数为 0.5。

4.2.4.2　波浪载荷的作用方向

前面利用 Morison 方程计算的波浪力都是在假设波浪力作用方向与管线轴线方向相垂直的前提下得到的。当波浪力的作用方向与管线轴线成一角度 θ 时，计算所得的波浪力要乘以 $\cos\theta$。波浪在靠近近岸区时，波峰线几乎与海岸平行，波浪力的作用方向几乎与管线轴线方向相一致，这时的作用力近似为零。在这种情况下，考虑到波流的紊乱等原因，仍应按与管线轴线成 30°~60° 的夹角计算，以确保安全。本书在过渡区和深水区采用 30° 夹角计算。由于浅水区管线变形较小，与波浪的夹角相对较小，为了计算合理，选用 60° 夹角计算。修正后的波浪力见表 4-3。

表 4-3　修正后的波浪力

水深/m	$\leqslant1.58$	$1.58\sim3.16$	$\geqslant3.16$
水平方向最大波浪力/(N·m^{-1})	337.50	132.93	49.47
垂直方向最大波浪力/(N·m^{-1})	286.20	65.98	48.34

4.2.5　总载荷

风、浪、流等载荷是共同作用于机动式漂浮钢管的，在考虑其强度及稳固方案时，要考虑各种载荷的叠加，同时为了简化模型，并从安全角度出发，通常不考虑这三种力的相互耦合，而是以各种载荷的最大值进行叠

加, 即

$$F_合 = F_{波浪} + F_{海流} + F_风$$

单根长度为 6 m 的 DN150 机动式漂浮钢管在海上所受的合力见表 4-4。

表 4-4　叠加后的载荷

水深/m	≤1.58	1.58~3.16	≥3.16
水平方向最大载荷/(N·m⁻¹)	394.0	189.4	106.0
垂直方向最大载荷/(N·m⁻¹)	286.2	65.98	48.34

4.3　管线连接强度分析

无论是理论分析还是试验, 均表明在海上机动式钢质管线系统中, 管线的连接处特别是连接器, 是整个管线系统的薄弱环节。

在海上, 管线连接器的失效方式主要有两种: 一是连接器因所受拉应力过大而断裂; 二是连接器因所受弯矩过大而折断。为确保管线系统的安全, 有必要对管线连接器进行分析, 确定其能承受的最大弯矩和拉力, 同时还可将该结果与管线本身能承受的最大弯矩和拉力进行对比, 为管线系统的稳固方案提供依据。

海上钢质管线的连接虽可以采用多种形式, 但对机动式管线来说, 采用槽头连接有其独特优势: ① 槽头连接器连接的两根钢管之间允许有一定的偏转角度; ② 连接与拆卸均方便快捷; ③ 各连接器型号一致, 可更换性强; ④ 钢管与连接器相互独立, 在不改变钢管的情况下, 可单独对槽头连接器进行改造或直接选用高强度连接器。

管线漂浮铺设在海面上时, 受前面分析的各种载荷的作用, 管线系统会出现较大的弯曲变形, 因此要求其连接器有足够的强度, 在出现较大的弯曲应力和拉伸应力时不发生连接器失效的情况。管线系统的撤收是利用牵引车牵引管线的一端, 将整个管线从海上牵引至岸滩的, 此时也会出现较大的拉应力, 这也要求连接器有较强的抗拉能力。普通 DN150 槽头连接器是基于陆地铺设情况设计的, 不能满足海上恶劣工况, 为此设计制造了一种能够承受较大弯矩和拉应力的 DN150 加强槽头连接器。经过多次海上试验和抗弯抗拉试验, 该连接器被证明是可靠的。本节以该 DN150 加强槽头连接器为例进行分析。

4.3.1　加强连接器的特点

为保证管线接口尺寸一致，加强连接器的原理和内部尺寸与普通连接器是相同的，主要改变了连接器的结构尺寸、外部形状、材料及制造工艺。

① 在结构方面，为了提高连接器的强度，在保证接口尺寸一致的情况下，在最容易破坏的地方适当加大了尺寸。

② 在外部形状方面，相比普通连接器，加强连接器有两处改变：一是采用了外部加强筋。由于加强连接器的尺寸加大，因而增加了连接器的质量。笨重的连接器不仅增加了制造成本，造成资源浪费，而且不利于管线连接，影响了工作效率，因此在外部结构中采用了加强筋的形式。这样不仅能满足提高强度的要求，而且减轻了连接器的质量。二是增加了系固耳环。为了便于锚固时将锚绳系在管线上，在连接器上增加了两个耳环。

③ 在材料及制造工艺方面，加强连接器采用了强度更高的低碳合金钢40Cr，不再采用铸造工艺而是采用锻造工艺进行加工。

4.3.2　加强连接器的结构

加强连接器的整体结构主要包括主体、销、活接螺栓、平垫圈、六角厚螺母、大垫圈及环等部件，如表4-5所示。根据结构尺寸绘制加强连接器的工程结构简图，如图4-10所示。图4-11、图4-12所示分别为加强连接器的多向视图及三维图。

表 4-5　加强连接器结构明细表

名称	数量	材料
主体	2	40Cr
销	2	40Cr
活接螺栓	2	40Cr
平垫圈	2	合金钢
六角厚螺母	2	合金钢
大垫圈	2	合金钢
环	2	1Cr18Ni9

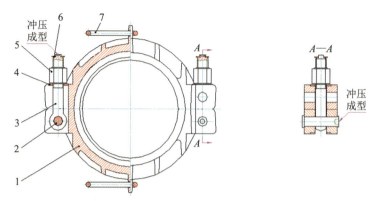

1—主体；2—销；3—活接螺栓；4—平垫圈；5—六角厚螺母；6—大垫圈；7—环。

图 4-10　加强连接器结构图

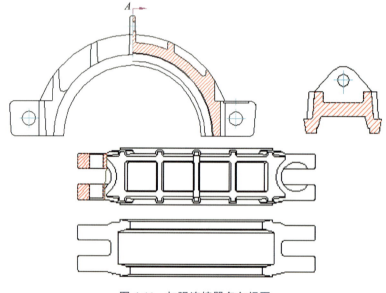

图 4-11　加强连接器多向视图

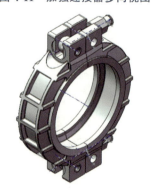

图 4-12　加强连接器三维图

4.3.3　强度分析

管线连接处是管线系统的薄弱环节之一，研究连接处的失效情况、保证足够的强度，对保证整个管线系统的安全有重要意义。理论计算时，利用管线本身的尺寸和材料性质得出管线能承受的极限弯曲应力和拉伸应力。将理论计算得出的弯曲应力和拉伸应力添加到连接器分析模型中进行有限元应力分析。如果分析结果显示连接器安全，说明管线连接器强度大于或等于管线本身的强度，满足设计要求；如果分析结果显示连接失效，说明管线连接器强度小于管线本身的强度，可以降低分析载荷重新进行分析，直到得出满足设计要求的管线连接器强度。若得出的连接器强度比管线本身的强度小很多，说明连接器设计不合理，需要重新设计。

4.3.3.1　抗弯强度分析

(1) 建立模型

为了直观分析管线连接器在弯曲变形时的实际情况，以管线和连接器的实际尺寸进行模拟分析，使用有限元分析软件建立如图 4-13 所示的分析模型。分析时，将模型简化成两端受支撑的简支梁模型，载荷以集中载荷方式添加到连接器上，方向与管线轴平面垂直。

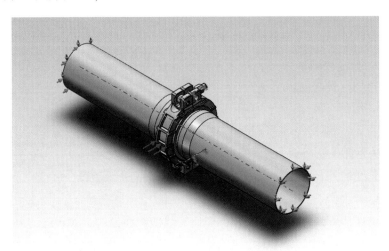

图 4-13　抗弯强度分析模型

图 4-13 中，粉色箭头为模型添加载荷的方向，粉色箭头所指的面为载荷作用的面；绿色箭头所在的面为模型添加的约束面，绿色箭头所指的方

向为约束的方向。分析模型剖面图如图 4-14 所示。

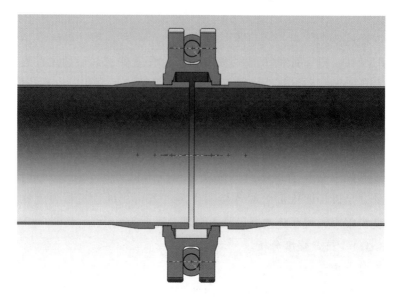

图 4-14 分析模型剖面图

根据材料力学和结构力学，管线的最大正应力发生在最大弯矩所在的横截面上，且离中心点最远处，即最大正应力为

$$\sigma_{max} = \frac{M_{max}}{W_z} \tag{4-23}$$

式中：W_z 为抗弯模量。

管线的抗弯截面模量为

$$W_z = \frac{\pi D^3}{32}\left[1-\left(\frac{D}{d}\right)^4\right] \tag{4-24}$$

式中：D 为管线外径；d 为管线内径。

以管线的外径为 159 mm、内径为 154.4 mm 进行计算，可得

$$W_z = 43702 \ mm^3$$

为了保证管线能够安全工作，应使管线横截面上的最大正应力 σ_{max} 不超过材料的最大许用应力 $[\sigma]$，即管线的正应力强度条件为

$$\sigma_{max} = \frac{M_{max}}{W_z} \leqslant [\sigma] \tag{4-25}$$

对式（4-25）进行变换得到管线能承受的最大弯矩为

$$M_{max} \leqslant [\sigma] \cdot W_z \tag{4-26}$$

由于管线的应力极限为 $[\sigma] = 448$ MPa，则管线能承受的最大弯矩为

$$M_{max} \leqslant [\sigma] \cdot W_z = 448 \times 43702 = 19578496 \text{ N} \cdot \text{mm} = 19578.496 \text{ N} \cdot \text{m}$$

在分析模型中，假设在连接器处添加载荷 F，能够使连接器处产生管线所能承受的最大弯矩，从而推导出模型中添加的载荷为

$$F = \frac{M_{max}}{0.5l} = 78315 \text{ N}$$

（2）网格划分

由于连接器的结构比管线的结构复杂，而管线又比较薄，因此网格划分应很细致。网格的节点总数为 1093059 个，单元总数为 728419 个。模型网格划分如图 4-15 所示。

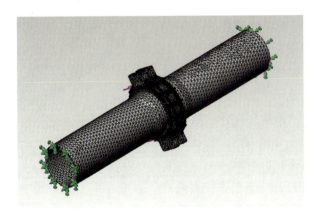

图 4-15　模型网格划分

（3）结果分析

数值模拟得出的应力、位移、应变及安全系数如图 4-16 至图 4-19 所示。

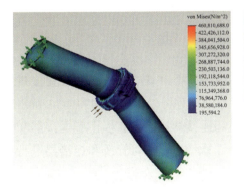

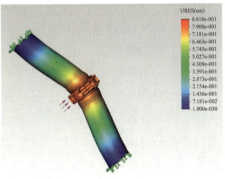

图 4-16　管线连接处的应力分布图　　图 4-17　管线连接处的位移分布图

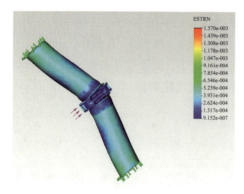

图 4-18　管线连接处的应变分布图

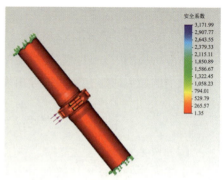

图 4-19　管线连接处的安全系数分布图

一般情况下，若某一位置的安全系数小于 1.0，则说明该位置上的材料已失效；若安全系数等于 1.0，则说明该位置上的材料即将失效；若安全系数大于 1.0，则说明该位置上的材料是安全的。通常在设计中要求安全系数在 1.5~3.0 范围内。管线连接处的变形图如图 4-20 所示。

由图 4-16 可知，管线连接器处产生的最大应力没有超过材料的许用应力；由图 4-19 可知，分析模型中的安全系数在合理范围内。由此可见，在

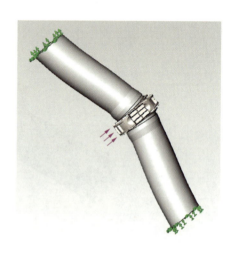

图 4-20　管线连接处的变形图

管线系统中，连接器处的强度与管线本身的最大强度相当，略小于管线本身的强度，连接器能满足管线系统的设计要求。

4.3.3.2　抗拉强度分析

(1) 建立模型

为了分析管线在工作时的安全性，同样需要对管线系统的抗拉强度进行分析。分析方法有两种，一种是使用有限元分析软件建立如图 4-13 所示的模型进行分析，另一种是分别对管线和连接器进行分析。由于连接器和管线所需的网格大小不一样，为了减少计算量，分别对管线和连接器进行分析，分析模型如图 4-21 和图 4-22 所示。

图 4-21　管线抗拉强度分析模型　　图 4-22　连接器抗拉强度分析模型

图中，粉色箭头为模型添加载荷的方向，粉色箭头所指的面为载荷作用的面；绿色箭头所在的面为模型添加的约束面，绿色箭头所指的方向为约束的方向。

对管线的理论许用拉伸应力进行计算。管线材料的屈服极限 $[\sigma]=$ 571 MPa，管线的截面积为

$$S = \frac{\pi}{4}(D^2 - d^2)$$

式中：D 为管线外径；d 为管线内径。

以管线的外径为 159 mm、内径为 154.4 mm 进行计算，可得 $S \approx$ 1131.68 mm^2，故拉伸应力的极限为

$$F_{拉} \leqslant [\sigma] \cdot S = 571 \times 10^6 \times 1131.68 \times 10^{-6} \approx 646189 \text{ N}$$

（2）网格划分

分别对连接器和管线进行网格划分，连接器的节点总数为 126192 个，单元总数为 82623 个。管线的节点总数为 16509 个，单元总数为 8149 个。模型网格划分如图 4-23 所示。

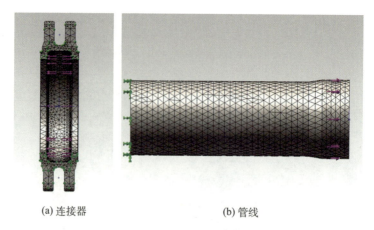

(a) 连接器　　　　　　　　　(b) 管线

图 4-23　模型网格划分

（3）结果分析

由于管线接头处比较复杂，为了得到管线本身的最大拉伸应力，将 400000，500000，600000 N 添加到分析模型，得出管线的最大许用应力。以 400000 N 为例进行分析，数值模拟得出的应力、位移、应变及安全系数如图 4-24 至图 4-27 所示。

图 4-24　管线的应力分布图

图 4-25　管线的位移分布图

图 4-26　管线的应变分布图

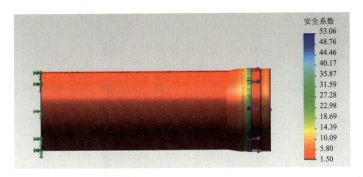

图 4-27　管线的安全系数分布图

不同载荷下管线的应力、位移及安全系数如表 4-6 所示。

表 4-6　不同载荷下管线的应力、位移及安全系数

添加载荷/N	最大应力/MPa	最大位移/mm	最小安全系数
400000	413	0.7375	1.50
500000	508	0.8725	1.26
600000	620	1.1125	1.01

由表 4-6 可以看出，从合理的安全系数出发，管线能承受的最大拉伸应力为 400000 N，将该载荷添加到连接器分析模型，数值模拟得出的应力、位移、应变及安全系数如图 4-28 至图 4-31 所示。

在分析模型中，对连接器和管线添加 400000 N 的拉力。从应力分布图中可以看出，连接器的最大应力为 286 MPa，管线的最大应力为 413 MPa，均没有超过材料的最大许用应力。连接器的最小安全系数为 2.89，管线的最小安全系数为 1.5，符合安全系数的取值范围。

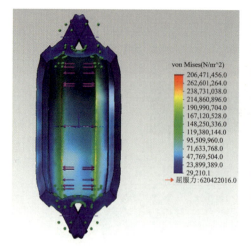

图 4-28　连接器的应力分布图

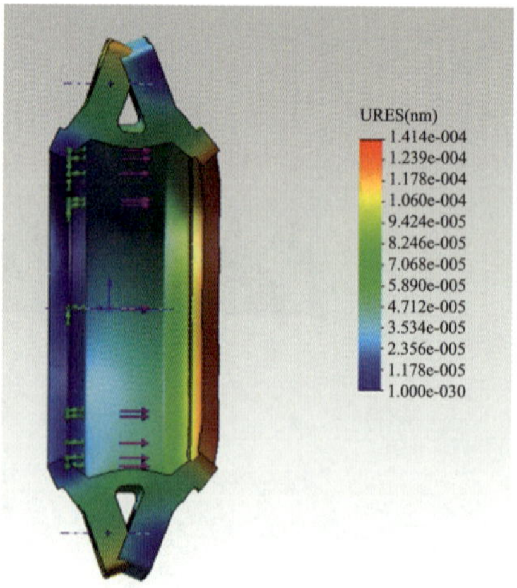

图 4-29　连接器的位移分布图

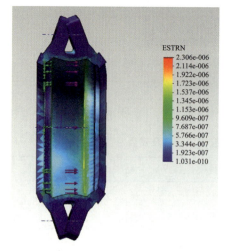

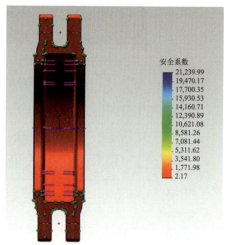

图 4-30　连接器的应变分布图

图 4-31　连接器的安全系数分布图

对管线和连接器添加 400000 N 的拉力进行实验，实验结果表明，管线和连接器安全且完好，没有损坏变形，能够承受 400000 N 的拉伸应力。在实际铺设和撤收中，管线不会受到这么大的拉力，因此在铺设和撤收过程中能够保证管线系统安全。

4.4　海上管线的稳固

海上机动式钢质管线一端连接于岸上的固定设施，另一端位于深水区，与漂浮转接平台连接。海上管线在风、浪、流等多种载荷作用下产生运动，为了确保管线系统安全、稳定地工作，必须将其固定。通过验证，确定有效的一种做法是选择合适的管跨，对管线进行分段锚固。要完成海上管线的稳固，至少有两个问题需要研究：一是选择合适的锚；二是确定合适的管跨，即每隔多长距离对管线下锚固定。这两个问题相互影响，其中管跨的确定是核心。若选择小质量的锚，由于锚固力较小，管跨不宜过大，因而所需锚的数量较多，使得管线系统展开与撤收的工作量大，效率低；若增大管跨，则需选择大质量的锚以产生足够大的锚固力，会造成操作不便。另外，管跨增大会导致管线受力变形增大、运动幅度增加，管线易遭破坏。对机动式应急管线系统来说，在确保安全性的基础上还要兼顾系统展开与撤收的效率以及整个系统运输的便捷性，因此需要通过分析计算确定合适的管跨。

4.4.1　管跨的影响因素

4.4.1.1　管线及连接器强度

管线及连接器强度是管跨最重要的影响因素，也是确保管线安全的前提。管跨增大时，管线的弯矩就会增大，当最大弯矩超过管线的材料许用应力时，管线及连接器就会因发生破坏而失效。而当管跨过小时，又会增加工作量，影响整个系统的展开。因此，需要分析出相应载荷作用下管线的最大允许管跨，在实际铺设及锚固时不超过此管跨。连接器一般与机动式钢管相互独立，可根据需要重新设计制造，确保其强度不小于钢管强度。如前文所述，可在槽头加强连接器，因此在确定管跨时主要考虑机动式钢质管线的强度。

4.4.1.2　锚

锚固力是影响管线稳定性的重要因素之一。考虑到海上机动式管线系统快速展开与撤收的要求，在选择管线固定所用的锚时要求其质量适当。锚过小会增加锚的数量，从而增加工作量，影响展开与撤收的速度；锚过大则会影响海上作业的操作性，存储、抛投不便。锚的大小取决于所需锚固力的大小，锚固力的大小又与管跨直接相关，且不同形式、不同质量的锚能够产生的锚固力是不同的，因此，锚也是影响管跨的重要因素。

4.4.2 管线强度分析

4.4.2.1 基本假设

根据不同水深时管线的受力情况对管线进行分段抛锚固定，锚抓力足以将管线固定，锚固示意图如图 4-32 所示。管线铺设完后，其在海上的稳定状况由海上载荷和锚抓力决定，在一定间隔上设置的锚可使漂浮管线在海上载荷的作用下处于一种自适应的平衡状态。

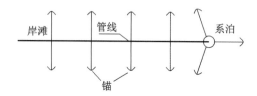

图 4-32　锚固示意图

管线在海上受力和变形的情况非常复杂，要对整个管线建立物理模型进行力学分析，就需要对其进行基本假设，忽略相对次要的影响因素，简化分析模型。所做的基本假设如下：

① 不考虑弯曲引起的波流载荷的变化。

② 不考虑扭矩对管线的影响。

③ 锚固处的自由度为零。

④ 根据前文对连接器的分析可知，管线连接处的强度与管线本身的强度相当。因此，在对整个管线进行分析时，不考虑连接器对管线的影响，认为管线在连接处的抗弯刚度是均匀的，不存在应力集中的现象。

⑤ 沿管线轴线方向的力为均布载荷。

⑥ 不考虑不同水深区域的相互影响。

4.4.2.2 稳固模型

海上管线在分段锚固时，可以将锚固点看作滑动支座，岸滩点看作固定端，管线与漂浮转接平台连接处看作滑动支座。因此，可以将整条管线看作由多个支座支撑的超静定梁。管线系统的理想管跨模型如图 4-33 所示。

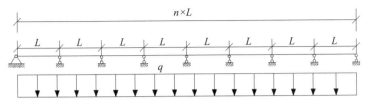

图 4-33　管线系统的理想管跨模型

由于每个管跨之间相互影响，因此在利用模型进行分析时不能以单一管跨为分析模型。整个管线由多个管跨组成，如果以整个管线进行分析，模型会非常复杂。由结构力学知识可知，当超静定结构次数较高时，随着次数的增加，各支座的支座反力变化不大。因此，以数个管跨为分析模型，既简化了分析步骤，又可保证分析精度。对不同的海水区域单独进行分析，从而得出相应的管跨长度。

4.4.2.3　模型分析

管线在海上漂浮时主要发生弯曲变形，当管跨过大时还存在着被破坏的危险，因此分析时需要求出超静定梁结构的支座反力，从而找出管线承受的最大弯矩和位置。

力法是计算超静定结构最基本的方法。其基本原理是先把超静定结构的多余联系去掉，使其变为静定结构，再用求解静定问题的方法求解超静定问题。多余的联系以相应的未知力代替，如图 4-34 所示，问题的关键就是求解多余的未知力，这些未知力仅靠静力平衡条件不能确定，需要利用变形条件补充相应数量的方程才能求出。

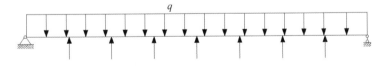

图 4-34　管线分析模型的受力图

假定管线以 n 个管跨铺设，岸滩和系泊处为活动支座，这样模型中就有 $n-2$ 个多余联系，其基本结构是从原结构中去掉 $n-2$ 个多余联系所得到的静定结构。$n-2$ 个多余未知力为 X_1，X_2，$\cdots$，X_{n-2}，基本方程是在 $n-2$ 个多余联系处的 $n-2$ 个变形条件，即基本结构中沿多余未知力方向的位移应与原结构中相应的位移相等。在变形体系中，根据叠加原理，可建立 $n-2$ 个关于多余未知力的力法方程，即

$$\delta_{11}X_1 + \delta_{12}X_2 + \cdots + \delta_{1i}X_i + \cdots + \delta_{1(n-2)}X_{n-2} + \Delta_{1P} = \Delta_1$$

$$\delta_{21}X_1+\delta_{22}X_2+\cdots+\delta_{2i}X_i+\cdots+\delta_{2(n-2)}X_{n-2}+\Delta_{2P}=\Delta_2$$

$$\vdots$$

$$\delta_{i1}X_1+\delta_{i2}X_2+\cdots+\delta_{ii}X_i+\cdots+\delta_{i(n-2)}X_{n-2}+\Delta_{iP}=\Delta_i$$

$$\vdots$$

$$\delta_{(n-2)1}X_1+\delta_{(n-2)2}X_2+\cdots+\delta_{(n-2)i}X_i+\cdots+\delta_{(n-2)(n-2)}X_{n-2}+\Delta_{(n-2)P}=\Delta_{n-2} \quad (4\text{-}27)$$

当多余未知力作用处的位移都等于零，即 $\Delta_i=0$（$i=1,2,\cdots,n-2$）时，式（4-27）变为

$$\delta_{11}X_1+\delta_{12}X_2+\cdots+\delta_{1i}X_i+\cdots+\delta_{1(n-2)}X_{n-2}+\Delta_{1P}=0$$

$$\delta_{21}X_1+\delta_{22}X_2+\cdots+\delta_{2i}X_i+\cdots+\delta_{2(n-2)}X_{n-2}+\Delta_{2P}=0$$

$$\vdots$$

$$\delta_{i1}X_1+\delta_{i2}X_2+\cdots+\delta_{ii}X_i+\cdots+\delta_{i(n-2)}X_{n-2}+\Delta_{iP}=0$$

$$\vdots$$

$$\delta_{(n-2)1}X_1+\delta_{(n-2)2}X_2+\cdots+\delta_{(n-2)i}X_i+\cdots+\delta_{(n-2)(n-2)}X_{n-2}+\Delta_{(n-2)P}=0 \quad (4\text{-}28)$$

也可简写为

$$\sum_{i=1}^{n-2}\delta_{ij}X_j+\Delta_{iP}=0 \ (j=1,2,\cdots,n-2)$$

式中：δ_{ii} 表示沿多余未知力 X_i 作用方向，单位力 $X_i=1$ 单独作用时产生的位移；δ_{ij}（$i\neq j$）表示沿多余未知力 X_i 作用方向，单位力 $X_j=1$ 单独作用时产生的位移；Δ_{iP} 表示沿多余未知力 X_i 作用方向，载荷单独作用时产生的位移；位移 δ_{ij} 和 Δ_{iP} 的第一个脚标表示产生的位移的位置和方向，第二个脚标表示产生位移的原因。

在式（4-28）中，要求解方程组得出多余未知力 X_i，需要先计算出 δ_{ii}、δ_{ij} 和 Δ_{iP} 的值。δ_{ii}、δ_{ij} 和 Δ_{iP} 的计算公式为

$$\delta_{ii}=\sum\int\frac{\overline{M_i^2}\mathrm{d}s}{EI}+\sum\int\frac{\overline{N_i^2}\mathrm{d}s}{EA}+\sum\int k\frac{\overline{Q_i^2}\mathrm{d}s}{GA}$$

$$\delta_{ij}=\sum\int\frac{\overline{M_i}\,\overline{M_j}\mathrm{d}s}{EI}+\sum\int\frac{\overline{N_i}\,\overline{N_j}\mathrm{d}s}{EA}+\sum\int k\frac{\overline{Q_i}\,\overline{Q_j}\mathrm{d}s}{GA} \quad (4\text{-}29)$$

$$\Delta_{iP}=\sum\int\frac{\overline{M_i}M_P\mathrm{d}s}{EI}+\sum\int\frac{\overline{N_i}N_P\mathrm{d}s}{EA}+\sum\int k\frac{\overline{Q_i}Q_P\mathrm{d}s}{GA}$$

式中：$\overline{M_i}$、$\overline{M_j}$ 表示当 $X_i=1$ 和 $X_j=1$ 单独作用时，产生在基本结构的弯矩；$\overline{N_i}$、$\overline{N_j}$ 表示当 $X_i=1$ 和 $X_j=1$ 单独作用时，产生在基本结构的轴力；$\overline{Q_i}$、$\overline{Q_j}$

表示当 $X_i = 1$ 和 $X_j = 1$ 单独作用时，产生在基本结构的剪力；E 为材料的弹性模量；I 为管线的惯性矩；A 为管线的横截面积；G 为材料的剪切弹性模量。

由于管线在海上主要受到弯矩的影响，由结构力学的位移公式可知，对受弯杆件来说，轴力和剪力对位移的影响通常要比对弯矩的影响小得多。因此，为了简化计算，在计算位移时可略去轴力和剪力项，只考虑弯矩影响，即式（4-29）可简化为

$$
\delta_{ii} = \sum \int \frac{\overline{M_i^2}\mathrm{d}s}{EI}
$$

$$
\delta_{ij} = \sum \int \frac{\overline{M_i M_j}\mathrm{d}s}{EI} \tag{4-30}
$$

$$
\Delta_{iP} = \sum \int \frac{\overline{M_i}M_P\mathrm{d}s}{EI}
$$

式中：M_P 表示已知载荷单独作用时，产生在基本结构的弯矩。

$\overline{M_i}$、M_P 可根据材料力学的知识由以下公式计算：

$$
\overline{M_i} = \frac{X_i x(l-x)}{l} \tag{4-31}
$$

$$
M_P = \frac{ql}{2}x - \frac{q}{2}x^2 \tag{4-32}
$$

式中：x 为多余未知力 X_i 处到基本结构端点的长度；l 为基本结构的长度。

通过式（4-31）和式（4-32）可求解出 $\overline{M_i}$ 和 M_P，代入式（4-30）则可求解出位移量 δ_{ii}、δ_{ij} 和 Δ_{iP}，再将位移量代入式（4-28）即可求解出多余未知力 X_i。根据叠加原理就可以求出模型任一截面的弯矩：

$$
M = \sum_{i=1}^{n-2} \overline{M_i}X_i + M_P \tag{4-33}
$$

4.4.2.4　有限元模拟

（1）建立模型

由于整个管线相对较长，如果以整个管线为分析模型，计算将会非常复杂。由超静定梁的分析可知，当管跨数超过一定量时，管跨数的增加对单个管跨中的弯矩的影响不大，因此本书采用 5 个管跨的模型作为分析模型。

以由 DN150 机动式钢质管线组成的系统为例，管线由长度为 6 m 的槽

头钢质管线用加强连接器连接而成，锚固位置在管线连接处，为了确定合理的管跨，结合实际项目试验情况，按单根管线的倍数考虑，分别对 12，18，24，30，36，42 m 管跨在不同水深区域进行分析，以确定各个水深区域的合理管跨。以下是以 36 m 管跨为例进行分析的结果，分析模型如图 4-35 所示。

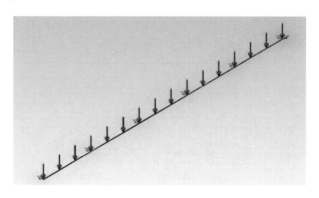

图 4-35　36 m 管跨分析模型

图 4-35 中，紫色箭头表示为模型添加载荷的方向，紫色箭头所指的面为载荷作用的面；绿色箭头所在的面为模型添加的约束面，绿色箭头所指的方向为约束的方向。

（2）施加约束及载荷

在管线端点使管线完全固定，在管线的锚固处使管线在水平方向和垂直方向固定，沿管线方向管线可以移动。

由于管线在海上漂浮，所以管线在垂直方向受力平衡，因此不添加垂直方向的力。在水平方向，按照前文的载荷计算值添加，即水深小于 1.58 m 时，水平方向受到 394 N/m 的均布载荷；水深为 1.58~3.16 m 时，水平方向受到 189.4 N/m 的均布载荷；水深大于 3.16 m 时，水平方向受到 106 N/m 的均布载荷。

（3）网格划分

对分析模型进行网格划分，节点总数为 681 个，单元总数为 675 个。由于分析模型比较长，为了能够看清网格，截取模型的一小段进行分析，如图 4-36 所示。

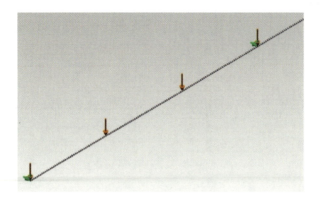

图 4-36　网格划分

4.4.2.5　结果分析

（1）应力分析

管线在不同水深区域时，应力模拟结果如图 4-37 至图 4-39 所示。

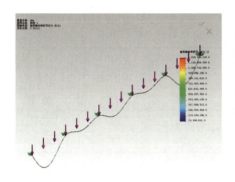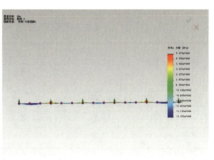

图 4-37　36 m 管跨在浅水区时的应力分布图和弯矩图

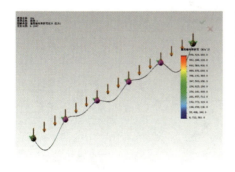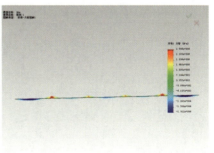

图 4-38　36 m 管跨在过渡区时的应力分布图和弯矩图

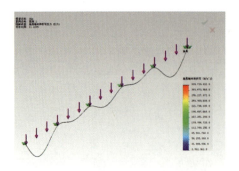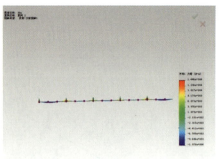

图 4-39   36 m 管跨在深水区时的应力分布图和弯矩图

从模拟结果可知，管线漂浮在海上时，在锚固点处受到最大应力。

按照相同的分析方法，分别计算 18～42 m 管跨在不同水深区域的情况，最大应力值如表 4-7 所示。

表 4-7   不同管跨在不同水深区域的最大应力值

最大应力值	管跨/m				
	18	24	30	36	42
浅水区/MPa	307	546	853	1229	1673
过渡区/MPa	147	262	410	590	804
深水区/MPa	82	146	229	330	450

（2）应变分析

管线在不同水深区域时，应变模拟结果如图 4-40 所示。

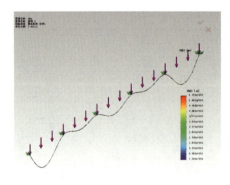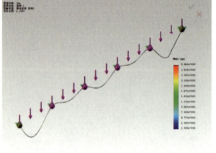

(a) 浅水区   (b) 过渡区

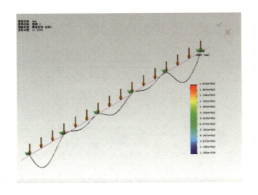

(c) 深水区

图 4-40　36 m 管跨在不同水深区域的应变分布图

不同管跨在不同水深区域的最大应变结果如表 4-8 所示。

表 4-8　不同管跨在不同水深区域的最大应变

最大应变值	管跨/m				
	18	24	30	36	42
浅水区	0.372	1.177	2.874	5.958	11.040
过渡区	0.179	0.565	1.381	2.864	5.306
深水区	0.100	0.316	0.773	1.603	2.970

（3）安全系数分析

分析软件会根据失败准则评估每个节点的安全系数，因此找出模型中的安全系数分布就可以找出模型中的安全与危险区域。管线在不同水深区域的安全系数如图 4-41 所示。

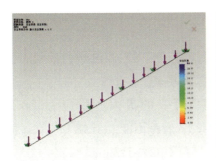

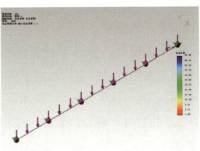

(a) 浅水区

(b) 过渡区

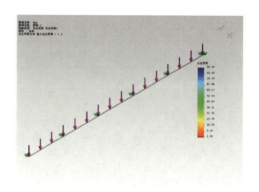

(c) 深水区

图 4-41　36 m 管跨在不同水深区域的安全系数分布图

从图 4-41 中可以得到管线的最小安全系数，不同管跨在不同水深区域的最小安全系数如表 4-9 所示。

表 4-9　不同管跨在不同水深区域的最小安全系数

最小安全系数	管跨/m				
	18	24	30	36	42
浅水区	2.02	1.14	0.73	0.5	0.37
过渡区	4.20	2.36	1.51	1.05	0.77
深水区	7.50	4.22	2.70	1.88	1.38

通常，若某一位置的安全系数小于 1.0，则说明该位置上的材料已失效；若安全系数等于 1.0，则说明该位置上的材料即将失效；若安全系数大于 1.0，则说明该位置上的材料是安全的。

（4）管跨的确定

通过上述模拟，得出了管线在不同管跨、不同水深区域时的状态，根据安全判断准则可以确定管线在不同水深区域的合理管跨。

根据设计要求，DN150 机动式钢质管线的最大许用应力 $[\sigma]$ = 448 MPa。由表 4-7 可知，管线在浅水区时，管跨不能大于 18 m；在过渡区时，管跨不能大于 30 m；在深水区时，管跨不能大于 36 m。

通常在设计中要求安全系数在 1.5~3.0 之间，本书以 1.5 为最小安全系数确定合理管跨。由表 4-9 可知，管线在浅水区时，管跨不能大于 18 m；

在过渡区时，管跨不能大于 30 m；在深水区时，管跨不能大于 36 m。这与前一个判定的结果是相同的，因此 DN150 管线在海上漂浮铺设时，应以浅水区管跨为 18 m、过渡区管跨为 30 m、深水区管跨为 36 m 进行锚固。

4.4.3　模态分析

强度分析是把管线所承受的变化力作为稳定载荷来研究的，虽然将载荷的极限值施加到管线上，但这样忽略了波浪的周期性和随时间的变化性。例如，1940 年自然条件下速度为 18 m/s 的风作用到美国的塔科马海峡大桥上，大桥在稳定载荷作用下出现振动现象，建成 4 个月就倒塌了。因此，要采取相应方法判断波浪对海上管线的振动影响，动力学分析中的模态分析就是一种较常用的方法。

4.4.3.1　模态分析理论

一般形式下，钢管的运动方程为

$$[M]\{\ddot{U}\}+[C]\{\dot{U}\}+[K]\{U\}=F(t) \tag{4-34}$$

式中：$[M]$ 为钢管质量矩阵；$\{\ddot{U}\}$ 为节点加速度矢量；$[C]$ 为钢管阻尼矩阵；$\{\dot{U}\}$ 为节点速度矢量；$[K]$ 为钢管刚度矩阵；$\{U\}$ 为节点位移矢量；$F(t)$ 为钢管所受载荷函数。

海上管线是线性结构，进行模态分析时通常忽略阻尼 $[C]$ 的影响，设定振动类型为自由振动，同时 $F(t)=0$，从而没有激振力，故有

$$[M]\{\ddot{U}\}+[K]\{U\}=\{0\} \tag{4-35}$$

钢管在海面波浪的作用下自由振动，其运动方式为谐运动，有

$$\{u\}=\{\varphi\}_i\cos\omega_i t \tag{4-36}$$

式中：t 为时间；ω_i 为管线环向频率，i 的值从 1 开始，小于自由度；$\{\varphi\}_i$ 为管线 i 阶固有频率下的模态本征矢量。

因此，式（4-35）可变为

$$([K]-\omega_i^2[M])\{\varphi\}_i=\{0\} \tag{4-37}$$

要使方程的结果为零，就需要 $[K]-\omega_i^2[M]$ 和 $\{\varphi\}_i$ 其中一项为零，而 $\{\varphi\}_i$ 是变化的值，可以不作考虑，因此得满足

$$[K]-\omega_i^2[M]=0 \tag{4-38}$$

由管线材料特性可知，质量 $[M]$ 和刚度 $[K]$ 是定值且保持不变，因此可根据式（4-38）求出方程的特征值 ω_i^2，根据 ω_i 的值可得到

$$f_i = \frac{\omega_i}{2\pi} \tag{4-39}$$

式中：f_i 为管线振动时的频率。

模态分析主要是提取特征量，从而根据所求得的 f_i，ω_i 来表示管线的振动形状。

4.4.3.2　有限元模拟

模态分析主要与管线本身的弹性模量、密度、泊松比相关，以下分析以 DN150 机动式钢质管线为例展开，其各项参数如表 4-10 所示。

表 4-10　管线双线性材料本构

材料名称	弹性模量/Pa	泊松比	密度/(kg·m⁻³)	屈服应力/Pa	切线模量/Pa
管线	2.07×10^{11}	0.3	7800	4.48×10^{8}	6.4×10^{10}

（1）模型建立

在建立管线分析模型时，考虑到整个管线系统的受力情况是相似的，如果建立模型过大，那么不仅需要很长的前处理工作时间，还会增加计算难度。因此，模型建立时选择浅水区 12 根钢管，每根管子的长度为 6 m，共 72 m，管线之间采用与其本身材质相同的连接器连接，管线铺设模型如图 4-42 所示。

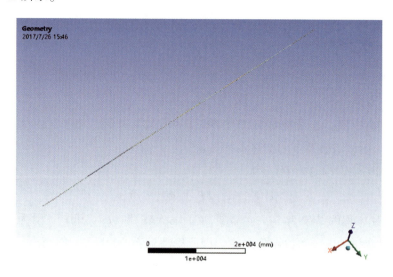

图 4-42　管线铺设模型

（2）网格划分

管线铺设模型是对称且相对简单的模型，在分析中若画成三维网格，就会增加计算难度，使计算结果不准确。因此，本处采用的是一维梁单元，通过 mesh 模块对网格进行自动划分，有限元网格大小为 30 mm，节点数为 4833 个，单元数为 2416 个，网格设置如图 4-43 所示。管线模型较长，为了清晰显示网格划分情况，这里选取模型中的一段，网格划分如图 4-44 所示。

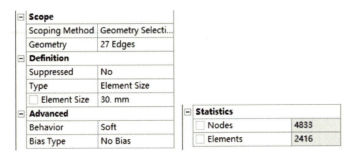

图 4-43　网格设置

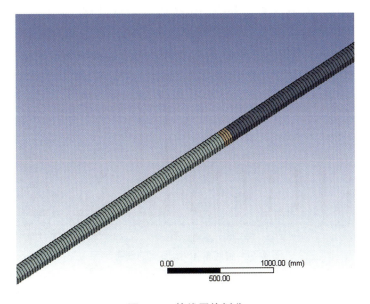

图 4-44　管线网格划分

（3）施加约束及载荷

根据前文静力分析结果，浅水区的管跨不超过 18 m。因此，设定每 3 根钢管（一个管跨）进行约束固定，管线两端同样采用固定约束。约束方式如图 4-45 所示。

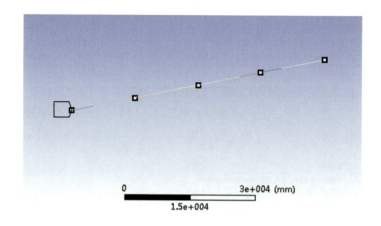

图 4-45　管线约束方式

　　管线的自由度成千上万，想计算出其所有固有频率和振型几乎不可能，所以需要提取对管线影响最大的特征量。事实证明，对管线影响最大的特征量主要发生在前 30 阶左右。BlockLanczos 法是一种有效、强大的模态提取方法，适用于对一些类似管线的刚体进行振动处理，具有计算速度快、精度高、结果准确等特点。因此，本书用此方法计算管线的前 10 阶固有频率和振型向量，计算得到的管线前 10 阶振型的固有频率如图 4-46 所示。

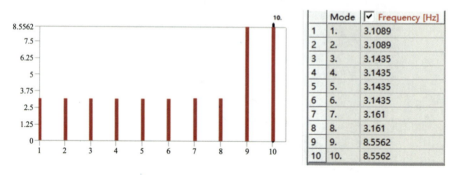

图 4-46　管线前 10 阶振型的固有频率

4.4.3.3　结果分析

　　海上管线在波浪激励下易发生弯曲振动，振动对管线的稳定性和强度的影响较大。如果管线振动过大，可能造成其局部断裂或整体折断，因此取管线的前 10 阶振型进行分析，如图 4-47 所示。

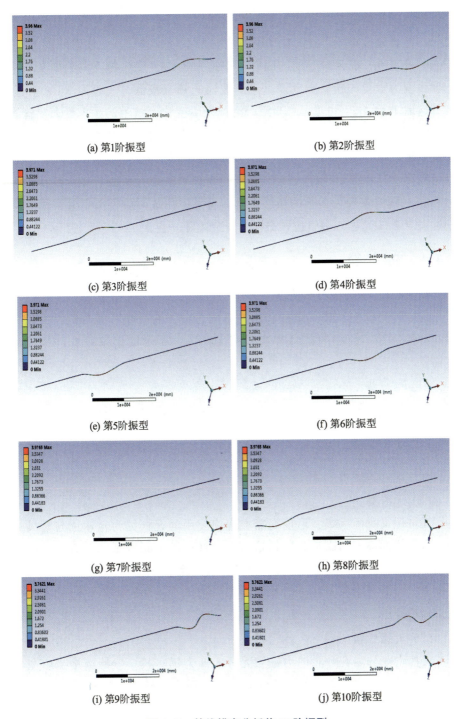

(a) 第1阶振型　　　　　　　　　　　(b) 第2阶振型

(c) 第3阶振型　　　　　　　　　　　(d) 第4阶振型

(e) 第5阶振型　　　　　　　　　　　(f) 第6阶振型

(g) 第7阶振型　　　　　　　　　　　(h) 第8阶振型

(i) 第9阶振型　　　　　　　　　　　(j) 第10阶振型

图 4-47　管线模态分析前 10 阶振型

管线的结构细长，振动是影响管线强度、安全性和可靠性的关键因素之一，计算分析管线自身的振动模态和振型不可或缺。从上述管线前 10 阶固有频率来看，前 8 阶管线的固有频率约为 3 Hz，发生位移约为 3.9 mm，主要表现为管线的扭转振动及摆动。波浪的频率较低，一般为 2 Hz 左右，此处选取 1.61 Hz。可见，一旦近海海况发生变化，波浪的频率变大，管线系统的频率就会与波浪的频率接近，从而发生振动，导致破坏折断，造成不良后果。

在第 9 阶和第 10 阶振型中，管线的固有频率约为 8 Hz，发生位移约为 3.7 mm，管线表现为多管的扭转振动。可见，在这两阶振型下管线固有频率远大于 2 Hz，所以多管扭转振动的安全性好一些。

4.4.4 锚的选择

4.4.4.1 锚的种类和特点

锚的种类较多，按其结构和用途不同可分为有杆锚、无杆锚、大抓力锚和特种锚等。商船的首锚普遍采用无杆锚，而尾锚多采用有杆锚或燕尾锚。

（1）有杆锚

有杆锚又称海军锚，这种锚具有结构简单、抓重比（锚产生的抓力与锚重之比）大（一般为 4~8，最大可达 12）和抓底稳定性较好等优点，但也具有抛锚作业和收藏不便、上翘的锚爪在船舶回旋时容易缠住锚链及锚爪易刮坏船底等缺点。

（2）无杆锚

无杆锚又称山字锚，目前商船上普遍使用的无杆锚为霍尔锚与斯贝克锚。这种锚的锚干与锚爪分别铸造，无横杆。抓土时两爪同时入土，抓重比为 2.5~4，最大不超过 8。无杆锚具有结构简单、抛起锚作业和收藏方便等优点，故适宜用作首锚，但其具有抓力较小、流转时容易耙松泥土而引起走锚等缺点。

（3）大抓力锚

大抓力锚分为有杆大抓力锚和无杆大抓力锚。其一般特点是锚爪宽且长、啮土深、稳定性好、抓重比大。有杆大抓力锚结合了有杆锚和无杆锚的优点，为有杆转抓锚，典型代表是丹福斯锚和史蒂芬锚。无杆大抓力锚由无杆锚发展而来，它改良了无杆锚的助抓突角和锚爪，典型代表是英国研制的 AC-14 型无杆大抓力锚和荷兰研制的波尔锚。大抓力锚的锚爪和前后转动各约 30°，抓重比一般大于 10，多用于工程船舶。

根据上述锚的特点，结合机动式海上管线的铺设需求，宜选择锚抓力较大的海军锚。根据 GB/T 545—1996 中的海军锚系列进行选择，如表 4-11 所示。

表 4-11　海军锚系列

序号	1	2	3	4	5	6
锚的名义质量/kg	10	15	20	30	50	75

4.4.4.2　锚的选型及对管跨的影响

锚和锚链所能提供的锚泊力为

$$F = (F_1)_{max} = F_a + F_c = 9.81K_aM_a + 9.81K_cm_cl \tag{4-40}$$

式中：F_a 为锚的抓力，N；F_c 为锚链的抓力，N；K_a 为锚的抓力系数；M_a 为锚的质量，kg；K_c 为锚链的抓力系数，取 0.6~0.7；m_c 为锚链的单位长度质量，kg/m；l 为锚链卧底部分的长度，m。

为了确定锚抓力，必须准确给出锚的抓力系数，该系数一般由试验确定。不具备试验条件的，也可以从表 4-12 中选取系数。另外，不同海域的海底土质不同，应根据实际情况选取相应抓力系数。

表 4-12　锚的抓力系数

锚的种类	土质			
	淤泥及黏土	砂质土	砂砾石	岩石
锚型	3~9	3~6	1~3	1~1.5
块体型	2~3.5	1.5~2.5	1~2	1~1.5

在某项目 DN150 海上机动式钢质管线铺设中，综合分析各方面的因素，结合海上艇的能力、作业人员的数量及作业的便捷性，选择 50 kg 的海军锚，根据实际海底情况，取抓力系数为 8，采用尼龙绳作为锚链，由于尼龙绳的密度小于海水的密度，质量比较小，因此省略锚绳对锚抓力的影响。式（4-40）可简化为

$$F = 9.81K_aM_a \tag{4-41}$$

将 $K_a = 8$ 和 $M_a = 50$ 代入式（4-41）即可算出该锚能承受的最大锚固力，即 $F = 3924$ N。

根据该锚的最大锚固力可以计算出在不同水深区域的最大管跨值。取临界状态，即锚对管线的拉力刚好等于管线受到的水平作用力。

① 水深小于 1.58 m 时，$l = 3924/394 \approx 9.96$ m，即每隔 1 根管线就得抛一对 50 kg 的锚，管跨为 6 m。

② 水深在 1.58~3.16 m 时，$l = 3924/189.4 \approx 20.72$ m，即每隔 3 根管线就得抛一对 50 kg 的锚，管跨为 18 m。

③ 水深大于 3.16 m 时，$l = 3924/106 \approx 37.02$ m，即每隔 6 根管线就得抛一对 50 kg 的锚，管跨为 36 m。

4.5 海上管线漂浮

钢质管线在空管状态下漂浮于海面上，在输转淡水、油料等介质时，管线质量增加，大于其能够产生的最大浮力，因此管线逐渐下沉，此时若不加以控制，管线将沉于海底。为了确保管线系统正常工作，需要采取有效措施增加管线浮力，使其悬浮于海面下适当深度。

4.5.1 浮力计算

在讨论海上管线漂浮问题时，以单根钢管及对应的一套连接器为研究对象。管线在海上的漂浮情况如图 4-48 所示。

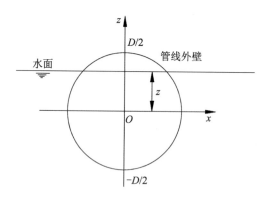

图 4-48 管线在海上的漂浮情况

(1) 管线自重

管线自重 W 由单根管线的质量和连接器的质量两部分组成。

（2）管线的浮力

当管线部分沉入水中时，单根管线的浮力 B 等于管线排开水的质量，是管线沉入深度 z 的函数，其表达式为

$$B = \rho g L \left[z \sqrt{\left(\frac{D}{2}\right)^2 - z^2} + \left(\frac{D}{2}\right)^2 \arcsin \frac{2z}{D} + \frac{\pi D^2}{8} \right]$$

式中：ρ 为海水密度；z 为管线沉入深度；D 为管线外径；L 为一根管线的长度。

当管线完全沉入水中时，浮力与深度无关，为常数，其值为

$$B_{\max} = \rho g L D^2 \frac{\pi}{4}$$

管线在空中时，不承受浮力，所以管线承受的均布载荷是分段函数，表达式为

$$\begin{cases} B = 0 & (z < -D/2) \\ B = \rho g L \left[z \sqrt{\left(\frac{D}{2}\right)^2 - z^2} + \left(\frac{D}{2}\right)^2 \arcsin \frac{2z}{D} + \frac{\pi D^2}{8} \right] & (-D/2 \leqslant z \leqslant D/2) \\ B = B_{\max} & (z > D/2) \end{cases}$$

（3）管内输送介质质量

单位长度管线内所输送的介质质量可按下式计算：

$$\omega = \frac{1}{4} \rho_{介} \pi L d^2 g$$

式中：$\rho_{介}$ 为管内介质的密度；d 为管线内径。

（4）垂直方向波浪载荷

为了保证管线处于漂浮状态，应考虑最不利即最大向下波浪力的情况；为了简化模型，可代入过渡区的垂直最大波浪力进行计算。此外，波浪载荷不可能同时作用在管线上，还应根据表 4-2 中的数据进行相应折减。

（5）单根钢管所需浮力

对管线自身的重力、管内液体的重力、波浪对管线垂直方向的作用力，以及管线受到的浮力求和，就可以得到需利用配置浮子增加的浮力。

以 DN150 机动式钢质管线为例，输送介质为柴油和淡水时，为保证管线悬浮于海水中，所需浮力分别为

$$\begin{cases} F_{外} = 597.8 + 913.3 + 395.9 - 1201.9 = 705.1 \text{ N （4 级海况下，管内输送柴油）} \\ F_{外} = 597.8 + 1100.3 + 395.9 - 1201.9 = 892.1 \text{ N （4 级海况下，管内输送淡水）} \end{cases}$$

4.5.2 漂浮器材

管线漂浮器材主要解决管线工作时由于浮力小于重力造成管线不能漂浮在海面的问题，漂浮器材设计有两种思路：一种是在管线系统上外挂漂浮装置，另一种是在管线上全部或部分包裹上漂浮装置，相当于给管线"穿"上"漂浮衣"。

4.5.2.1 外挂漂浮装置

常见的外挂漂浮装置有三种。

一是采用民用不可压扁式浮漂，该类型浮漂广泛应用于海上作业，由工程塑料压制而成。该装置是广泛使用的民用器材，取材方便，但体积大，较重，不便于运输，按铺设 1000 m 管线，输送比重为 0.82×10^3 kg/m³ 的油品计算，需要配备 15 m³ 以上的漂浮器材。

二是采用空心圆柱形充气式漂浮装置。该漂浮装置采用现场充气形式，捆绑于管线上。该装置体积虽小，但在铺设过程中不容易被固定于管线上，同时由于增加了管线直径，管线受力情况恶化。

三是采用直径 350 mm 圆球形充气式漂浮装置，通过浮球外罩固定网兜固定于管线接头处。该装置采用圆球形充气形式，保留了空心圆柱形充气式漂浮装置的优点，同时也避免了过多增加管线产生的附加作用力。

某项目即采用直径 350 mm 圆球形充气式漂浮装置作为漂浮器材，单个浮球能提供的浮力为

$$F_{浮} = \rho g \frac{1}{6} \pi D^3 = 226.7 \text{ N}$$

若管内输送介质为淡水，则单根 6 m 长的 DN150 钢管（包括一套加强连接器）需要的浮球数量为

$$N = \frac{F_{外}}{F_{浮}} \approx 3.9$$

由此可见，在每个管线连接器上系绑 4 个浮球就可以保证整条管线悬浮在海面下适当深度。在该项目的试验中，管线漂浮方法及措施得到了验证。

4.5.2.2 包裹式漂浮装置

包裹式漂浮装置目前尚未有实践应用，属于探讨设想范畴。该类漂浮装置有两种设想。

一种是提前在管线外围整体涂敷漂浮层，管线铺设时就不需要再另行

加装，施工方便，省时省力，可设计为"全包裹式"漂浮装置，如图 4-49
所示。这种形式的漂浮装置分布均匀、形状规则，其包裹到管线上的厚度
最小。

图 4-49　全包裹式漂浮装置

另一种是漂浮装置采用临时加装的方式，平时漂浮装置与管线分离，
使用时先使空管线漂浮于水面，再临时加装。这种方式的优点是分离的管
线和漂浮装置便于储存，并且未加装漂浮装置的管线不影响其他使用，可
设计为"中间包裹式"和"两端包裹式"两种漂浮装置。中间包裹式漂浮
装置长为一节管线的 1/3，安装于每节管线的中部位置，如图 4-50 所示。两
端包裹式漂浮装置安装于每节管线的两端，如图 4-51 所示。

图 4-50　中间包裹式漂浮装置

图 4-51　两端包裹式漂浮装置

漂浮装置可用聚苯乙烯泡沫材料制作，这种材料具有密度小、吸收冲击能力强、抗老化性和耐腐蚀性能好、防火性能好、隔水性好等优点。

参考文献

[1] 董胜,孔令双. 海洋工程环境概论[M]. 青岛:中国海洋大学出版社,2001.

[2] 孙东昌,潘斌. 海洋自升式移动平台设计与研究[M]. 上海:上海交通大学出版社,2008.

[3] 马良. 海底油气管道工程[M]. 北京:海洋出版社,1987.

[4] 蒲家宁. 军用输油管线[M]. 北京:解放军出版社,2001.

[5] 罗固源. 材料力学[M]. 重庆:重庆大学出版社,2001.

[6] 刘金春. 结构力学[M]. 武汉:华中科技大学出版社,2008.

[7] 郭世宝,李静宇,黄重,等. X65 管线钢的生产实践[J]. 2009,25(2): 8-11.

[8] 古文贤. 临界锚泊力与贮备锚泊力[J]. 世界海运,1996,19(3):54-55.

[9] 董世红. 软锚爪水力锚的研制与应用[J]. 石油机械,2008,36(7):48- 50,90.

第5章　钢质管线沉底敷设技术

利用软管或装配式钢质管线进行海面漂浮输送存在适应海况能力差、装备展开与撤收时管线易扭结等问题。为进一步提高海岸应急输转的可靠性与安全性，本章提出在海面敷设装配式钢质管线，管线充液自动下沉，从而实现海底输送的技术思路。为了从理论上研究这种技术思路的可行性，并为后续装备研制提供理论技术支撑，本章重点研究解决装配式钢质管线充液沉降过程中的力学特性及海底输送过程中的稳定性等关键技术问题。

5.1　研究概况

5.1.1　主要特点

相比于将机动式应急钢质管线敷设在海面，将管线敷设于海（河）底具有如下特点。

（1）优点

① 海底管线隐蔽性好、不易遭破坏，具有较高的适应性，可以结合不同的水下情况选择适宜的布置方式，进而完成输转任务。

② 海底管线受风浪等自然环境的干扰较小，对海况的适应能力更强，能够更好地满足应急救援的持续性要求，确保输转任务正常有序进行。

③ 由于环境适应性更强，海底管线敷设距离较长，可以进行远距离运输，减少了运输时间和次数。

④ 管线周边方便船舶通行，且管线不会因漂浮物或小船的撞击而失效，可根据风向等环境因素选择适宜的输转方位。

（2）缺点

① 钢质管线沉底敷设工作量较大，不如水面管线敷设便利。

② 管线沉放到海底后，由于海洋环境的特殊复杂性，海底管线的日常维护和管理难度较大，不易控制。

③ 管线沉放到海底后，若发生渗漏、断裂等问题，不易及时发现，且维修难度大。

5.1.2　研究现状

目前，国内外对海底管线设计研究的资料比较丰富，其研究对象直径一般在 200~1000 mm，且多是用于油气输送的固定管线，装配式钢质管线因在民用领域应用困难而研究较少。此外，由于海底管线的力学分析涉及流体动力学、计算流体力学、波浪力学、泥沙运动力学、工程地质学等多门学科，因此尚无统一的理论标准。其中，管线的在位稳定性研究和管线冲刷机理研究是海底管线设计研究的两个重点方向。

5.1.2.1　稳定性研究

海底管道工程最重要也最活跃的研究领域是管线的在位稳定性，主要包括波浪场中海底管线的受力分析和管—土相互作用机理研究。稳定性研究的方法包括解析法和数值法。

（1）解析法

海底裸露管道的受力分析一般利用由定常流导出的经验公式 Morison 方程。在计算作用在小构件上的波浪力方面，Morison 方程已被证明是可靠的。由于其简单实用，因此在实际工程中被广泛应用并被工程界普遍接受。吴光林等初步探讨了柱状小构件的水平波浪力沿水深与时刻的分布，并得出了有关结论。Lambrakos 等考虑了管线背流侧的尾流效应及与时间相关的水动力系数，提出了计算管线动水载荷的 Wake 模型。Soedigdo 通过求出振荡流线性化 Navier-Stokes 方程的封闭解来修正尾流速度，并在此基础上提出了 Wake II 模型。Sabag 等基于 Wake II 模型讨论了波流联合作用下管线的受力计算。邱大洪等基于一阶椭圆余弦波理论给出了深海海底埋设管线上的非线性波浪渗流力的解析解。孙昭晨等则得到了浅水区中海底埋设管线上的非线性波浪力的解析解。以上分析中，学者仅仅分析了管线本身的受力，没有考虑其他响应。

（2）数值法

与解析法相比，数值法在模拟复杂波浪、海流环境和研究管—土相互作用机理方面的可操作性更强。Clukey 等详细阐述了研究波—管—土相互作用的重要性，但是由于海床土体特性和管线几何形状的复杂性，这个问题一直没有得到很好的解决。Inoue 等把海底管线简化成二维问题，对其在波浪和海流中的水动力作用力、运动响应和波浪漂移力进行了数值研究，讨论了管线弹性变形和水动力之间的水弹性耦合影响。Tanabe 等采用三维有限元法对海底悬跨管段的波浪动力干扰进行分析，他们发现在将管线视作刚性物体处理时，其长度和刚度均存在着某一极限。栾茂田等建立了地震载荷作用下海底管线周围砂质海床液化问题的有限元模型，对推广的固结方程进行数值求解，得到了地震载荷作用下砂质海床中累积孔隙水压力的发展过程与变化规律；他们研究了砂质海床土性参数和管线尺寸对累积孔隙水压力分布的影响，发现土的渗透系数对由地震引起的管线周围砂质海床中的累积孔隙水压力比有重要影响，而管线尺寸只影响管线一定距离内海床的累积孔隙水压力比分布。Jeng 等研究了波—管—土相互作用问题中管线内应力分布和管线变形情况，并通过分析得到了管线尺寸、埋设深度、土壤类型对管周孔隙水压力、管内应力和管线变形的影响。

以上研究中，无论是将管线看成刚体还是弹性体，都只分析了海床、波流对管线强度的影响或管线对周围孔隙水压力的影响，没有真正分析管线与波流、海床的相互作用及管线的动态稳定性。

5.1.2.2　冲刷机理研究

目前，有关海底管线附近海床冲刷机理的研究不多，且大多以模拟实验为主。实验根据设置条件不同，大致可以分为三类。

(1) 波浪单独作用时管线冲刷机理的实验研究

李玉成等对波浪场中海底管线所受升力、水平力等进行了模拟实验研究，分析了波浪场中管线周围的流场特性及其对管线的影响，为理论研究打下了基础。秦崇仁等用实验模拟了水深、波要素、管径和泥沙粒径等的变化对管道附近海床冲刷的影响，得到了冲刷发生的临界波浪条件及稳定后冲刷坑的深度和范围。Chiew 研究了波浪单独作用下阻流板对冲刷深度、幅度及冲刷发展速度的影响。

(2) 单向流作用下管线冲刷机理的实验研究

杨兵等对单向水流作用下近壁管道横向涡激振动进行了模拟实验，探讨了壁面间隙 e 与管径 D 之比对管道涡激振动幅值和涡激振动频率响应特性的影响规律。Jensen 在 10 m×0.3 m×0.3 m 的水槽内，用不同的刚性固壁平衡冲蚀床面（冻结冲刷床）模拟了单向流作用下冲刷过程的各个阶段中管道周围的流场特性和管道的受力情况，为数值模拟工作奠定了实验基础。

（3）振荡流作用下管线冲刷机理的实验研究

羊皓平通过多种床面下的流动显示实验和水动力测量实验分析了冲刷引起的流场特性和水动力特性的变化，探讨了振荡绕流中管线的冲刷机理。浦群等采用抽气式 U 形振荡流水槽生产周期性的水体振荡，并用此振荡流进行管道附近海床的冲刷过程的模拟实验。他们对实验数据进行分析后拟合得到了无因次参数 e/D 和 Kc 数之间的关系，同时给出了最大平衡冲刷深度 S 与 Kc 数的拟合关系式。

可以看出，人们很早就开始对海底管道的相关理论展开研究，并且取得了不少成果，这为海底管道设计提供了必要的理论和实验数据支撑。但有关海底钢质管线的研究基本是围绕大管径固定管线展开的，目前还没找到更多有关装配式钢质管线的研究。由于分段式管线与固定管线在材质、管线强度、使用条件和海底受力特性等方面都有差别，因此不能直接引用相关理论。管线在海面和海底的环境、载荷、行为特性等不同，海上管线下沉过程也存在很多不确定因素，因此，在前人研究的基础上，有必要针对钢质管线做进一步分析研究，为后续工程施工及装备研制提供技术支撑。

5.1.3 关键技术问题

将机动式钢质管线敷设于海（河）底实施应急救援，需解决如下主要技术问题。

（1）沉管可行性研究

由于机动式应急钢质管线挠性较差，且下沉过程中接头处应力集中，沉底敷设作业需解决好抗弯折、抗剪、抗拉等问题；同时，管线沉放接触海底过程中，由于海底存在不平坦区域，且管线自身可能会以一定的速度与海底礁石等固体发生碰撞，从而产生冲击作用，导致管线断裂无法使用。因此，必须开展沉管过程中的强度、稳定性、碰撞等分析研究，确保沉管作业的安全性和可操作性。

（2）海底管线稳管方法研究

当海底管线处于潮差或波浪破碎带时，海浪、潮流等对管线稳定性的影响较大，且海况等级很高时，管线容易发生侧向位移，因此，必须准确分析海底管线的受力情况，研究确定适用于机动式应急管线的稳管方法，要既能确保管线安全运行，又便于工程实施，满足应急救援快速、便捷的需要。

（3）海底管线悬跨稳定性研究

由于海床不平坦或海流对不稳定海床的长期冲蚀，以及海床塌陷、管线振动等复杂因素，敷设于海底的输液管道不可避免地会出现悬空段。悬跨现象会导致管线发生位移，影响管线的固有频率，跨长过大会造成管线局部应力及应变过大，并可能引起大幅值的涡激振动，从而导致管线失稳甚至遭到破坏。因此，必须分析悬跨管线的受力状态，计算管线的临界跨长，提出相应的预防措施，确保管线稳定。

5.2　钢质管线沉放受力及稳定性分析

前述研究表明，在普通海况下，装配式钢质管线空管时在海面敷设后是安全的，因此需要研究充液沉降的可行性。管线充液沉放过程是整个系统能否安全运行的关键环节。管线充液沉降的过程中，受管线重力、管线浮力、波浪力和海流力及管段与管段之间的牵制力的影响，且管内液体的质量是动态变化的，导致管线的受力状态也在不断发生变化，难以实现稳定的匀速下沉。沉降过程中，管线会发生弯曲变形，可能使管线强度遭到破坏，影响整个输转系统的正常运行。另外，管线沉放接触海底后，由于海底存在不平坦区域，且管线自身会以一定的速度与海底礁石等固体发生碰撞，从而产生冲击作用，可能导致管线断裂而无法使用。因此，必须分析不同海况下管线受到的各种载荷及管线的受力情况，确定在设定海况下管线安全沉降的极限深度，并针对沉放过程的危险情况，对管线与礁石的碰撞过程进行力学分析，以判定管线是否可以安全沉到海底。

5.2.1　关键载荷及沉降可行性分析

第 4 章已经分析了钢质管线空管在海面敷设时的受力情况，本节主要分析研究管线充液沉降过程中的受力情况。

5.2.1.1　管线载荷及受力分析

前文提到，管线在海洋中受到的主要载荷有环境载荷、固有载荷、工作载荷、偶然载荷等，对管线沉降过程及海底输送阶段进行可靠性分析时，由于岸海液货输转通道一般建立在浅海区域，作业过程中管线所受内外压力基本沿管径均匀分布，对管线整体运行稳定性的影响不大，因此在分析过程中予以忽略。偶然载荷一般仅在特定情况下予以考虑，因此管线沉降过程中主要考虑波流载荷（波浪载荷与海流载荷）及固有载荷对管线的影响。

　　管线沉降阶段大部分管线并未到达海床，为保证沉降过程管线稳定，就需要提供给管线一定大小的牵引力以维持管线水平方向的受力平衡，受力状况如图 5-1 所示。

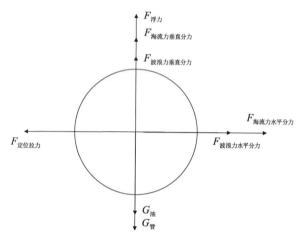

图 5-1　沉降阶段管线受力分析图

　　管线充液并完全沉降至海底开始正式输送油料时，管线不再受水平方向的牵引力，其水平方向受力由海床对管线的摩擦力与波流水平方向合力平衡，垂直方向增加了海床对管线的支撑力，受力状况如图 5-2 所示。

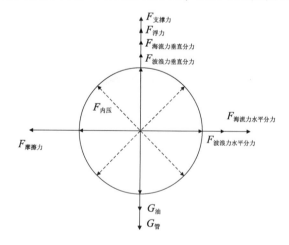

图 5-2　海底输送阶段管线受力分析图

　　在管线的受力分析过程中，不仅要考虑不同类型载荷对管线的影响，还要根据实际情况叠加管线所受主要载荷。为确保整个管线系统能安全、稳定地运行，在进行载荷叠加时应考虑极端危险情况下对管线进行最不利的载荷叠加。

5.2.1.2　载荷计算

（1）波浪载荷

装配式钢质管线充液沉降时，除受到管线自身与输送液体的重力外，还受到波浪、海流等外界载荷。沉降过程中，管线所处海域深度不一，且管线实际与海面距离也有差异，因此计算作用在管线上的波浪载荷时，需要选用正确的波浪理论求解准确的波流特征参数，使计算结果尽可能符合工程实际，根据水深选取不同波浪理论和方程以计算不同水深时的管线载荷（取值见表 2-1）。本研究涉及的管线系统符合相对尺度较小的特征（$D/L \leqslant 0.2$），因此选用 Morison 方程求解波浪载荷。

根据 Morison 方程，惯性力 F_M 和阻力 F_D 的函数表达式分别为

$$F_M = C_M \rho \frac{\pi D^2}{4} \frac{\partial u}{\partial t} \tag{5-1}$$

$$F_D = \frac{1}{2} C_D \rho D u \,|\, u \,| \tag{5-2}$$

上式主要用于海面结构物被海水淹没未下沉时的波浪力计算，由于波速随海水深度的增大逐渐降低，海流对管线的影响随着深度的增大逐渐增大，因此在计算海底管线波浪载荷时需考虑波流同时作用。此外，由于垂直方向的海流速度远小于水平方向的海流速度，因此本处只考虑水平方向的海流对管线的影响。当海流沿水平方向流经管线时，流经管线上下表面的流速不同，在管线的右下方产生旋涡脱落，且因上表面流速大于下表面流速，故管线上下方向将形成一个方向向上的举升力 F_L，如图 5-3 所示。

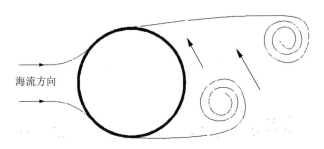

海流方向

图 5-3　旋涡脱落示意图

综上所述，根据海水所处深度不同，应分别计算管线所受波浪力在水平方向与垂直方向的分力。

海面管线波浪力计算公式如下：

水平方向波浪力为

$$F_H = \frac{1}{2} C_D \rho D u \, |u| + C_M \rho \, \frac{\pi D^2}{4} \frac{\partial u}{\partial t} \tag{5-3}$$

垂直方向波浪力为

$$F_L = \frac{1}{2} C_D \rho D w \, |w| + C_M \rho \, \frac{\pi D^2}{4} \frac{\partial w}{\partial t} \tag{5-4}$$

海底充液管线波浪力计算公式如下：

水平方向波浪力为

$$F_H = \frac{1}{2} C_D \rho D (u + u_c) \, |u + u_c| + C_M \rho \, \frac{\pi D^2 \partial (u + u_c)}{4 \quad \partial t} \tag{5-5}$$

垂直方向波浪力为

$$F_L = \frac{1}{2} C_D \rho D w \, |w| + C_M \rho \, \frac{\pi D^2}{4} \frac{\partial w}{\partial t} + \frac{1}{2} C_L \rho D (u + u_c) \, |u + u_c| \tag{5-6}$$

式中：F_H 为作用在管线上的水平方向波浪力，N/m；u_c 为海流横向速度，m/s；F_L 为作用在管线上的垂直方向波浪力，N/m。

（2）海流载荷

海流载荷根据式（2-37）计算。

5.2.1.3　载荷修正

在实际海洋工程计算过程中，由于结构物长短不一及敷设时管线与波浪方向时刻变化，因此需要进一步修正波浪载荷。修正主要从管线长度与作用力方向两个方面进行。

（1）管线长度影响

本系统输送管线一般都在数百米以上，因此作用于整个管线系统的力几乎不可能处于同步状态，也就是说，不可能在同一时刻取最大（小）值，因此为了使后续计算分析更符合工程实际，应根据表 2-10 对管线的波浪载荷进行合理折减。

（2）作用力方向影响

选用 Morison 方程进行计算时，默认管线与波浪方向垂直，而实际工程中波浪方向随时可能发生变化，因此以波浪方向与管线径向的夹角 θ 为波浪载荷折减依据，一般取 30°~60°。

5.2.1.4　沉降可行性分析

本系统选用充液沉降的方式敷设输油管线，最主要的是保证管线能顺利自沉。本方案适用背景为海上运油船的快速卸油，因此必须首先确保管线在深水区域能顺利沉降，即管线在垂直方向上的受力必须满足

$$F_{向上} > F_{向下}$$

也就是

$$G_1 + G_2 > (F_L)_{max} + F_f$$

5.2.1.5　计算实例

（1）相关参数

① 管线与输送液体基本参数。

以现有某型槽头连接式钢质管线为例，按照由海向岸输送柴油进行设定，基本参数如表 5-1 所示。

表 5-1　管线与输送液体基本参数

单根管长 l/m	外径 D/m	壁厚 δ/mm	管线质量 m_1/kg	连接器质量 m_2/kg	柴油密度 $\rho_2/(kg \cdot m^{-3})$
6	0.159	2.3	56	5	830

② 波流参数。

以山东渤海海湾 4 级海况为例，波流主要参数如表 5-2 所示。

表 5-2　渤海海湾 4 级海况波流主要参数

波长 L/m	波高 H/m	周期 T/s	频率 ω/s^{-1}	波速 $C/(m \cdot s^{-1})$	海流速度 $u_c/(m \cdot s^{-1})$
15.8	0.55	3.9	1.61	4.05	0.75

根据波浪理论选用依据及上述参数，按水深将波浪理论适用区域划为三段，如表 5-3 所示。

表 5-3　不同水深波浪理论选择

参数范围	波浪理论选择
$d \leqslant 1.58\ m$	孤立波理论、椭圆余弦波理论
$1.58\ m < d < 3.16\ m$	斯托克斯波理论
$d \geqslant 3.16\ m$	线性波理论

③ 波浪载荷参数。

根据第 2 章相关内容，本实例中选取波浪载荷参数如表 5-4 所示。

表 5-4　波流载荷参数

海流阻力 系数 C_c	阻力（拖曳力） 系数 C_D	惯性（质量） 系数 C_M	举升力（横向力） 系数 C_L
1.0	0.8	1.8	0.3

（2）浅水区海面管线波浪载荷

根据表 5-3 采用孤立波理论计算波浪力，取 $\rho = 1003\ \text{kg/m}^3$。影响孤立波特性的主要参数为 H/d，当 H/d 增大到一定数值时，孤立波的波面就会发生破碎，从而无法进行计算。不同学者给出的 H/d 的极限值各有不同，总体上取值在 $0.714 \sim 1.03$ 范围内，其中大多学者采用 0.78 作为极限值，有如下关系式：

$$\left(\frac{H}{d}\right)_{\max} = 0.78 \tag{5-7}$$

可以解出浅水区的最小水深 $d_{\min} = 0.71\ \text{m}$，由于是漂浮空管，坐标系建在海底，因此取极限情况 $z = 0.71\ \text{m}$。

1）水平波浪力求解

根据式（2-33）、式（2-35）和式（5-3）得

$$\begin{aligned}
F_H = & A(C_{11}\operatorname{sech}^2\theta + E_{11}\operatorname{sech}^4\theta)\,|\,C_{11}\operatorname{sech}^2\theta + E_{11}\operatorname{sech}^4\theta\,| + \\
& B(D_{11}\operatorname{sech}^2\theta \cdot \tanh\theta + F_{11}\operatorname{sech}^4\theta \cdot \tanh\theta)
\end{aligned} \tag{5-8}$$

式中：F_H 为水平方向波浪力；

$$A = \frac{1}{2}C_D\rho D;$$

$$B = C_M\rho\frac{\pi D^2}{4};$$

$$C_{11} = \sqrt{gd}\frac{H}{d} + \sqrt{gd}\frac{H}{d}\left[1 + \frac{H}{d}\left(1 - \frac{3z^2}{2d^2}\right)\right];$$

$$D_{11} = g\sqrt{3\left(1 + \frac{H}{d}\right)\left(\frac{H}{d}\right)^3} + g\sqrt{3\left(1 + \frac{H}{d}\right)\left(\frac{H}{d}\right)^3}\left[1 + \frac{H}{d}\left(1 - \frac{3z^2}{2d^2}\right)\right];$$

$$E_{11} = -\frac{\sqrt{gd}}{4}\left(\frac{H}{d}\right)^2\left(7 - \frac{9z^2}{d^2}\right);$$

$$F_{11} = -\frac{g}{2}\sqrt{3\left(1+\frac{H}{d}\right)\left(\frac{H}{d}\right)^5\left(7-\frac{9z^2}{d^2}\right)}。$$

通过计算可以求得各系数为

$$A = 63.7908, B = 35.8474,$$
$$C_{11} = 3.2970, D_{11} = 24.8880,$$
$$E_{11} = 0.7918, F_{11} = 11.9549$$

将所求得的各项系数代入式（5-8）得

$F_H = 63.7908 \times (3.2970\text{sech}^2\theta + 0.7918\text{sech}^4\theta) \mid 3.2970\text{sech}^2\theta + 0.7918\text{sech}^4\theta \mid +$

$35.8474 \times (24.8880\text{sech}^2\theta \cdot \tanh\theta + 11.9549\text{sech}^4\theta \cdot \tanh\theta)$

已知 F_H 的函数表达式，利用 Matlab 软件画出 F_H 的变化曲线，如图 5-4 所示。

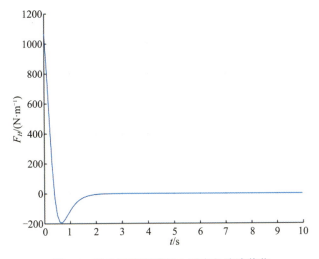

图 5-4 浅水区海面管线水平方向波浪载荷

从图 5-4 中可看出

$$\begin{cases} (F_H)_{\max} = 1066 \text{ N/m} \\ (F_H)_{\min} = -193 \text{ N/m} \end{cases}$$

2）垂直波浪力求解

根据式（2-34）、式（2-36）和式（5-4）得

$F_L = A(C_{12}\text{sech}^2\theta \cdot \tanh\theta + E_{12}\text{sech}^4\theta \cdot \tanh\theta) \mid C_{12}\text{sech}^2\theta \cdot \tanh\theta +$

$\quad E_{12}\text{sech}^4\theta \cdot \tanh\theta \mid + B(D_{12}\text{sech}^2\theta + F_{12}\text{sech}^4\theta + K_{12}\text{sech}^6\theta)$ （5-9）

式中：F_L 为垂直方向波浪力；

$$C_{12} = \sqrt{3gd} \frac{z}{d} \left(\frac{H}{d}\right)^{\frac{3}{2}} + \sqrt{3}\sqrt{gd} \frac{z}{d} \left(\frac{H}{d}\right)^{\frac{3}{2}} \left[1 + \frac{H}{d}\left(1 - \frac{z^2}{2d^2}\right)\right];$$

$$D_{12} = g \frac{3z}{d} \left(\frac{H}{d}\right)^2 \sqrt{1 + \frac{H}{d}} + \frac{3}{2} g \frac{z}{d} \left(\frac{H}{d}\right)^2 \sqrt{1 + \frac{H}{d}} \left[1 + \frac{H}{d}\left(1 - \frac{z^2}{2d^2}\right)\right];$$

$$E_{12} = -\frac{\sqrt{3}}{2} \sqrt{gd} \frac{z}{d} \left(\frac{H}{d}\right)^{\frac{5}{2}} \left(1 - \frac{3z^2}{d^2}\right);$$

$$F_{12} = -\frac{9}{2} g \frac{z}{d} \left(\frac{H}{d}\right)^2 \sqrt{1 + \frac{H}{d}} - \frac{9}{2} g \frac{z}{d} \left(\frac{H}{d}\right)^2 \sqrt{1 + \frac{H}{d}} \left[1 + \frac{H}{d}\left(\frac{17}{3} - \frac{5z^2}{2d^2}\right)\right];$$

$$K_{12} = \frac{15}{4} g \frac{z}{d} \left(\frac{H}{d}\right)^3 \sqrt{1 + \frac{H}{d}} \left(7 - \frac{3z^2}{d^2}\right)_\circ$$

通过计算可以求得各系数为

$$C_{12} = 7.4403, D_{12} = 39.8457, E_{12} = 2.4143,$$

$$F_{12} = -157.1463, K_{12} = 91.1233$$

将所求得的各项系数代入式（5-9）得

$$F_L = 63.7908 \times (7.4403\text{sech}^2\theta \times \tanh\theta + 2.4143\text{sech}^4\theta \times \tanh\theta) \times$$

$$|\, 7.4403\text{sech}^2\theta \times \tanh\theta + 2.4143\text{sech}^4\theta \times \tanh\theta \,| + 35.8474 \times$$

$$(39.8457\text{sech}^2\theta - 157.1463\text{sech}^4\theta + 91.1233\text{sech}^6\theta)$$

已知 F_L 的函数表达式，利用 Matlab 软件画出 F_L 的变化曲线，如图 5-5 所示。

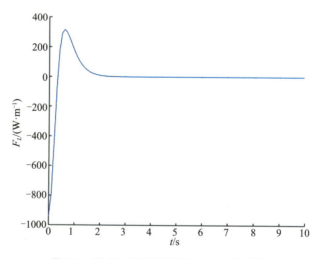

图5-5　浅水区海面管线垂直方向波浪载荷

从图 5-5 中可看出

$$\begin{cases} (F_L)_{\max} = 316.1644\ \text{N/m} \\ (F_L)_{\min} = -938.3858\ \text{N/m} \end{cases}$$

（3）过渡区漂浮空管波浪载荷

过渡区采用斯托克斯波理论求解漂浮空管波浪载荷，斯托克斯波与孤立波的坐标系设定不同，选择海平面作为坐标横轴，因此管线下沉过程中的纵坐标值为负值。本章设定的过渡区水深为 1.58~3.16 m，这里选取水深 $d=2.5$ m，$z=0$ 进行计算。

1）水平波浪力求解

根据式（2-14）、式（2-16）和式（5-3）得

$$\begin{aligned} F_H = A(C_{21}\cos\theta + E_{21}\cos 2\theta)\,|\,C_{21}\cos\theta + E_{21}\cos 2\theta\,| + \\ B(D_{21}\sin\theta + F_{21}\sin 2\theta) \end{aligned} \tag{5-10}$$

式中：F_H 为水平方向波浪力；

$$C_{21} = \frac{H\pi}{T}\frac{\cosh[k(z+d)]}{\sinh(kd)};$$

$$D_{21} = 2\left(\frac{H\pi^2}{T^2}\right)\frac{\cosh[k(z+d)]}{\sinh(kd)};$$

$$E_{21} = \frac{3}{4}\left(\frac{H\pi}{T}\right)\left(\frac{H\pi}{L}\right)\frac{\cosh[2k(z+d)]}{\sinh^4(kd)};$$

$$F_{21} = 3\left(\frac{H\pi^2}{T^2}\right)\left(\frac{H\pi}{L}\right)\frac{\cosh[2k(z+d)]}{\sinh^4(kd)}。$$

通过计算可以求得各系数为

$$C_{21} = 0.5836, D_{21} = 0.9402,$$

$$E_{21} = 0.0731, F_{21} = 0.2355$$

将所求得的各项系数代入式（5-10）得

$$\begin{aligned} F_H = 63.7908\times(0.5836\cos\theta + 0.0731\cos 2\theta)\,|\,0.5836\cos\theta + \\ 0.0731\cos 2\theta\,| + 35.8474\times(0.9402\sin\theta + 0.2355\sin 2\theta) \end{aligned}$$

已知 F_H 的函数表达式，利用 Matlab 软件画出 F_H 的变化曲线，如图 5-6 所示。

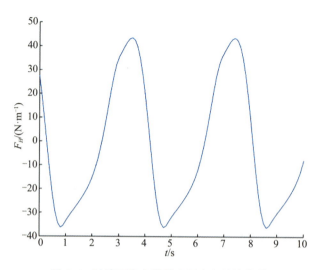

图 5-6 过渡区海上管线水平方向波浪载荷

从图 5-6 中可看出

$$\begin{cases} (F_H)_{\max} = 43.4790 \text{ N/m} \\ (F_H)_{\min} = -36.2405 \text{ N/m} \end{cases}$$

2）垂直波浪力求解

根据式（2-15）、式（2-17）和式（5-4）得

$$F_L = A(C_{22}\sin\theta + E_{22}\sin 2\theta)\,|\,C_{22}\sin\theta + E_{22}\sin 2\theta\,| +$$
$$B(D_{22}\cos\theta + F_{22}\cos 2\theta) \tag{5-11}$$

式中：F_L 为垂直方向波浪力；

$$C_{22} = \frac{H\pi}{T}\frac{\sinh[k(z+d)]}{\sinh(kd)};$$

$$D_{22} = -2\left(\frac{H\pi^2}{T^2}\right)\frac{\sinh[k(z+d)]}{\sinh(kd)};$$

$$E_{22} = \frac{3}{4}\left(\frac{H\pi}{T}\right)\left(\frac{H\pi}{L}\right)\frac{\sinh[2k(z+d)]}{\sinh^4(kd)};$$

$$F_{22} = -3\left(\frac{H\pi^2}{T^2}\right)\left(\frac{H\pi}{L}\right)\frac{\sinh[2k(z+d)]}{\sinh^4(kd)}。$$

通过计算可以求得各系数为

$$C_{22} = 0.4430, D_{22} = -0.7138,$$

$$E_{22} = 0.0704, F_{22} = -0.2355$$

将所求得的各项系数代入式（5-11）得

$F_L = 63.7908 \times (0.4430\sin\theta + 0.0704\sin 2\theta) \,|\, 0.4430\sin\theta + 0.0704\sin 2\theta \,| -$

$\qquad 35.8474 \times (0.7138\cos\theta + 0.2355\cos 2\theta)$

已知 F_L 的函数表达式，利用 Matlab 软件画出 F_L 的变化曲线，如图 5-7 所示。

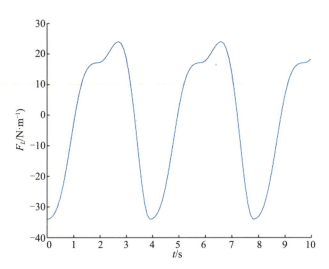

图 5-7　过渡区海上管线垂直方向波浪载荷

从图 5-7 中可看出

$$\begin{cases} (F_L)_{\max} = 24.0105 \text{ N/m} \\ (F_L)_{\min} = -34.0281 \text{ N/m} \end{cases}$$

（4）深水区海面管线波浪载荷

深水区采用线性波理论求解漂浮管线波浪载荷，本实例选取水深 $d = 10$ m，基本符合近海应急救援的应用场景。

1）水平波浪力求解

根据式（2-7）、式（2-9）和式（5-3）得

$$F_H = AC_{31}\cos\theta \,|\, C_{31}\cos\theta \,| + BD_{31}\sin\theta \qquad (5\text{-}12)$$

式中：F_H 为水平方向波浪力；

$C_{31} = \dfrac{\pi H \cosh[\,k(z+d)\,]}{T \quad \sinh(kd)}$；

$D_{31} = \dfrac{2\pi^2 H \cosh[\,k(z+d)\,]}{T^2 \quad \sinh(kd)}$。

通过计算可以求得各系数为

$$C_{31} = 0.4434, D_{31} = 0.7143$$

将所求得的各项系数代入式（5-12）得

$$F_H = 63.7908 \times 0.4434 \cos\theta \mid 0.4434 \cos\theta \mid + 35.8474 \times 0.7143 \sin\theta$$

已知 F_H 的函数表达式，利用 Matlab 软件画出 F_H 的变化曲线，如图 5-8 所示。

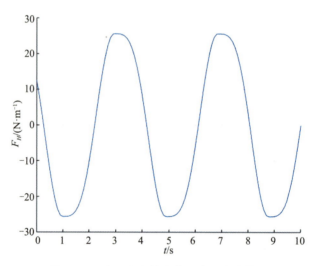

图 5-8　深水区海上管线水平方向波浪载荷

从图 5-8 中可看出

$$\begin{cases} (F_H)_{\max} = 25.6006 \ \text{N/m} \\ (F_H)_{\min} = -25.6046 \ \text{N/m} \end{cases}$$

2）垂直波浪力求解

根据式（2-8）、式（2-10）和式（5-4）得

$$F_L = AC_{32} \sin\theta \mid C_{32} \sin\theta \mid + BD_{32} \cos\theta \tag{5-13}$$

式中：F_L 为垂直方向波浪力；

$$C_{32} = \frac{\pi H}{T} \frac{\sinh[k(z+d)]}{\sinh(kd)};$$

$$D_{32} = -\frac{2\pi^2 H}{T^2} \frac{\sinh[k(z+d)]}{\sinh(kd)}。$$

通过计算可以求得各系数为

$$C_{32} = 0.4430, D_{32} = -0.7138$$

可以看出，与斯托克斯波理论求出的前两项系数相同，因为在海面上

$z = 0$，使得其余项都相同。将所求得的各项系数代入式（5-13）得

$$F_L = 63.7908 \times 0.4430 \sin\theta |0.4430\sin\theta| -35.8474 \times 0.7138\cos\theta$$

已知 F_L 的函数表达式，利用 Matlab 软件画出 F_L 的变化曲线，如图 5-9 所示。

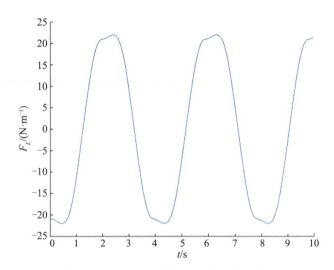

图 5-9　深水区海上管线垂直方向波浪载荷

从图 5-9 中可看出

$$\begin{cases} (F_L)_{max} = 22.0238 \ \text{N/m} \\ (F_L)_{min} = -21.9812 \ \text{N/m} \end{cases}$$

从三个区域所求得的波浪载荷结果来看，随着水深的增加，波浪对管线的影响越来越小。这与理论中波浪力的变化是保持一致的，也就是说，在水下的管线更多的是受到自身重力和浮力以及一些偶然载荷的作用。

（5）深水区海底充油管线波浪载荷

前文提到管线充油沉放到海底时，会受到管线上下速度影响而形成向上的举升力，并且海底管线更容易受到波浪和海流水质点速度的共同作用，而不是分别施加到管线上，为此求取波流作用下的波浪载荷，不再单独求解管线的海流载荷，为后文研究海底管线因海床运动形成悬跨现象的动力学分析提供数据。管线悬跨仿真主要考虑垂直方向上的受力情况，而不考虑水平方向上的力。因此，取水深 $d = 10$ m，管线的位置 $z = -10$，水平方向海流速度为 0.75 m/s 进行计算。

根据式（2-33）、式（2-34）、式（2-36）（线性波理论的水平、垂直速

度和垂直加速度）和式（5-6）得

$$F_L = AC_{42}\sin\theta|C_{42}\sin\theta| + BD_{42}\cos\theta + C(C_{41}\cos\theta + u_c)|C_{41}\cos\theta + u_c|$$

$$(5\text{-}14)$$

式中：F_L 为垂直方向波浪力；

$$C = \frac{1}{2}C_L\rho D;$$

$$C_{41} = \frac{\pi H\cosh[k(z+d)]}{T\;\sinh(kd)};$$

$$C_{42} = \frac{\pi H\sinh[k(z+d)]}{T\;\sinh(kd)};$$

$$D_{42} = -\frac{2\pi^2 H\sinh[k(z+d)]}{T^2\;\sinh(kd)}。$$

通过计算可以求得各系数为

$$C = 23.9216, C_{41} = 0.0166,$$

$$C_{42} = 0, D_{42} = 0$$

从求得的系数可以看出，波浪惯性和阻力作用对管线产生的垂直方向波浪力为零。这与波浪理论正好相符，说明处于海底的管线主要受到向上的举升力的影响。将所求得的各项系数代入式（5-14）得

$$F_L = 23.9216 \times (0.0166\cos\theta + 0.75)|0.0166\cos\theta + 0.75|$$

已知 F_L 的函数表达式，利用 Matlab 软件画出 F_L 的变化曲线，如图 5-10 所示。

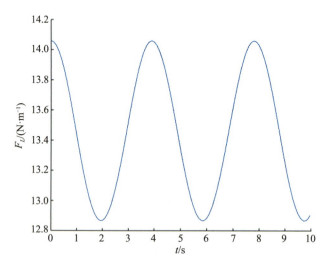

图 5-10 深水区海底充油管线垂直方向波浪载荷

从图 5-10 中可看出

$$\begin{cases} (F_L)_{\max} = 14.0588 \ \text{N/m} \\ (F_L)_{\min} = 12.8681 \ \text{N/m} \end{cases}$$

（6）载荷修正

根据表 2-10，选用 0.5 作为波浪载荷折减系数，浅水区波浪的变形较大，取波浪方向与管线径向的夹角 $\theta = 60°$，其余区域夹角 $\theta = 30°$，折减后的海洋管线波浪载荷计算结果如表 5-5 所示。

表 5-5　折减后的波浪载荷

波浪载荷	水深		
	$d \leqslant 1.58 \ \text{m}$	$1.58 \ \text{m} < d < 3.16 \ \text{m}$	$d \geqslant 3.16 \ \text{m}$
水平方向波浪载荷/（N·m^{-1}）	266.50	18.83	11.09
垂直方向波浪载荷/（N·m^{-1}）	79.04	10.39	9.54

深水区海底充油管线波浪载荷的折减与海面漂浮空管波流载荷的折减应有所不同，综合两种情况考虑，选用载荷折减系数为 0.66，折减后的载荷为 9.33 N/m。

（7）海流载荷

根据式（2-37），管线充油时，$A = D \times 1 = 0.159 \ \text{m}^2$，得到充油管线的海流载荷为

$$F_D = \frac{1}{2} \times 1 \times 1003 \times 0.159 \times 0.75^2 \approx 44.85 \ \text{N/m}$$

（8）工作载荷

1）管线自重

取 $g = 9.81 \ \text{m/s}^2$，则单位长度管线的重力为

$$G_1 = (m_1 + m_2) g/l = (56 + 5) \times 9.81/6 = 99.735 \ \text{N/m}$$

2）管线内输油液体重力

单位长度管线内输油液体的重力为

$$G_2 = \rho_2 g d^2 \pi/4 = 830 \times 9.81 \times 0.1544^2 \times \pi/4 \approx 152.45 \ \text{N/m}$$

3）管线所受浮力

当管线完全沉入水中时，单位长度管线的浮力为

$$F_f = \rho g D^2 \pi/4 = 1003 \times 9.81 \times 0.159^2 \times \pi/4 \approx 195.37 \ \text{N/m}$$

4）管壁内应力

由于海底管线输送过程中管线内压远大于管外压力，因此会产生管壁内应力，其主要由径向应力 σ_R、轴向应力 σ_L 及环向应力 σ_θ 组成，如图 5-11 所示。由表 5-1 可知，管线外径与内径之比小于 1.2，因此管线属于薄壁圆筒结构物，计算时假设管线所受应力沿管壁均匀分布，径向应力 σ_R 远小于环向应力 σ_θ 和轴向应力 σ_L，故不作考虑。

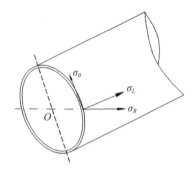

图 5-11　管壁内应力分布图

应力计算公式为

$$\sigma_\theta = \frac{(p_i - p_e)d}{2\delta} \tag{5-15}$$

$$\sigma_L = \frac{(p_i - p_e)d^2}{4d\delta + 4\delta^2} \approx \frac{(p_i - p_e)d}{4\delta} \tag{5-16}$$

式中：p_i 为工作内压，Pa；p_e 为工作外压，Pa；d 为管线内径，m；δ 为管线壁厚，m。

按管线工作压力值 1 MPa 设定，计算得 $\sigma_\theta = 33.6$ MPa，$\sigma_L = 17.3$ MPa，均未超过管线许用应力。

（9）实例结论

浅水区：$G_1 + G_2 = 252.19$ N/m $<(F_L)_{max} + F_f = 274.41$ N/m。

过渡区：$G_1 + G_2 = 252.19$ N/m $>(F_L)_{max} + F_f = 205.76$ N/m。

深水区：$G_1 + G_2 = 252.19$ N/m $>(F_L)_{max} + F_f = 204.91$ N/m。

这说明，在该计算实例中，恶劣海况下管线在浅水区因受向上的举升力而上下摆动，不易稳定沉底；而在过渡区和深水区，管线充油后始终受到向下的作用力，可以实现充油自沉。因此，在实施充油自沉时，应尽量避免恶劣海况，或在浅水区采取一定的压载措施，以利于管线沉底。

5.2.2　沉降过程强度分析

管线的沉降过程根据管线所处状态及海底坡度可分为三个阶段，即开始阶段、中间阶段和末尾阶段。沉降开始阶段，管线一端充液下沉，另一端漂浮于海面，导致管线发生较大弯曲变形，局部应力集中可能造成强度破坏；沉降中间阶段为管线下沉至接触海床的整个过程，此时由于管线具有一定下沉速度，可能会与海底礁石等突出障碍物发生碰撞，造成管线局部破坏；沉降末尾阶段，管线沉至海床坡度较大区域，海床对管线多个位置形成支撑，此时不易发生变形及破坏。本节研究管线沉降初期的强度问题，采用大变形梁法对管线的应力及弯矩进行分析计算，判断沉降过程中管线是否发生强度破坏。此处以远海端充液、近岸端排气（即由海至岸输转）为例进行分析计算。

5.2.2.1　力学模型

在研究管线充液自沉过程时，建立的力学模型能否确切地反映真实沉降状态，分析假设是否正确合理，直接关系到计算结果的准确性。在管线自沉过程中，水平方向由辅助铺管船通过拖轮进行辅助定位控制，因此在分析充液自沉过程时，主要对其进行垂直方向的力学分析，确保管线在整个沉降过程中不出现强度破坏及过度弯曲等现象。

管线下沉的最大允许深度与管径、管材许用应力的关系可用力学研究和数学计算的方法求得。为简化计算模型，对整个管线系统进行整体化处理（连接处强度分析见第 4 章），建立管线充液沉降中间阶段的力学模型如图 5-12 所示，管线的远海底端与海床相切，海床对管线提供一个垂直向上的支撑力 R；充油段为克服管线浮力与波浪力在垂直方向的升力，受到垂直向下单位长度大小为 p 的均布载荷；空管段则由于浮力大于重力，受到垂直向上单位长度大小为 q 的均布载荷；水深为 d 时管线下沉段在水平方向的长度为 c，充油段长度为 a，空管段长度为 b。

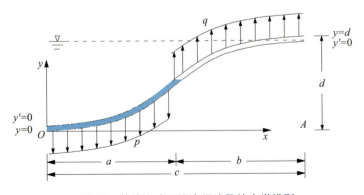

图 5-12　管线充液沉降中间阶段的力学模型

根据图 5-12 建立沉降过程中间阶段管线垂直方向的力和力矩平衡关

系式：

$$\sum F_y = R - pa + pd - S = 0 \tag{5-17}$$

$$\sum M = Rc - pa\left(c - \frac{a}{2}\right) + q\frac{b^2}{2} = 0 \tag{5-18}$$

式中：F_y 为管线在 y 方向上的受力，N；M 为总力矩，N·m；R 为管线受到的海床面的支撑力，N；p 为单位长度的充满油料的管线在海水中受到的均布载荷，N/m；q 为单位长度的空管在海水中受到的均布载荷，N/m；S 为相对于全部浸没在海水中的空管，露出在海面部分的空管质量，kg；a 为模型中充满油料的管线长度，m；b 为模型中空管长度，m；c 为模型中水中管线总长度，$c=a+b$，m；d 为管线沉没深度，m。

（1）参数计算

式（5-17）、式（5-18）中共有 a、b、R 和 S 四个未知数，显然，需要建立四个方程来求解这四个未知数。由图 5-12 可知，管线下沉时的边界条件如下：

① $x=0$ 时，$y=0$，$y'=0$；

② $x=a$ 时，$y'_a = y'_b$（连接处光滑），$y_a = y_b$；

③ $x=c$ 时，$y=d$，$y'=0$。

根据结构力学知识，建立模型的弯曲微分方程如下：

$$EI\frac{\mathrm{d}^2 y}{\mathrm{d}x^2} = M_x \tag{5-19}$$

式中：E 为管线材料的弹性模量；I 为管线截面惯性矩。

由式（5-19）和边界条件可求解上述未知数。在管线的 a 段，有

$$EI\frac{\mathrm{d}^2 y}{\mathrm{d}x^2} = M_x = Rx - \frac{px^2}{2} \tag{5-20}$$

对式（5-20）进行积分得

$$EI\frac{\mathrm{d}y}{\mathrm{d}x} = \int M_x \mathrm{d}x = \frac{Rx^2}{2} - \frac{px^3}{6} + C_1 \tag{5-21}$$

根据边界条件①可知，$C_1=0$。

对式（5-21）进行积分得

$$EIy = \frac{Rx^3}{6} - \frac{px^4}{24} + C_2 \tag{5-22}$$

同样，根据边界条件①可知，$C_2=0$。

对于管线 b 段，式（5-19）变为

$$EI\frac{d^2y}{dx^2}=M_x=Rx-ap\left(x-\frac{a}{2}\right)+\frac{q}{2}(x-a)^2=\frac{q}{2}x^2+[R-a(p+q)]x+\frac{a^2}{2}(p+q)$$

$$(5-23)$$

对式（5-23）进行积分得

$$EI\frac{dy}{dx}=\int M_x dx=\frac{q}{6}x^3+\frac{R-a(p+q)}{2}x^2+\frac{a^2}{2}(p+q)x+C_3 \quad (5-24)$$

根据边界条件②可知，$x=a$ 时，$EIy_a'=EIy_b'=R\frac{a^2}{2}-p\frac{a^3}{6}$，代入式（5-24）得

$$C_3=-(p+q)\frac{a^3}{6}$$

将 C_3 代入式（5-24）并对其进行积分得

$$EIy=\frac{q}{24}x^4+\frac{R-a(p+q)}{6}x^3+\frac{a^2}{4}(p+q)x^2-\frac{a^3}{6}(p+q)x+C_4 \quad (5-25)$$

根据边界条件②可知，$x=a$ 时，$EIy_a=EIy_b=R\frac{a^3}{6}-p\frac{a^3}{24}$，代入式（5-25）得

$$C_4=(p+q)\frac{a^4}{24}$$

令 $p+q=\omega$，代入式（5-18），求出 R 的表达式为

$$R=\frac{pa\left(c-\frac{a}{2}\right)-(\omega-p)\frac{(c-a)^2}{2}}{c}=\frac{c}{2}p-\frac{(c-a)^2}{2c}\omega=a\omega-\frac{c}{2}q-\frac{a^2}{2c}\omega \quad (5-26)$$

将式（5-26）和前面求出的积分常数 C_3、C_4 分别代入式（5-24）、式（5-25），并根据边界条件③，令 $x=c$，得

$$\frac{a^2c}{4}\omega-\frac{c^3}{12}q-\frac{a^3}{6}\omega=EI\frac{dy}{dx}=0 \quad (5-27)$$

$$\left(\frac{a^2c^2}{6}-\frac{a^3c}{6}+\frac{a^4}{24}\right)\omega-\frac{c^4}{24}q=EIy=EId \quad (5-28)$$

令 $\frac{c}{a}=n$，并用 $\frac{a^3}{12}$ 除式（5-27），得

$$qn^3-3\omega n+2\omega=0 \quad (5-29)$$

令 $\frac{c}{a}=n$，并用 $\frac{a^4}{6}$ 除式（5-28），得

$$\left(n^2-n+\frac{1}{4}\right)\omega-\frac{q}{4}n^4=\frac{6EId}{a^4} \tag{5-30}$$

由式（5-30）得

$$a=\left[\frac{6EId}{\left(n^2-n+\frac{1}{4}\right)\omega-\frac{q}{4}n^4}\right]^{\frac{1}{4}} \tag{5-31}$$

用式（5-29）除以 q，并将 $\omega=p+q$ 代入，得

$$\frac{p}{q}=\frac{n^3-3n+2}{3n-2} \tag{5-32}$$

式中，p 和 q 的值在具体工程中是确定的，由此可求出 n 的值，将 n 的值代入式（5-31）则可求出 a 的值，再代入式（5-26）即可求出 R 的值。

（2）弯矩及应力计算

为分析管线下沉时的受力状态，防止管线因强度破坏而失效，需要求出管线下沉时的最大应力和弯矩。

对式（5-20）求导，并令其等于零，得

$$\frac{\mathrm{d}M_x}{\mathrm{d}x}=R-px=0 \tag{5-33}$$

即最大弯矩在 $x=\dfrac{R}{p}$ 处，代入式（5-20）可得 a 段的最大弯矩为

$$(M_a)_{\max}=\frac{R^2}{2p}$$

同样，对式（5-23）求导，并令其等于零，得

$$\frac{\mathrm{d}M_x}{\mathrm{d}x}=R-(p+q)a+qx=0 \tag{5-34}$$

即 b 段的最大弯矩出现在 $x=\dfrac{(p+q)\ a-R}{q}$ 处，代入式（5-23）可得 b 段的最大弯矩为

$$(M_b)_{\max}=\frac{\omega a^2}{2}-\frac{(R-a\omega)^2}{2q}$$

求出最大弯矩后，便可求出管线各段的最大应力为

$$\sigma_{\max}=\frac{M_{\max}}{W} \tag{5-35}$$

式中：W 为管线的抗弯截面模量，$W = \dfrac{\pi D^3}{32}\left[1-\left(\dfrac{d}{D}\right)^4\right]$，$D$ 为外径，d 为内径。

（3）平衡方程

由模型受力分析可得管线沉降中间阶段充油段与空管段的受力分别如下：

$$p = W + W_d - F_f - F_L \tag{5-36}$$

$$q = F_f + F_L - W \tag{5-37}$$

式中：W 为单位长度管线自身的重力；W_d 为单位长度管线内液体的重力；F_f 为单位长度管线所受的浮力；F_L 为单位长度管线受波浪力垂直方向的举升力。

5.2.2.2　计算实例

此处仍取表 5-1 设定的管线及输送液体相关参数，根据计算结果可得

$$p = 99.735 + 152.45 - 195.37 - 7.79 = 49.025 \text{ N/m}$$

$$q = 195.37 + 7.79 - 99.735 = 103.425 \text{ N/m}$$

将计算得到的 p 和 q 的值代入式（5-32）可得

$$n^3 - 4.422n + 2.948 = 0 \tag{5-38}$$

解得 $n = 1.61$（由于 n 在实际工程中表示的是沉管总长与充油段长度的比，因此其值应该大于 1，故舍去无意义的解）。

利用 Matlab 软件画出 n 与 p/q 的关系曲线图，如图 5-13 所示。

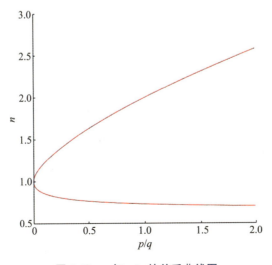

图 5-13　n 与 p/q 的关系曲线图

从图 5-13 中可以看出，随着正负浮力比值的变化，n 的值在 1 的上下出现并行分支。由于 n 的值应该总大于 1，因此只需分析图的上半部分：随着管线所受正负浮力比值增大，n 的值也相应变大。这说明在管线不变的情况下，充入管线内液体的密度越大，管线充液段占整条管线沉入部分的比例就越小，充液段与空管段的长度差越大，也就越有可能使管线产生强度破坏。

根据式（5-31），利用 Matlab 软件画出 a 与 d 的关系曲线图，如图 5-14 所示。

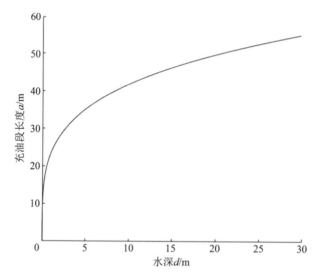

图 5-14 充油段长度与水深关系曲线图

从图 5-14 中可以看出，随着管线沉降海域海水深度的增大，管线充油沉降时充水段长度也逐渐增长。因此，沉降管线的形变幅度可能增大，整个管线可能产生更大的弯曲应力导致管线强度遭到破坏。

根据选用的装配式管线参数，将求得的唯一有意义的 n 的值 1.61 代入式（5-31）与式（5-26），可分别求出沉降过程中管线在不同深度海域的充油段长度及海床对管线的支撑反力。以海水深度 10 m 为例，求得沉降过程中充油段长度与支撑反力大小后分别将数据代入式（5-22）与式（5-25），利用 Matlab 可绘制充油沉降过程中充水段和空管段的挠曲线图，如图 5-15 所示；再将求得的数据代入式（5-20）与式（5-23），利用 Matlab 绘制充水段和空管段的弯矩分布图，如图 5-16 所示。

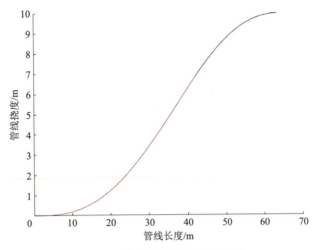

图 5-15　管线沉降过程挠曲线图

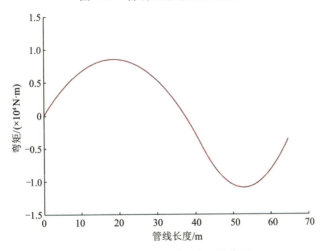

图 5-16　管线沉降过程弯矩分布图

从图 5-15 中可以看出，在管线沉降过程中，随着油液逐渐充满管线，迫使管线发生形变，呈 S 形。充油段受油液重力影响，曲线向下凸；空管段由于受到浮力，曲线向上凸，导致管线在沉降过程中产生较大的形变，从而可能导致管线发生弯曲破坏。

从图 5-16 中可以看出，弯矩先正向增大至一个极大值 8.515 kN·m，此时产生的弯曲应力为 194.8 MPa；随后逐渐减小至零后反向增大至一个极值-10.91 kN·m，此时产生的弯曲应力为-249.4 MPa；然后又开始减小。由图不难看出，管线弯矩与弯曲应力的反向极值大于正向极值，说明管线的最大弯矩位于空管段。随着沉降海域的深度增加，相应弯矩的极值有可能继续增大，因此很有必要对管线弯矩及应力极大值进行计算判断，防止管线在沉降过程中产生强度破坏。

装配式钢质管线在不同水深海域沉降过程弯矩及弯曲应力的极值见表 5-6。

表 5-6　不同水深海域沉降过程管线参数

水深 d/m	a/m	M_1/(kN · m)	M_2/(kN · m)	σ_1/MPa	σ_2/MPa
5	32.43	6.021	−7.711	137.7	−176.4
10	36.10	8.515	−10.910	194.8	−249.4
20	39.81	12.040	−15.420	275.4	−352.8
30	43.25	14.750	−18.890	337.3	−432.1

由表 5-6 的数据可知，当沉降海域水深为 30 m 时，其空管段产生的极大弯曲应力值为 432.1 MPa，未达到本装置选用管线的许用应力 $[\sigma]$ = 448 MPa，不会对沉降管线产生强度破坏；在各个沉降深度下，空管段最大应力 σ_2 的值均大于充油段最大应力 σ_1，说明管线整体最大应力位置位于空管段。通过计算可知，当沉降海域水深为 32.3 m 时，管线沉降时产生的最大弯曲应力为 448.67 MPa，超出管线的最大许用应力 448 MPa，因此实际工程应用 DN150 装配式管线进行充油沉降铺设时的最大允许沉降深度为 32 m。

5.2.2.3　数值分析

有限元法（FEM）在求解数学物理问题特别是力学问题方面有着非常广泛的应用，在解决不便于进行具体实验的工程实际难题中发挥了重要作用，是一种常用的科学、高效的数值分析方法。该方法的核心思想在于对求解区域进行离散处理，将问题对象整体结构分解为若干彼此相连的微小单元。划分微小单元的异同导致其形状多种多样且组合方式存在差异，所以该方法能够将求解域转变为模型。实际中应用该方法求解时，将未知场函数和它的导数对应于全部节点的数值视为未知量（即自由度），同时由于单元数量的有限性，可将连续的无限自由度问题转变成有限自由度问题。确定未知量后，利用插值函数确定所有单元内场函数的近似值，最终获取求解域的近似解。最后对求得的近似解进行验证，若划分单元符合收敛要求，近似解将收敛于精确解。

有限元法（FEM）可分为线性分析（linear analysis）和非线性分析（nonlinear analysis）两种，二者的区别在于外载荷和系统之间是否存在线性关系。线性关系仅存在于理论假设，对实际的物理结构而言，其结构形态发生变化时，刚度也会一并变化，这就是非线性，因此大部分实际问题均属于此类, 其求解难度远比线性问题大。固体结构有限元分析是基于弹性力学相关知识展开的, 求解方程需要反复运用加权残值或反函数极值原理, 数值离散技术也是必不可少的, 这一过程目前主要通过有限元分析软件和计算机设备实现。所以, 有限元分析的核心内容在于: 基本变量和力学方程、数学求解原理、应用领域、建模技术、分析过程所依赖的程序等。

ANSYS Mechanical 作为 ANSYS 平台核心模块之一, 主要用于一般静力学、动力学及非线性分析, 并对每一种受力类型进行了模块化设计, 本节在对充液沉降过程中的管线强度进行分析时, 主要选用 Static Structural 模块进行数值分析, 并将分析结果与理论计算进行对比验证, 进一步判断管线充液沉降过程的安全性, 为实际设计时的海域选择和工程作业提供依据。

（1）沉降模型建立

1）参数设置

沉降过程仿真主要分析管线充液沉降过程中, 管线充液至不同位置时充液段与空管段所受正负浮力, 以及由此产生的应力、弯矩及应变等对管线安全性的影响。管线、输送介质参数同表 5-1, 海底土壤对管线的支撑用压缩弹簧进行模拟, 依据近海岸海床土壤性质设置弹簧的弹性系数, 根据输油管线规范, 结合实际铺设状况, 设置管线为双线性弹塑性模型, 其材料参数见表 5-7, 本构关系见图 5-17。

表 5-7　管线材料参数

弹性模量/Pa	泊松比	密度/(kg·m⁻³)	屈服应力/Pa	切线模量/Pa
2.07×10^{11}	0.3	7800	4.48×10^{8}	6.4×10^{10}

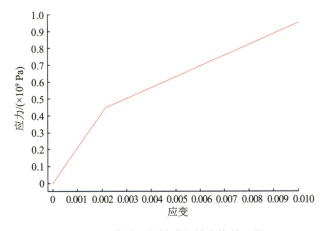

图 5-17　管线双线性弹塑性本构关系图

2）模型建立

由于管线下沉是一个动态过程，且管线本身较长，因而管线同海床接触点与浮出海面点的位置在充液过程中不断发生变化。为方便模拟，在建立数值分析模型时，可忽略连接器处管线强度的影响而将整个管线系统视作一根长管线（第4章研究表明管线连接处的强度在经过加强连接后已经大于管线自身的连接强度），截取沉降中间阶段两个临界点之间的管线部分进行分析。本节主要研究管线沉降过程中垂直方向是否发生强度破坏，所以忽略管线与海床接触时在水平方向的摩擦。

在建立管线分析模型时，因管线沉降海域的水深不同，模型长度和管线受力状态也有差异。此处按沉降海域水深为5，10，20，30 m分别建立管线模型，以水深10 m为例，其管线模型如图5-18所示。

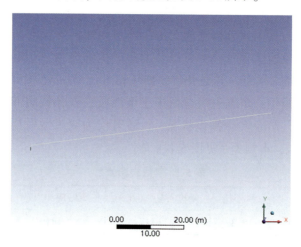

图 5-18　水深 10 m 管线沉降模型

3）网格划分

数值模拟分析的第一步是划分网格，即将空间上连续的计算区域划分成许多个子区域，并确定每个区域中的节点。网格的类型可分为结构网格和非结构网格两大类。结构网格的生成速度快、质量好，可以很容易地实现区域的边界拟合，但适用的范围比较窄，只适用于形状规则的图形，无法实现光滑的尺寸过渡。非结构网格可以很容易地控制网格大小和节点密度，有利于进行网格自适应，但网格填充效率不高。本管线沉降模型对称且相对简单，因此在进行网格划分时设置网格大小为 50 mm。以水深 10 m 管线沉降模型为例，共有节点数 123952 个，单元数 17696 个，由于管线模型较长，为清晰显示网格划分情况，选取管线模型的一段进行分析，得到的网格划分如图 5-19 所示。

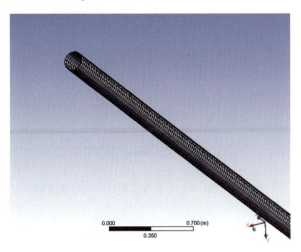

图 5-19　部分管线网格划分

（2）载荷与约束施加

管线在沉降过程中主要受到自身重力、充液过程逐渐增加的介质重力、海水对管线的浮力及波流合力在垂直方向的举升力的作用。为研究管线充液至不同位置时其应力及强度情况，需对沉降过程进行优化分析，在管线中间设置一位置可变截面，作为管线充液段与空管段的分割面，截面左端为管线充液段，受垂直向下的负浮力，右端为空管段，受垂直向上的正浮力，分割面的位置变化将导致管线产生的弯曲应力强度发生变化。

当沉降深度为 10 m 时，由式（5-36）与式（5-37）求得管线充油段与空管段垂直方向的合力 p 和 q 分别为 49.025 N/m 与 103.425 N/m，p 和 q 的方向分别与 y 轴的正负方向平行。

管线沉降过程中间阶段与土壤接触端设置为位移约束，固定其在 x 与 z 方向的位移，在 y 方向移动时土弹簧对管线的弹性系数为 1.26×10^{8} N/m；对其转动进行约束，仅考虑其在 z 方向的转动。管线的海面端设置为简支约束，对其转动进行约束时同样仅允许 z 方向的转动。载荷与约束施加如图 5-20 所示。考虑到选用装配式管线进行沉降，在实际沉降过程中允许两相邻管线有一定程度的偏转，依据规范 DN150 槽头式管线的最大允许偏转角为 4°，此时管线载荷与系统形变之间为几何非线性关系，因此应打开"大变形"选项对其进行仿真分析。

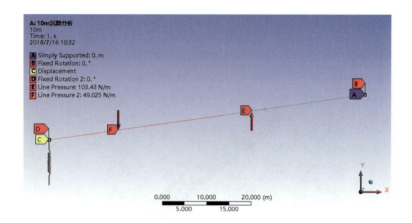

图 5-20　10 m 水深管线沉降载荷与约束施加

（3）结果分析

对沉降海域水深分别为 10，20，30 m 的沉降模型进行求解，得出不同沉降深度下的最大应力与弯矩大小，以及此时的油液位置，从而对管线沉降过程的安全性进行分析判断。

1）沉降海域水深为 10 m

图 5-21 所示为管线沉降深度为 10 m 时，管线内油液逐渐充至距支撑端点 33.2 m 产生最大应力时管线的应力分布图，此时沉降模型长度为 68.1 m。从图中可以看出管线的最大应力为 227.38 MPa，未超过管线的许用应力 448 MPa，最大应力产生的位置距左侧支撑端点 50.8 m。

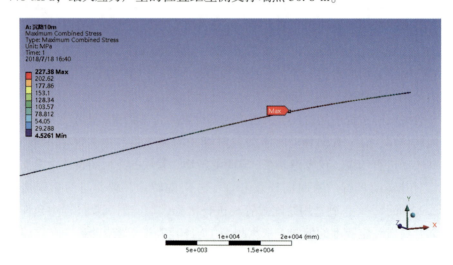

图 5-21　水深 10 m 时管线应力分布图

在整个充油管线沉降过程中，管线一端已经沉降至海床，此时管线内已有一段充满油液，海床对管线应有一个正向的支撑反力，但是在改变油液面位置对分析结果进行优化处理时发现，当距离小于 29.7 m 时，弹簧对管线的支撑力为负，与实际下沉状态不符，因此需要剔除仿真不合理的数据。图 5-22 所示为沉降深度 10 m 时油液充至各位置时管线的最大应力变化曲线，随着管线内的油液逐渐充满漂浮端，整个管线产生的最大应力先随着充液距离的增加而增大，当距离达到 33.2 m 时应力达到最大值 227.38 MPa，随后逐步降低。管线最大应力达到极大值 227.38 MPa 时，管线弯矩分布情况如图 5-23 所示，最大弯矩为 9.721 kN·m。

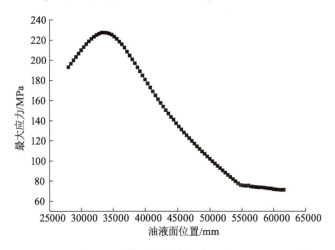

图 5-22 油液充至各位置时管线最大应力变化曲线（沉降深度为 10 m）

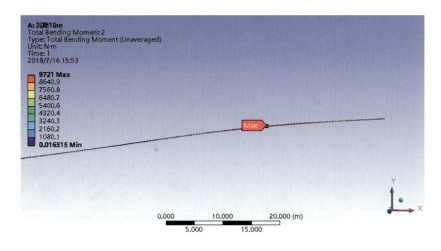

图 5-23 水深 10 m 时管线最大弯矩分布图

2）沉降海域水深为 20 m

图 5-24 所示为沉降海域水深 20 m 处，管线沉降过程中最大应力产生时整个管线的应力分布情况，此时沉降模型长度为 81.35 m。从图中可以看出，管线的最大应力为 340.24 MPa，未超过管线的许用应力，油液面位置距左侧支撑点 36.78 m，最大应力产生的位置距管线海底支撑点 56.4 m。

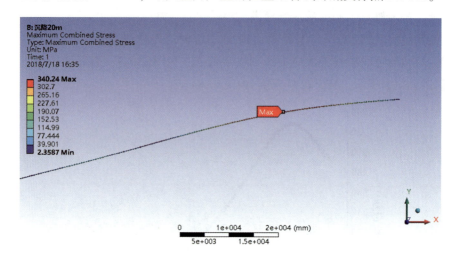

图 5-24　水深 20 m 时管线应力分布图

在应用直接优化改变油液面位置对分析结果进行优化处理时，除去支撑反力为负的不合理数据，可得沉降深度为 20 m 时油液充至各位置时管线最大应力变化曲线，如图 5-25 所示。

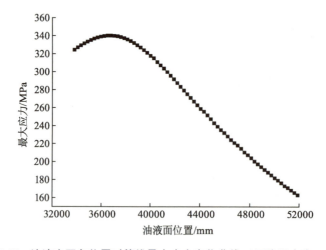

图 5-25　油液充至各位置时管线最大应力变化曲线（沉降深度为 20 m）

从图 5-25 中可以看出，管线产生的最大应力的值先随着充液距离的增加而增大，且增速逐渐降低，当距离达到 36.78 m 时，应力达到最大值 340.24 MPa；随着油液面继续前进，管线最大应力值开始减小。应力达到最大时整个管线的弯矩分布如图 5-26 所示，弯矩最大值为 14.741 kN·m。

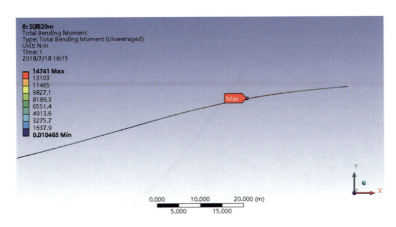

图 5-26　水深 20 m 时管线最大弯矩分布图

3）沉降海域水深为 30 m

图 5-27 所示为沉降海域水深 30 m 时，沉降过程中间阶段最大应力产生时整个管线的应力分布情况，此时沉降模型长度为 90.28 m。从图中可以看出，管线的最大应力为 421.54 MPa，已经接近管线的极限许用应力 448 MPa，此时油液面位置距左侧支撑点 40.10 m，最大应力产生的位置距管线左侧支撑点 62.2 m。

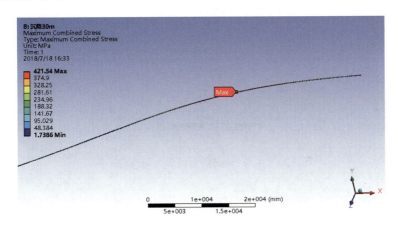

图 5-27　水深 30 m 时管线应力分布图

同理，根据支撑反力不可为负除去不合理数据后，得到沉降深度为30 m时油液充至各位置时管线最大应力变化曲线，如图5-28所示。从图中可以看出，管线最大应力值的变化规律与前述情况类似，当充液距离达到40.10 m时，应力达最大值421.54 MPa。此时整个管线的弯矩分布如图5-29所示，弯矩最大值为18.309 kN·m。

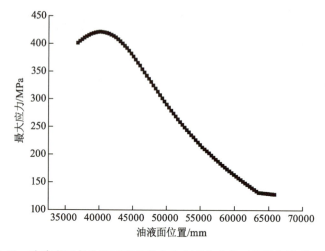

图 5-28　油液充至各位置时管线最大应力变化曲线（沉降深度为 30 m）

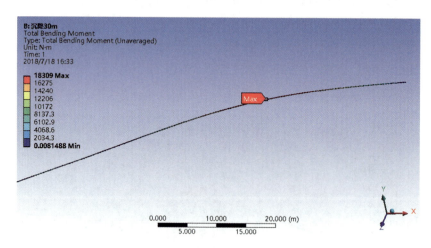

图 5-29　水深 30 m 时管线最大弯矩分布图

4）极限状态

通过逐渐加大沉降深度，最终可以得到一个极限临界状态，即管线沉降过程产生的应力趋近管线的许用应力。图 5-30 所示为管线沉降深度为

33.8 m 时，最大应力产生时整个管线的应力分布情况，此时最大应力为 447.86 MPa，逼近管线的许用应力 448 MPa；油液面位置距左侧支撑点 41.65 m，最大应力产生的位置距管线左侧支撑点 64.1 m。

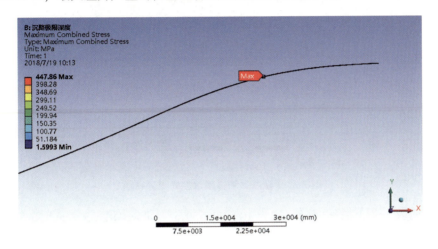

图 5-30　管线沉降极限深度应力分布图

　　除去不合理数据后得到管线极限沉降深度时，管线最大应力随油液位置变化情况如图 5-31 所示。从图中可以看出，管线产生的最大应力先增大后减小，当充液距离达到 41.65 m 时应力取最大值 447.86 MPa。此时整个管线的弯矩分布如图 5-32 所示，弯矩最大值为 19.466 kN·m。

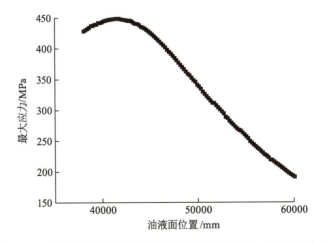

图 5-31　油液充至各位置时管线最大应力变化曲线（极限深度）

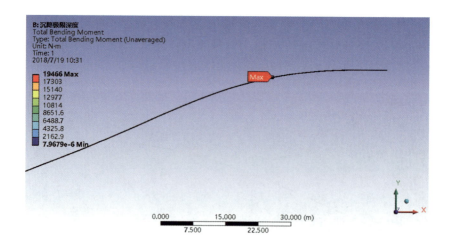

图5-32 管线沉降极限深度弯矩分布图

前文分别对管线沉降深度为10，20，30 m及极限深度33.8 m时的管线沉降过程有限元模拟进行了分析，得出了在不同沉降深度时管线产生的最大应力、弯矩大小及各深度管线应力与充液位置的变化关系，所得结果如表5-8所示。

表5-8 不同水深海域沉降数值分析结果

参数	水深			
	10 m	20 m	30 m	极限深度
最大应力/MPa	227.38	340.24	421.54	447.86
最大弯矩/(kN·m)	9.721	14.741	18.309	19.466
油液面位置/m	33.20	36.78	40.10	41.65
应力位置/m	50.8	56.4	62.2	64.1

通过分析以上四种深度下的管线充油沉降结果参数，可以得出以下结论：

① 四种水深状况下的油液面位置均近于最大应力位置，说明管线沉降过程产生的最大应力往往在空管段。

② 随着沉降海域深度的增加，管线在充油沉降过程中产生的最大应力与弯矩的值随之增加，水深由10 m增至20 m时，最大应力增幅为49.63%；水深由20 m增至30 m时，最大应力增幅为23.89%；其增幅的速度随着深度的增加逐步降低。

③ 当沉降海域深度超过 33.8 m 时，管线沉降过程产生的最大应力将超过管线的屈服极限 448 MPa，导致管线发生强度破坏。因此，在工程实际应用中，应计算管线允许沉降深度，避开水深超过其允许值的海域。

④ 沉降海域深度由 10 m 增至 20 m 时，管线产生最大应力的油液位置由 33.2 m 变为 36.78 m，变化率为 10.78%；沉降海域深度由 10 m 增至 30 m 时，管线产生最大应力的油液面位置由 33.2 m 变为 40.10 m，变化率为 20.78%。管线产生最大应力时油液面位置变化随水深变化相对较小。

5.2.3　碰撞冲击作用分析

本节针对沉放过程中可能发生的管线与海底障碍物碰撞导致失效的危险情况，使用 LS-DYNA 程序模拟管线与礁石的碰撞过程并进行力学分析，以判定管线是否可以安全沉到海底。

5.2.3.1　LS-DYNA 程序及算法

ANSYS Mechanical 程序能够对管线的振动、强度、悬跨进行分析，从而完成大部分计算任务，不过与礁石的冲击分析是通过 ANSYS LS-DYNA 程序完成的。LS-DYNA 是全球最具影响力的显式动力学分析程序之一，它可以对客观环境中的复杂问题进行模拟，特别是在求解平面、碰撞、爆炸等问题方面具有明显优势，在传热、流体等问题方面也有着广泛的应用前景。LS-DYNA 程序最初是 1976 年 J. O. Hallquist 在美国劳伦斯·利沃莫尔国家实验室（Lawrence Livermore National Laboratory）开发完成的，后经功能扩充和改进，成为国际著名的非线性动力分析软件。LS-DYNA 程序在汽车安全、武器系统、金属成型等方面的作用早已得到了实践证明，其分析误差不超过 10%，在工程可接受的范围内。

管线充油自沉与礁石碰撞过程属于非线性动力学分析，LS-DYNA 程序在处理固体由于撞击作用而发生的变形和破坏的问题上取得了瞩目的成绩，通常这类非线性变形问题依靠 Lagrange（拉格朗日）和 Euler（欧拉）算法解决。LS-DYNA 程序以 Lagrange 算法为主，同时兼有 Euler 和 ALE（Arbitrary Lagrangian-Euler）算法。

（1）Lagrange 算法

Lagrange 算法以研究对象的坐标为基准，对照物质实际尺寸进行网格划分，保证划分后的单元与物体结构的一致性，在固体变形分析方面具有很大优势。该算法在模拟固体变形时有限元网格精度极高，固体结构不会在网格单元之间随机流动，且有限元模拟后的结果与固体实际变形保持一致。Lagrange算法在模拟管线变形时计算结果会比较准确，但在处理运动较为剧烈、变形较大的问题时，网格会发生严重变化，使得计算难度较大，导致结果不准确。

（2）Euler 算法

Euler 算法适用于对流体流动过程的分析，同时弥补了 Lagrange 算法的不足，可以处理运动巨烈、物质变形较大的问题。与 Lagrange 算法不同的是，Euler 算法选用空间坐标进行研究，在分析物质结构变化时固体结构与网格是各自独立的，整个过程网格的空间位置保持不变，物质结构可以在网格中流动，其能量也会在单元之间互相传递。也就是说，在 Euler 算法中，物质在运动过程中体积保持不变。

（3）ALE 算法

ALE 算法又叫任意拉格朗日-欧拉算法，它综合了 Lagrange 算法和Euler算法的优点，可以解决两种算法由于自身缺点而不能单独有效解决的难题。ALE 算法以有限差分法为研究基础，最初引入该算法的目的是解决流体不规则流动问题。LS-DYNA 程序最先在计算分析中采用了 ALE 算法，是目前 ALE 算法功能最强大的有限元分析程序。当物质与网格同时发生变化时，ALE 算法即为 Lagrange 算法；当网格固定不变，而物质在网格间运动时，则为 Euler 算法，其在解决流固耦合问题方面拥有巨大的优势。

对流固耦合问题的处理，ALE 算法在计算时初步执行 Lagrange 算法，前几个时步计算导致物质网格发生变形，随后进行 ALE 算法本身的时步计算，包括 Sooth Step 和 Advection Step 等时步，对变化的网格重新进行划分，并在新网格中重新设置密度、节点速度等变量。接着在物质的实体单元中选择 Euler 算法，物质会在网格中流动，输出算法进而得到结果。

5.2.3.2 理论分析

（1）积分理论基础

LS-DYNA 程序的有限元非线性动力学分析同时包含显式和隐式的计算程序，其中显式为主要计算程序。显式时间积分在 t 时刻的加速度 a_t 主要通过中心差分法求得，表达式为

$$a_t = [\boldsymbol{M}]^{-1}([\boldsymbol{F}_t^{\text{ext}}] - [\boldsymbol{F}_t^{\text{int}}]) \tag{5-39}$$

式中：$\boldsymbol{F}_t^{\text{ext}}$ 为 t 时刻的外力矢量；$\boldsymbol{F}_t^{\text{int}}$ 为 t 时刻的内力矢量，其表达式为

$$\boldsymbol{F}_t^{\mathrm{int}} = \sum \left(\int_Q B^T \delta_n \mathrm{d}\Omega + F^{\mathrm{hg}} \right) + \boldsymbol{F}^{\mathrm{contact}} \tag{5-40}$$

式中：$\int_Q B^T \delta_n \mathrm{d}\Omega$ 为应力场 t 时刻的节点力；F^{hg} 为 t 时刻的沙漏阻力；$\boldsymbol{F}^{\mathrm{contact}}$ 为 t 时刻的接触力矢量。

节点的速度为

$$v_{t+\Delta\frac{t}{2}} = v_{t-\Delta\frac{t}{2}} \cdot \Delta t_t \tag{5-41}$$

节点的位移为

$$x_{t+\Delta\frac{t}{2}} = x_t + v_{t+\Delta\frac{t}{2}} \cdot \Delta t_{t+\Delta\frac{t}{2}} \tag{5-42}$$

式中：$\Delta t_{t+\Delta\frac{t}{2}} = 0.5(\Delta t_t + \Delta t_{t+\Delta\frac{t}{2}})$。

显式算法在非线性分析下要求计算方程可直接求解，且不是耦合的，刚度矩阵 $[K]$ 不需要转置，主要计算工作放在内力计算上，选取短时间步长以保证收敛，其收敛的临界条件为

$$\Delta t \leqslant t_{\mathrm{cr}} = \frac{2}{\omega_{\max}} \tag{5-43}$$

式中：$\omega_{\max}$ 为物质最高固有频率。

隐式时间积分加速度的计算忽略了质量矩阵 $[M]$ 和阻尼矩阵 $[C]$，在分析物质线性问题时，$[K]$ 是线性的，计算方式稳定，步长选取范围较宽；而在分析非线性问题时，需要采用线性逼近的方法求解，将 $[K]$ 转换为非刚度矩阵，步长选择范围小，需要快速收敛。

（2）接触面作用力方程

管线在沉降过程中与礁石发生碰撞，要利用动量方程等对接触时产生的互相作用力进行求解。假设管线为主动体 A，礁石为从动体 B，其接触面分别为主动面和从动面，主动面记为 S_a，从动面记为 S_b。在 t 时刻发生碰撞时管线的瞬时速度记为 $\dot{v}_a$，礁石产生的瞬时速度为 $\dot{v}_b$。在 S_a 上建立空间坐标系，e^1、e^2 和 e^3 分别为 S_a 上的水平和垂直方向上的单位向量。设二者碰撞 t 时刻的 S_a 上的接触点为 M，接触作用力为 $\dot{F}_a$，S_b 上的接触点为 N，接触作用力为 $\dot{F}_b$，则 $\dot{F}_a$ 可通过下式求得：

$$\dot{\boldsymbol{F}}_a = \dot{\boldsymbol{F}}_{al} + \dot{\boldsymbol{F}}_{ah} = F_{al} \cdot e^1 + F_{ahx} \cdot e^2 + F_{ahy} \cdot e^3 \tag{5-44}$$

式中：$\dot{\boldsymbol{F}}_{al}$ 为 t 时刻垂直于 S_a 的作用力分量；$\dot{\boldsymbol{F}}_{ah}$ 为 t 时刻 S_a 上的作用力切向分量；F_{al} 为 t 时刻垂直于 S_a 的作用力的大小；F_{ahx} 和 F_{ahy} 为 t 时刻 S_a 上的切向力的大小。

根据牛顿第三定律，可得

$$\begin{cases} \dot{\boldsymbol{F}}_a + \dot{\boldsymbol{F}}_b = \boldsymbol{0} \\ \dot{\boldsymbol{F}}_{al} + \dot{\boldsymbol{F}}_{bl} = \boldsymbol{0} \\ \dot{\boldsymbol{F}}_{ah} + \dot{\boldsymbol{F}}_{bh} = \boldsymbol{0} \end{cases} \quad (5\text{-}45)$$

同理可知两个接触体的瞬时速度为

$$\begin{cases} \dot{\boldsymbol{v}}_a = \dot{\boldsymbol{v}}_{al} + \dot{\boldsymbol{v}}_{ah} \\ \dot{\boldsymbol{v}}_b = \dot{\boldsymbol{v}}_{bl} + \dot{\boldsymbol{v}}_{bh} \end{cases} \quad (5\text{-}46)$$

式中：$\dot{\boldsymbol{v}}_{al}$、$\dot{\boldsymbol{v}}_{bl}$ 分别为 t 时刻 A、B 面上的法向瞬时速度；$\dot{\boldsymbol{v}}_{ah}$、$\dot{\boldsymbol{v}}_{bh}$ 分别为 t 时刻 A、B 面上的切向瞬时速度。

进一步化简，可得

$$\begin{cases} \dot{\boldsymbol{v}}_{al} = v_{al} \cdot \boldsymbol{e}^1 \\ \dot{\boldsymbol{v}}_{ah} = v_{ahx} \cdot \boldsymbol{e}^2 + v_{ahy} \cdot \boldsymbol{e}^3 \end{cases} \quad (5\text{-}47)$$

（3）碰撞时刻管线速度计算

管线在海面充油后下沉到海底的时间很短，在这期间未必会受到波浪和海流等载荷的影响，即使有载荷作用在管线上，水平方向的载荷对垂直方向上速度的变化也不产生任何影响，垂直方向的载荷多表现为海水对管线向上的举升力。从前面计算的情况来看，载荷的大小对管线的速度变化影响不大，且载荷是随时间不断变化的，取最大值来计算得到的结果不合理也不准确。因此，在计算速度时假设海水为静水，只考虑充油质点的总重力和浮力，不考虑海水对管线的影响。管线垂直方向上的力大多是向上作用的，在不考虑垂直力的情况下管线的速度会更大，如果此情况下管线安全，那么在垂直载荷作用下的管线同样是安全的。

对单位长度管线充液质点的受力分析按表 5-1 的参数进行计算。

单位长度管线的重力为

$$G = mg/l = 61 \times 9.81 \div 6 = 99.735 \text{ N}$$

管内柴油的重力为

$$G_2 = \rho_2 g(D-d)^2 \pi/4 = 830 \times 9.81 \times 0.1544^2 \times \frac{\pi}{4} \approx 152.45 \text{ N}$$

当管线完全沉入海中时，浮力为

$$F_{浮} = \rho g D^2 \pi/4 \approx 195.37 \text{ N}$$

综上，得出管线在垂直方向的合力为 $p = G + G_2 - F_{浮} = 56.815 \text{ N}$，方向垂

直向下。管线沉放至海里后，其结构不再发生变化，因此所受的浮力不变，可以求得加速度 a_z 为

$$a_z = \frac{p}{(G+G_2)/g} = \frac{56.815}{(99.735+152.45) \div 9.81} \approx 2.2 \text{ m/s}^2$$

下沉过程是初速度为 0 的加速运动，根据水深 d 就可以知道管线下沉至海底的速度 $v = \sqrt{2a_z d}$，因此可以求得在水深 0.71，2.5，4，10 m 下管线的速度分别为 1.77，3.32，4.19，6.63 m/s。在此方法下求取的速度只能作为参考，实际上管线沉到接近海底时会受到向上的举升力，并且在沉放的过程中未充油段会对充油段施加阻力作用，因此管线下沉到深度为 10 m 的海底的速度小于 6.63 m/s。

5.2.3.3 管石碰撞有限元模拟

(1) 模拟步骤

利用 ANSYS 软件中的 LS-DYNA 程序进行有限元模拟时的程序界面与前文用的 Mechanical 程序的界面有所不同，在前处理、载荷施加、数值求解和后处理等阶段所需要的软件处理工具也各不相同。前处理包括设置结构类型、定义变量、选择单元类型、输入算法、建立实体模型、网格划分、定义接触等，载荷施加阶段包括添加载荷和约束、设置初始速度、时间步控制、求解时间等，本节选用 ANSYS Mechanical 界面来进行前处理和载荷施加。通过 ANSYS Mechanical 界面求解出的值是 k 文件，前处理和载荷施加的所有信息都包含在此文件中，k 文件需在求解器 Mechanical APDL Product Launcher 中进行数值求解，求解后会输出很多结果文件，选取 d3plot 文件，再用后处理软件 LS-PrePost 处理 d3plot 结果文件，从而得到想要的碰撞速度、加速度、应力、应变变化等，来分析碰撞后管线的强度是否遭到破坏。

(2) 材料参数设置

在 Mechanical 前处理设置中，管线采用双线性弹塑性本构，材料参数见表 5-7；礁石采用刚体，材料参数见表 5-9。

表 5-9 礁石材料本构参数

材料名称	弹性模量/Pa	泊松比 μ	密度 ρ/(kg·m⁻³)
礁石	5.56×10^{10}	0.2	3000

管线是主动运动体，采用自由约束，礁石在海底，因此不会发生运动，对其采用固定约束，材料对应的 k 文件关键字如下（其中 1，7，7 为礁石刚体的全约束）。

*MAT_ MODIFIED_ PIECEWISE_ LINEAR_ PLASTICITY

$	1MID	2RO	3E	4PR	5SIGY	6ETAN	7FAIL	8TDEL
		1	7.85	2.1e+008		0.3	448000 6.4e+007	0

$	1C	2P	3LCSS	4LCSR	5VP	6EPSTHIN	7EPSMAJ	8NUMINT
	0	0	0					

$	1EPS1	2EPS2	3EPS3	4EPS4	5EPS5	6EPS6	7EPS7	8EPS8
	0	0	0	0	0	0	0	0

$	1ES1	2ES2	3ES3	4ES4	5ES5	6ES6	7ES7	8ES8
	0	0	0	0	0	0	0	0

*MAT_ RIGID

$	1MID	2RO	3E	4PR	5N	6COUPLE	7M	8ALIAS/RE
		2	35.56e+007	0.2				

$	1CMO	2CON1	3CON2
	1	7	7

（3）碰撞模型建立

海底情况一直是人们探索的重要主题之一，虽然管线的铺设会选择较为平坦松软的海底，但由于涨潮退潮现象，海底可能存在各种各样的石头及不明固体，管线在沉降过程中难免与其发生碰撞。在模型建立过程中，选择一根单独的管线，长度为 6 m，外径为 159 mm，内径为 154.4 mm。海底采用礁石模型，在此将礁石设置为圆柱体形状，半径为 1 m，高度为 1 m，且表面光滑。由于礁石在海底的形状不确定，因此管线在下落过程中可能与礁石的表面发生碰撞，也可能与礁石的棱角发生碰撞。下落角度对碰撞过程影响不大，因为管线不管以什么角度下落，与礁石碰撞时都是以点相接触的，因此主要考虑速度对载荷的影响，建立图 5-33 所示的两种模型，管线与礁石采用单面自由接触。

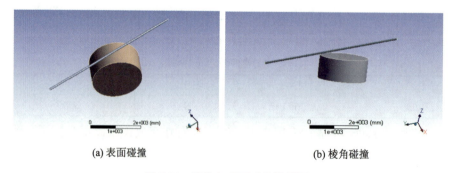

(a) 表面碰撞   (b) 棱角碰撞

图 5-33　管线与礁石碰撞模型图

（4）网格划分

LS-DYNA 程序里有丰富的单元类型，其中比较典型的有梁单元、体单元、惯性与质量单元、杆件单元、弹性阻尼单元等，这些单元的共同特征是适用于求解固体碰撞变形的非线性动力学问题。通过分析各单元特征及比较，本节选择 solid164 实体单元对碰撞模型进行模拟。

solid164 实体单元是三维的体单元，共有 8 个节点，各节点拥有 9 个自由度，在用户不做修改的情况下使用单点积分算法，亦允许用户改成全积分单元算法，从而避免沙漏问题，但这种算法会增加模型的运行时间。对两种模型进行网格划分后，管线与礁石表面碰撞模型单元数为 6448 个，节点数为 8373 个，管线与礁石棱角碰撞模型单元数为 6040 个，节点数为 8223 个，如图 5-34 所示。

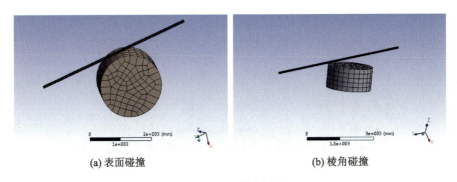

(a) 表面碰撞　　　　　　　　　　(b) 棱角碰撞

图 5-34　网格划分

（5）接触

管线与礁石采用单面自动接触，设置如图 5-35 所示。

Scope	
Scoping Method	Geometry Selecti...
Geometry	All Bodies
Definition	
Type	Frictionless
Suppressed	No

图 5-35　接触设置

接触关键字如下：

*CONTACT_ AUTOMATIC_ SINGLE_ SURFACE

$	1SSID	2MSID	3SSTYP	4MSTYP	5SBOXID	6MBOXID	7SPR	8MPR
	0	0	5	0			1	1
$	1FS	2FD	3DC	4VC	5VDC	6PENCHK	7BT	8DT
	0	0	0	0	10			
$	1SFS	2SFM	3SST	4MST	5SFST	6SFMT	7FSF	8VSF
$	1SOFT	2SOFSCL	3LCIDAB	4MAXPAR	5SBOPT	6DEPTH	7BSORT	8FRCFRQ
	2				3	5		

（6）载荷施加

载荷选项中，选取的速度值为管线与礁石碰撞时刻的速度值，从前面的计算结果来看，水深 0.71 m 和 2.5 m 时的速度过小，即使作为载荷施加到管线上也不会得到有意义的结果，因此选择 4 m 水深速度为 4.19 m/s，同时 10 m 水深速度为 6.63 m/s，由于举升力及空油管段的阻力，在这里作折减选取 10 m 水深时的速度为 6 m/s，方向都为垂直向下，这样的载荷更加合理。

① 工况 1：4.19 m/s 管石表面碰撞，如图 5-36 所示。

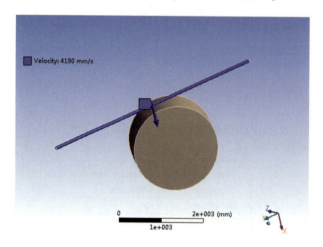

图 5-36　4.19 m/s 管石表面碰撞

关键字如下：

＊INITIAL_ VELOCITY_ GENERATION

$	1ID	2STYP	3OMEGA	4VX	VY	6VZ	7IVATN
	1	2	0	4.19	0	0	0
$	1XC	2YC	3ZC	4NX	5NY	6NZ	
	0	0	0	0	0	0	

② 工况 2：6 m/s 管石表面碰撞，如图 5-37 所示。

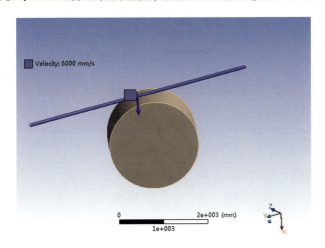

图 5-37　6 m/s 管石表面碰撞

关键字如下：

＊INITIAL_ VELOCITY_ GENERATION

$	1ID	2STYP	3OMEGA	4VX	5VY	6VZ	7IVATN
	1	2	0	6	0	0	0
$	1XC	2YC	3ZC	4NX	5NY	6NZ	
	0	0	0	0	0	0	

③ 工况 3：4.19 m/s 管石棱角碰撞，如图 5-38 所示。

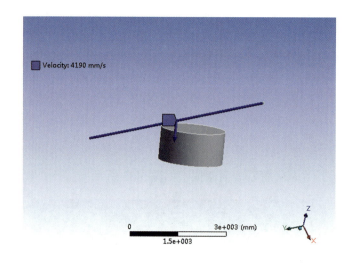

图 5-38 　4. 19 m/s 管石棱角碰撞

关键字如下：

* INITIAL_ VELOCITY_ GENERATION

$	1ID	2STYP	3OMEGA	4VX	5VY	6VZ	7IVATN
	1	2	0	4. 19	0	0	0
$	1XC	2YC	3ZC	4NX	5NY	6NZ	
	0	0	0	0	0	0	

④ 工况 4：6 m/s 管石棱角碰撞，如图 5-39 所示。

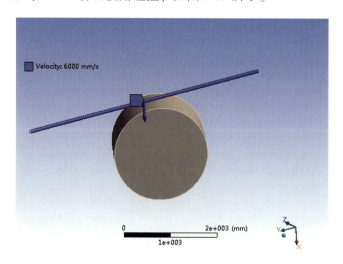

图 5-39 　6 m/s 管石棱角碰撞

关键字如下：

*INITIAL_ VELOCITY_ GENERATION

$	1ID	2STYP	3OMEGA	4VX	5VY	6VZ	7IVATN
	1	2	0	6	0	0	0
$	1XC	2YC	3ZC	4NX	5NY	6NZ	
	0	0	0	0	0	0	

5.2.3.4　求解器及求解过程

选用 LS-DYNA solver 作为求解器，求解时间为 10 ms，子步因子取默认的 0.9。求解时间及时间步的关键字如下：

*CONTROL_ TERMINATION

$	1ENDTIM	2ENDCYC	3DTMIN	4ENDENG	5ENDMAS
	10	10000000	0.01	10	0

*CONTROL_ TIMESTEP

$	1DTINIT	2TSSFAC	3ISDO	4TSLIMT	5DT2MS	6LCTM	7ERODE	8MS1ST
	0	0.9	0	0	0	1	1	0

Mechanical APDL Product Launcher 要求选取的求解文件必须是全英文的，求解器文件设置如图 5-40 所示。

图 5-40　求解器文件设置

求解过程及结果如图 5-41 所示。

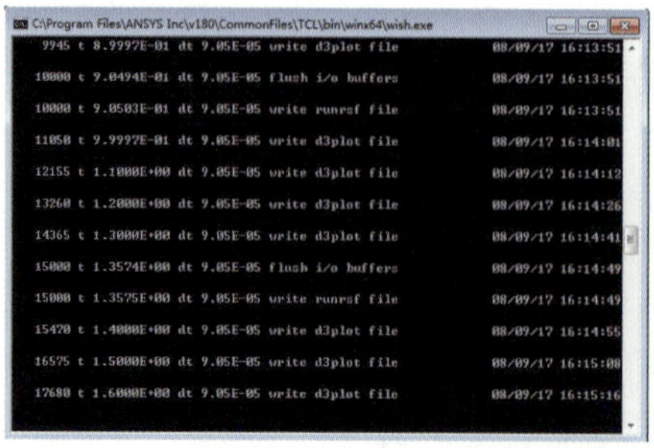

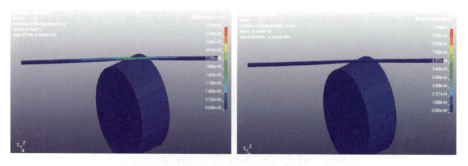

图 5-41 求解过程及结果

5.2.3.5 结果分析

求解器在求解 k 文件后得到许多结果文件，在后处理软件 LS-PrePost 中打开结果文件中的 d3plot 文件，通过进一步操作可得到碰撞模型的分析结果，下面取四种工况下的应力、应变、速度和加速度变化结果进行分析。

（1）工况 1：4.19 m/s 管石表面碰撞

等效应力和应变分布如图 5-42 所示。

图 5-42 管线等效应力和应变分布图（工况 1）

从图 5-42 中可以看出，碰撞后管线上碰撞点的最大等效应力为 373.2 MPa，最大应变为 0.001089。

速度和加速度变化如图 5-43 所示。

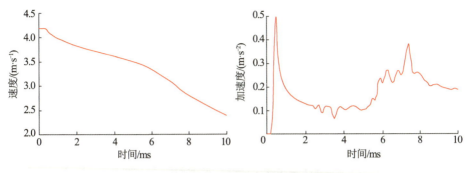

图 5-43　管线速度和加速度变化图（工况 1）

从图 5-43 中可以看出，管线的速度在碰撞后逐渐减小，在 10 ms 时速度降为 2.3 m/s；管线的加速度呈波动变化，在刚碰撞的 0.5 ms 时加速度最大为 0.5 m/s^2。

（2）工况 2：6 m/s 管石表面碰撞

等效应力和应变分布如图 5-44 所示。

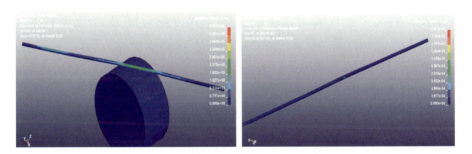

图 5-44　管线等效应力和应变分布图（工况 2）

从图 5-44 中可以看出，管线以 6 m/s 的速度与礁石表面碰撞后最大等效应力为 475.7 MPa，碰撞位置管线的最大应变为 0.001977。

速度和加速度变化如图 5-45 所示。

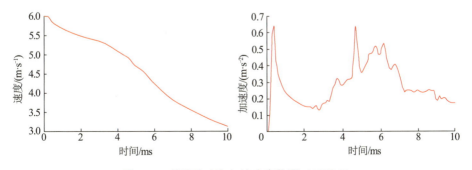

图 5-45　管线速度和加速度变化图（工况 2）

从图 5-45 中可以看出，管线的速度逐渐减低，在 10 ms 时速度降为 3.1 m/s；管线的加速度变化曲线为波动变化曲线，最大加速度为 0.65 m/s²。

（3）工况 3：4.19 m/s 管石棱角碰撞

等效应力和应变分布图 5-46 所示。

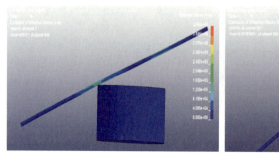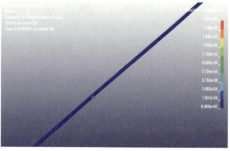

图 5-46 管线等效应力和应变分布图（工况 3）

从图 5-46 中可以看出，此工况下管线碰撞位置最大等效应力为 409.5 MPa，管线的最大等效应变为 0.001931。

速度和加速度变化如图 5-47 所示。

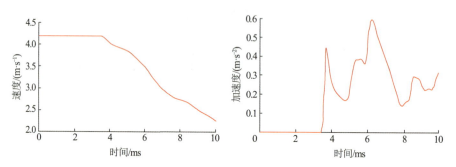

图 5-47 管线速度和加速度变化图（工况 3）

从图 5-47 中可以看出，管线与礁石棱角碰撞的速度在前 3.7 ms 是保持不变的，加速度为 0；在 3.7 ms 后速度逐渐减小，10 ms 时速度降为 2.2 m/s。管线加速度变化与前两种工况不同，不是迅速增加到最大值，而是不断变化，在 6.2 ms 时变为最大，最大加速度为 0.6 m/s²。

（4）工况 4：6 m/s 管石棱角碰撞

等效应力和应变分布如图 5-48 所示。

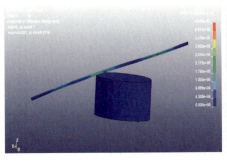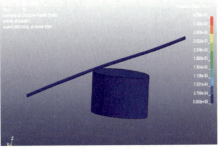

图 5-48　管线等效应力和应变分布图（工况 4）

从图 5-48 中可以看出，此工况下管线碰撞位置最大等效应力为 434.9 MPa，管线发生塑性应变，最大应变为 0.00376。

速度和加速度变化如图 5-49 所示。

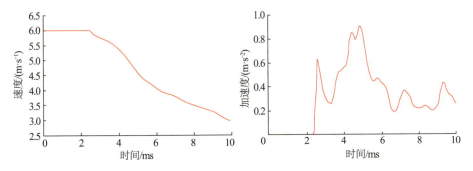

图 5-49　管线速度和加速度变化图（工况 4）

从图 5-49 中可以看出，此工况下速度先保持不变再降低，在 10 ms 时速度降为 2.9 m/s。管线的加速度在 4.8 ms 时变为最大，最大加速度为 0.9 m/s²。

结合以上分析，将所得结果统计在表 5-10 中。

表 5-10　各工况碰撞结果

参数	工况			
	4.19 m/s 管石表面碰撞	6 m/s 管石表面碰撞	4.19 m/s 管石棱角碰撞	6 m/s 管石棱角碰撞
等效应力/MPa	373.2	475.7	409.5	434.9
等效应变	0.001089	0.001977	0.001931	0.00376
10 ms 时的最终速度/(m·s⁻¹)	2.3	3.1	2.2	2.9
最大加速度/(m·s⁻²)	0.50	0.65	0.60	0.90

在以上四种碰撞工况下，可以看出：

① 管线在 6 m/s 速度下与礁石碰撞产生的应力和应变比 4.19 m/s 速度下的值更大，同时速度衰减更快。

② 当速度为 4.19 m/s 时，管线与礁石表面碰撞的等效应力小于与礁石棱角碰撞的等效应力；当速度为 6 m/s 时，与礁石表面碰撞的等效应力更大。

③ 相同速度下，管线与礁石棱角碰撞的应变比表面碰撞的应变更大。

④ 管线与礁石棱角碰撞的速度衰减比表面碰撞更快一些，加速度更大，最终速度更小。

⑤ 等效应力最大值为 475.7 MPa，发生在工况 2 下，超过了管线的屈服应力，管线发生变形。

⑥ 最大等效应变发生在工况 4 下，应变为 0.00376，超过了管线的屈服应变，管线发生塑性形变（从图 5-48 中也可以看出在碰撞位置发生凹陷）。

碰撞过程中，管线在工况 1、3、4 下的等效应力均小于屈服应力，在工况 2 下应力值稍大于屈服应力。在四种工况下，管线碰撞位置均出现一定形变，但前三种应变均较小，管线发生弹性形变；在工况 4 下管线的最大应变为 0.00376，超过应变极限值，发生塑性形变，管线在这种情况下不能继续使用。但由于管线会受到充油段牵制力和向上举升力的作用，在下沉过程中会受到抵制作用而速度降底，实际上应力值可能并不大于屈服应力，应变没有超过屈服应变。

通过 LS-DYNA 程序对四种工况下的碰撞模型进行有限元模拟，结果表明：管线能够安全沉放到海底，但同时需要选择海底较为平整、松软的海域，在海况较好的情况下进行沉放工作，可避免恶劣工况的发生。

5.3　海底管线受力及稳定性分析

如前文所述，在设计海况下，海底管线在纵向能够保持稳定，但横向受力情况尚未验证，当横向力足以导致管线移动时，必须采取适当的稳管措施才能保持管线横向稳定。本节对管线的横向稳固方法进行分析，重点对施加稳管措施后管线的受力状况进行分析。

5.3.1 海底管线载荷分析

5.3.1.1 受力计算

要保持海底管线稳定，需满足以下条件：

$$G+G_{YZ}-F_f-(F_L)_{max}=k\frac{F_H}{\mu} \tag{5-48}$$

式中：G 为管线及其内部油料重力，N/m；G_{YZ} 为压载重力（需要时），N/m；F_f 为静水浮力，N/m；$(F_L)_{max}$ 为动水浮力，N/m；F_H 为水平推力（包括波浪力和海流力），N/m；k 为保证管线安全运行而取的安全系数，本节取 1.1；μ 为管线与海床的摩擦因数，取 0.5。

取表 5-1、表 5-2 的参数作为计算实例，根据表 5-5 的计算结果，由式（5-48）得到压载质量 G_{YZ}，如表 5-11 所示。

表 5-11 不同水深下所需的压载质量

水深	$d\leqslant1.58\ \mathrm{m}$	$1.58\ \mathrm{m}<d<3.16\ \mathrm{m}$	$d\geqslant3.16\ \mathrm{m}$
压载质量/(N·m^{-1})	662.767	93.693	75.815

由表 5-11 可知，在近岸端孤立波区域，海流横向力巨大，易导致管线发生较大程度位移，因此必须采取有效稳管措施；而随着水深逐渐加大，波流影响力逐渐减小，且主要是海流作用影响，稳管要求变小。

5.3.1.2 稳管方法

稳管效果关系到管线是否能安全稳定运行，因此，管线的稳定是海底管线设计的重要组成部分。海底稳管的方法有很多，典型的有以下几种。

（1）均布压载法

均布压载法是指在管线上每隔一段距离施加垂直向下的均匀载荷，以使管线保持稳定的方法。实施压载时，需满足式（5-48）的条件。

进行均布压载的方法有以下几种。

① 增加混凝土连续覆盖层。这种方法主要是用挤压涂敷法将混凝土包裹在管道外层，再用聚乙烯外包扎带，使管道自重大大增加，以达到自稳定的效果。混凝土覆盖层加重法主要用于海底固定油气管道的稳管工程中，但该方法施工工期长、耗材大。

② 复壁管加重。这种方法主要通过往同心复壁管的外层注水泥浆来增加管线自重，它与混凝土覆盖层加重法类似，主要用于固定管线工程中，

存在工期长、施工不便的缺点。

③ 附加线性重物。在管线上并联重物（如实心管、钢丝绳等）来进行压载，其优点是施工简单，器材较容易生产，但由于压载物的质量大（每根管线需144 kg），压载物将难以运输和操作，运力大，展开时间长，影响系统的机动性。

④ 并联充水管线。与并联其他重物相比，并联充水管线具有器材容易获取、操作更简单的优点。但并联管线会影响主管线周围的流场分布，求解其波浪载荷时水动力系数不能再套用单管时的数值，而是要通过严密的计算或实验的方法来求解管线的波浪力，再以此判断该方法的可行性。并联管线虽操作简单，但工作量增加了一倍，比较适合短距离横跨河流时使用，不符合长距离应急救援要求。

（2）集中压载法

集中压载法是指在管线多处集中施加垂直向下的压力，达到稳定管线的目的。

进行集中压载的方法有以下几种。

① 重物压载。传统的重物压载形式有铸铁压载、铅块压载和石笼压载等，用材多、运输量大。

② 锚固压载。锚固稳管法也是海底管线常用的一种集中压载方法。图 5-50 是锚固法的一般形式，其锚固力的大小与锚的直径、锚杆钢材的强度、锚孔深度、胶黏材料的性能及海床本身的强度有关。锚固稳管法具有器材简单、质量小、效果好等特点；但操作需要专门的工程船，且工序复杂，耗时长。

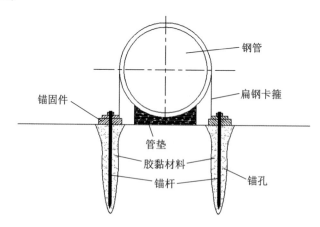

图 5-50　锚杆锚固水下管线

③ 海底沉箱压载。海底沉箱压载的方法与重物压载的方法类似，都是靠物体重力来稳定管线，主要用于机动式管线的稳定，如俄罗斯军队野战管线的海底铺设。展收步骤为：展开—连接—充水下沉—工作—排空上浮—撤收。相较于其他压载方法，沉箱压载虽具有体积小、运输方便等特点，但需要专门的工程船进行操作。

（3）本书方法

从以上介绍可以看出，传统的稳管方法主要针对海底固定油气管线，具有工序复杂、耗材多、工期长等特点，不符合应急救援的高机动性要求，因此，需要研究新的稳管方法，既方便施工，又便于运输。结合项目前期相关试验结果，这里推荐采用海军锚（也可用大抓力锚）固定的稳管方法。图 5-51 为海军锚锚固稳管法示意图，每隔数根管子进行双边锚固定，用锚固力抵消管线所承受的横向载荷。

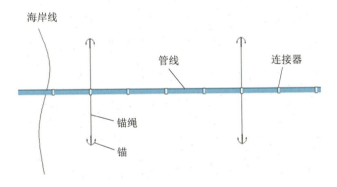

图 5-51　海军锚锚固稳管法

5.3.1.3　稳定性分析

（1）海底野战管线损坏形式

锚固后的管线在海流的作用下仍有可能遭到破坏，具体的破坏形式可能有以下几种。

① 过度屈服破坏。管线在各种载荷作用下，局部应力超过其屈服应力，导致管线产生塑性变形，最终管线遭到破坏。

② 震颤疲劳破坏。管线在波浪周期作用下发生涡激振动，导致管线产生疲劳破坏。

③ 扭曲失稳破坏。管线在外力作用下失去稳定性，如管子被掀动、移动导致损坏或丧失使用价值。

④ 纵向拉脱破坏。轴向拉力过大导致管线连接处被拉脱。

⑤ 偶然载荷破坏。重物撞击、拖拉、地震或其他偶然因素导致管线破坏。

其中，过度屈服破坏是海底野战管线的主要破坏形式。

（2）不同锚固距离下管线的受力分析

此处以管线的许用应力 $[\sigma]$ 为限制条件，重点讨论管线在不同锚固距离下的受力情况，确保管线在许用应力条件下正常工作，同时最大限度地减少铺管工作量。

1）基本假设

管线在海底受到多维力场作用，各种载荷的大小和作用方向都不一样，部分载荷还处于不断变化之中，使得管线的受力分析变得十分复杂和困难。如果还考虑各种力的耦合作用及管线对流场的动态影响，使用解析法来分析管线的受力状况将会更加困难，且难以得到可靠的解。因此，在符合工程实际的前提下，为方便分析，对管线的受力模型进行一定的简化，忽略次要因素的影响。本书做如下假设：

① 海流为定常流；

② 不考虑流—管—土的耦合作用；

③ 不考虑扭矩对管线的作用；

④ 管线锚固处的自由度为零；

⑤ 相邻的两个锚固点之间，管线的受力是均匀的；

⑥ 管线始终受到最大波浪力的作用；

⑦ 管线的变形可线性叠加。

2）受力分析

① 内压应力。

内压应力主要指管线受内部介质作用而产生的应力，包括工作压力和流体速度力。其中，工作压力即管壁内应力，主要由环向应力 σ_{θ}、轴向应力 σ_L 等组成。

以管线工作压力为 1 MPa 进行计算，结果为

$$\sigma_{\theta} = 33.6 \text{ MPa}, \ \sigma_L = 17.3 \text{ MPa}$$

可以看出，与管线的许用应力 $[\sigma] = 448$ MPa 相比，环向应力和轴向应力要小得多，因此可忽略其影响。

流体速度力是指管线内部介质流动引起的作用力。将管线内部流体视

为一个控制体，通过此控制体的动量方程就可以求出控制体对边界的作用力，在工程流体力学中有详细计算方法，此处不再赘述。

② 弯曲变形。

加大锚固距离可以减少展开工作量，但受海流作用，管线会产生较大的横向变形，管线的连接处可能会出现泄漏甚至脱落的情况。因此，在尽量减少铺设工作量的同时，应保证管线的弯曲变形在允许范围内。

管线最小曲率半径可通过下式计算：

$$[R]_{\min} = \frac{ED}{2[\sigma]} \tag{5-49}$$

式中：$[\sigma]$ 为管线材料的许用应力，Pa；D 为管线外径，m；E 为材料的弹性模量，Pa。

取 $[\sigma] = 0.448 \times 10^9$ Pa，$D = 0.159$ m，$E = 2.07 \times 10^{11}$ Pa，代入式（5-49）即可求出管线的最小曲率半径为

$$[R]_{\min} = \frac{ED}{2[\sigma]} = \frac{2.07 \times 10^{11} \times 0.159}{2 \times 0.448 \times 10^9} \approx 36.7 \text{ m}$$

在实际设计中，这一标准只能作为参考，因为装配式管线在连接好之后，相邻两根管线之间可沿轴线适当偏转，上述槽头式钢质管线就可以在连接处偏转 3°~4°，使得管线的弯曲能力大大增加。当管线弯曲变形加剧时，系统往往会因连接处偏转过大而失效。因此，有必要校核管线之间的偏转角，确保连接处的可靠性。

③ 外部载荷。

海底管线在流场中受到垂直于管线轴向的水平均布载荷作用，假设管线铺设在平整的海床上，对相邻两锚固点间的管线进行受力分析，将管线简化成水平梁单元，其受力模型如图 5-52 所示。

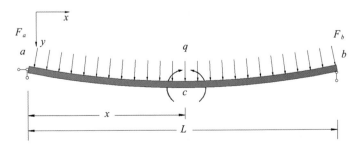

图 5-52　管线均布载荷受力模型

x 轴为管线轴线方向；y 轴为波浪力作用方向，即垂直于管线轴向的水平方向；z 轴垂直于 x 轴和 y 轴向外，为垂直向上方向。管线长度为 L，受到沿 y 轴方向的均布载荷 q 作用，管线两端点 a 和 b 的支座反力分别为 F_a 和 F_b，距离 a 点 x 米处的 c 点的截面弯矩为 M_c。

首先求出支座反力，由

$$\begin{cases} F_a + F_b - qL = 0 \\ F_a = F_b \end{cases} \tag{5-50}$$

得 $F_a = F_b = qL/2$。

取 ac 段为研究对象，分别列出剪力平衡方程和弯矩平衡方程：

$$\sum Y = 0, \quad qx + F_c - F_a = 0 \tag{5-51}$$

$$\sum M_0 = 0, \quad -F_a x + qx \frac{x}{2} + M_c = 0 \tag{5-52}$$

求得 c 点处的剪力和弯矩分别为

$$\begin{cases} F_c = \dfrac{qL}{2} - qx & (0 < x < L) \\[2mm] M_c = \dfrac{qL}{2} x - \dfrac{q}{2} x^2 & (0 \leqslant x \leqslant L) \end{cases}$$

绘制出管线的剪力和弯矩图，如图 5-53 所示。

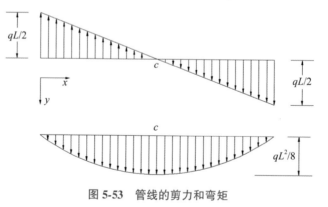

图 5-53 管线的剪力和弯矩

从图 5-53 中可以看出，在靠近两锚固点处横截面的剪力最大，为 $qL/2$，而管线中点处的弯矩最大，为 $qL^2/8$。

上文提到，管线系统最可能的失效模式是管线连接处弯折过大而失效，因此，管线发生变形时，其转角和挠度要在管线允许范围内，就需要求出管线的端部转角和最大挠度。

如图 5-54 所示，管线转角 θ_A 可通过下式求得：

$$\theta_A = \frac{qL^3}{24EI_z} \tag{5-53}$$

式中：I_z 为管线的惯性矩，在图 5-55 所示的坐标下，管线惯性矩的表达式为

$$I_z = \frac{\pi(D^4 - d^4)}{64} \tag{5-54}$$

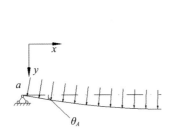

图 5-54 管线转角

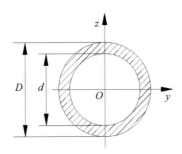

图 5-55 惯性矩坐标系

管线的最大挠度即跨中点的挠度可通过梁的挠曲线方程得到：

$$y_{max} = \frac{5qL^4}{384EI_z} \tag{5-55}$$

3）计算实例

对特定海况下的管线进行受力计算，管线各项基本参数从表 5-1 中取得，波流参数从表 5-2 中取得，由表 5-5 和海流载荷计算结果可知，浅水区的均布载荷为

$$q = F_H - \mu F_L = 266.5 + 44.86 - 0 \approx 311.3 \text{ N/m}$$

上式中，当纵向载荷 F_L 方向朝上时，纵向载荷对管线横向载荷无阻碍作用，故不能依据公式做减法（加法），而是直接省略，本算例就是这种情况。

根据以上数据，由图 5-53 可计算出浅水区管线在相应锚固距离 L 下的最大剪力和弯矩，由式（5-53）和式（5-55）可分别计算出管线的最大转角和最大挠度。本算例中装配式钢质管线单管长度为 6 m，按照管线接头处装锚进行锚固的方式，选取锚距为 6~24 m 时计算管线的受力及变形情况，结果见表 5-12。

表 5-12   不同锚距时管线受力变形情况

参数	锚距/m			
	6	12	18	24
剪力/kN	0.9339	1.8678	2.8017	3.7356
弯矩/(kN·m)	1.4008	5.6034	12.6076	22.4136
转角 θ_A/(°)	0.2283	1.8265	6.1644	14.6121
挠度/m	0.0073	0.1168	0.5913	1.8688

由以上计算结果可以看出，随着管跨的增大，管线的弯矩、转角和挠度都有明显变化，这是因为它们的大小分别与锚距的平方、立方和四次方成正比。管线的最大允许弯矩为 19.58 kN·m，最大允许剪力为 354.9 kN，最大允许转角为 4°，18 m 时的允许挠度为 0.628 m。计算结果表明，在设计海况下，当锚固距离大于 12 m 时，管线的转角首先超出允许范围，因此海底管线的锚固距离不能超过 12 m，即每两根管子就要进行一次固定。此时，单个海军锚承受的最大拉力为 311.3×12＝3735.6 N。

由于模型的简化，理论计算结果可能偏于保守，这是由以下几个原因造成的：

① 模型中简支梁的约束方式为一端完全固定，另一端受垂直方向上的约束，即它在水平方向上是可以移动的，而实际工程中管线为相互约束的一个系统，管线之间的轴向拉力会约束各锚点之间管线的弯曲程度，从而减小管线的转角和挠度。

② 虽然管线在垂直方向上处于平衡状态，即相当于简支梁模型无重力，但海水和海床会有一定的阻尼作用，从而抵消管线的部分载荷效果。

5.3.2   数值模拟

为了更精确地分析管线在海底锚固后的稳定性，可以用数值模拟的方法分析管线在波浪条件下的受力变形情况。此处以水深 2 m 为例，用 ANSYS 软件对管线进行数值模拟，选用合适的单元建立模型，分析管线在不同锚固距离下的变形和受力情况，并根据分析结果分别以管线在对应锚距下的允许位移、应力及应变为判别条件，判断管线的稳定性，以得出最佳锚固距离。

5.3.2.1　管线模型

（1）单元选取

选用 ANSYS 软件中的 PIPE59 单元进行模拟。PIPE59 单元是一种可承受拉、压、弯作用，能够模拟海洋波浪和水流的单轴单元。单元的每个节点有 6 个自由度，即沿 x 轴、y 轴、z 轴方向的线位移与绕 x 轴、y 轴、z 轴的角位移。图 5-56 给出了单元的几何图形、节点位置及坐标系统。

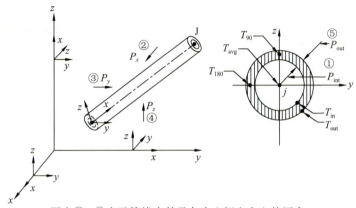

图中①～⑤表示管线内外及各个坐标方向上的压力。

图 5-56　PIPE59 单元模型

本单元要输入的参数包括：两个节点的约束方式；管外径、壁厚及一些载荷和惯性信息；管子的材料属性；外部附着物（包括冰载荷和生物附着物）；材料黏滞系数。

（2）参数设置

本节模型中，管线两端为完全约束，端点之间的管线约束 z 轴方向的自由度，管线参数见表 5-1，相关水动力系数见表 5-13，模型中不考虑外部附着物和材料黏滞的影响。单元中有四种波浪理论可供选择，即深度衰减经验修正的微幅波理论、线性波理论、斯托克斯五阶波浪理论和流函数波浪理论。根据波浪理论选用依据，计算可知当 2 m<d<4 m 时选用斯托克斯波理论。此处选用斯托克斯波理论，相比于二阶波浪理论，斯托克斯五阶波浪理论能够更精准地表达波流参数，故此处选用五阶波浪理论是合适的。

表 5-13　波浪和海流基本参数

波长 L/m	周期 T/s	频率 ω/s^{-1}	波速 C/(m·s^{-1})	波高 H/m	海流流速 C'/(m·s^{-1})
20	3.55	1.93	5.6	1.25	0.75

（3）模型建立

建立如图 5-57 所示的有限元模型：管线沿 y 轴铺设，波浪力作用方向为 x 轴方向，有限元节点单元长度为 1 m。

图 5-57　管线有限元模型

5.3.2.2　模型求解

（1）最大载荷相位角

当波高与周期一定时，波浪对结构物的作用力与相位角密切相关。对管线进行静力分析时，应考虑最不利工况，即受到最大波浪载荷的作用。因此，在分析之前需要对波浪相位角进行全方位搜索，以确定最大载荷的相位角，并将此结果作为静力分析的输入条件。

本节管线的工作深度自岸向海逐渐加深，波浪对管线的影响逐渐减小，这就导致波流耦合力最大时相位角的取值会发生变化。为更精确地模拟管线受力状况，对不同深度的管线进行建模求解，首先搜索不同深度下的最大载荷相位角。相位角搜索方法为：模型初始条件中，先不输入波浪相位角，其他参数全部输入，建立二维数列，第一维的数值为 0~360，对应相位角，通过循环将数列中的相位角的值一一代入波浪相位角参数一栏中，再做静力分析，并将任一节点的静力求解值存入数列中的第二维中，输出此数列，找出最大静力值，其对应的相位角就是此水深下的最大相位角，搜索得到水深 2 m 时的最大相位角为 121°。

随着深度的增加，最大载荷时的相位角取值呈逐渐增大的趋势，这是由于海流力在耦合力中的权重逐渐增大。在静力分析中，针对不同的深度，输入相应的相位角进行计算。

（2）模拟结果

对 2 m 深度下的管线进行不同锚距时的数值模拟，图 5-58 为不同锚距时管线的部分位移分布图。

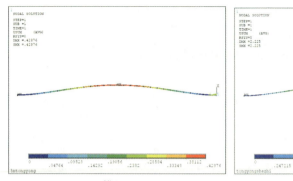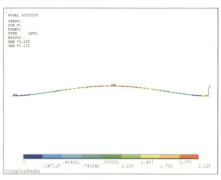

(a) 锚距30 m　　　　　　　　　　　　　(b) 锚距48 m

图 5-58　不同锚距时管线的位移分布图（水深 2 m）

管线在 y 轴方向和 z 轴方向上没有位移，这是由管线有限元模型决定的。x 轴方向上的最大位移发生在跨中节点，见表 5-14。

表 5-14　不同锚距下管线的最大位移（水深 2 m）

锚距/m	位移/m	锚距/m	位移/m
30	0. 4288	42	1. 6460
36	0. 8888	48	2. 2250

图 5-59 为不同锚距时管线的部分应力分布图。从图中可以看出，管线的最大应力发生在两端锚固处，且以 x 轴方向上承受的应力为主。

表 5-15 列出了不同锚距下管线承受的最大应力。

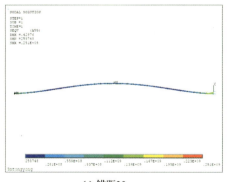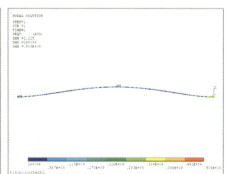

(a) 锚距30 m　　　　　　　　　　　　　(b) 锚距48 m

图 5-59　不同锚距时管线的应力分布图（水深 2 m）

表 5-15　不同锚距下管线的最大应力（水深 2 m）

锚距/m	最大应力/(10^9 Pa)	x 轴方向的 最大应力/(10^9 Pa)	y 轴方向的 最大应力/Pa	z 轴方向的 最大应力/Pa
30	0.251	0.251	23926	277186
36	0.361	0.361	23926	277186
42	0.491	0.491	23926	277186
48	0.508	0.508	24372	292389

图 5-60 为不同锚距时管线的部分应变分布图。从图中可以看出，管线的应变主要发生在 x 轴方向。

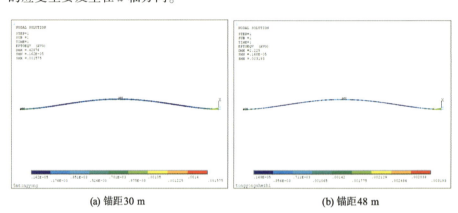

(a) 锚距 30 m　　　　　　　　　　　(b) 锚距 48 m

图 5-60　不同锚距时管线的应变分布图（水深 2 m）

表 5-16 列出了不同锚距时管线的总应变值。

表 5-16　不同锚距时管线的最大应变（水深 2 m）

锚距/m	最大应变	锚距/m	最大应变
30	0.001575	42	0.003086
36	0.002267	48	0.003193

5.3.2.3　结果分析

（1）位移判定

依据规范，槽头连接的装配式钢质管线在连接好之后，可沿轴线偏转 3°~4°。管线挠度过大时，可能导致管线因夹角过大而泄漏甚至脱落，因此，必须控制好锚固距离，使管线的最大挠度在安全范围内。

计算允许挠度时，先根据管线之间的偏转角和管线长度确定管线能出现的最大偏转角度，然后由 $\sin\theta\approx\theta$（θ 较小时）计算整个管线的挠度。取管线的偏转角为 4°，不同锚距时管线的最大允许挠度见表 5-17。

表 5-17　不同锚距时管线的最大允许挠度

锚距/m	30	36	42	48	54	60	66
挠度/m	1.046	1.256	1.465	1.674	1.883	2.093	2.302

根据表 5-17 的标准，对照模拟结果分析不同深度时管线的实际最大位移值，可得到不同水深时满足挠度要求的管线最大允许锚距，由模拟结果结合应力判定，2 m 水深时最大锚固距离不应超过 36 m。

（2）应力判定

管线的许用应力为 $[\sigma]=0.448\times10^9$ Pa，分析不同深度时管线所受的最大应力，可得到满足应力要求的最大允许锚固距离，由模拟结果结合应力判定，2 m 水深时最大锚固距离不应超过 36 m。

（3）应变判定

工程实际经验表明，材料发生应变超限导致开裂或失效时，往往其应力还在安全界限范围内，因此，还应以应变准则进行判别。由材料力学知识可知，材料的变形在弹性变形范围内时，应力与应变满足 $\sigma=E\varepsilon$。于是得到管线的允许应变值为

$$[\varepsilon]=\frac{[\sigma]}{E}=\frac{0.448\times10^9}{2.07\times10^{11}}\approx0.002164$$

分析不同深度时管线的最大应变，可得到满足弹性变形的最大允许锚固距离，由模拟结果可知，2 m 水深时最大锚距离不应超过 30 m。

分析显示，随着水深的增加，管线的锚固距离可以适当增大，同理可计算得出，5 m 水深时锚固距离不得超过 54 m，10 m 水深时锚固距离不得超过 66 m。静力分析中，要同时考虑管线挠度、应力、应变的制约，由此得出安全的锚固距离。

5.4　海底管线悬跨稳定性及强度分析

在海床环境影响和外部流场作用下，海底管线会出现悬跨现象。管线悬跨长度是决定管线静力、动力响应程度的关键因素，从而直接影响管线

的动态稳定性。因此，有必要对管线与流场之间的固流耦合现象进行研究，分析管线在不同悬跨长度下的涡激振动特性，得到管线的最大允许悬跨长度。同时，还要分析流场对管线悬跨长度的影响，掌握管线的泥沙起动特点。

5.4.1 管线临界悬跨长度

管线铺设海床不平整、海浪和海流对管线的冲蚀作用，以及管线变形等原因，都有可能造成管线悬跨。悬跨长度会影响管线的弯曲变形及固有频率，跨长过大会造成管线局部应力过大，并可能引起大幅值的涡激振动，从而导致管线失稳。

目前，常采用以下几种方式评估管线的悬跨问题：① 直接计算静态情况下管线的临界跨长；② 从避免涡激共振的角度直接计算管线的临界跨长；③ 利用线性累积损伤理论详细计算疲劳寿命，对管线悬跨长度进行间接校核。其中，第三种方法基于线性积累损伤理论，主要是对固定管线进行疲劳寿命预测并评估管线安全性，因此不适用于应急管线的分析。本节采用前两种方法进行计算。

5.4.1.1 CAM 方法

CAM 方法是由美国 MMS（United States Department of the Interior Minerals Management Service）在 1997 年提出的，该方法从管线悬跨形成的原因出发，并考虑管线埋设处的海流情况，将管线悬跨临界长度的计算方法分成静态法和动态法两类。由于计算相对简单，结果可靠，因而被广泛使用。

(1) 静态法

在不考虑海流影响的情况下，管线悬跨主要由海床凹陷及海底障碍物两个原因造成。此时，管线悬跨长度与管线静弯曲应力之间存在一定关系。从管线最大静弯曲应力不超过材料许用应力的角度出发，结合大量工程实验数据，Mouselli 总结出了计算管线临界跨长的公式。

① 海床凹陷导致管线悬跨的临界跨长：

$$L=\left[0.112+10.98\left(\frac{\sigma_m}{\sigma_c}\right)-16.71\left(\frac{\sigma_m}{\sigma_c}\right)^2+10.11\left(\frac{\sigma_m}{\sigma_c}\right)^3\right]L_c \qquad (5\text{-}56)$$

$$0\leqslant\frac{\sigma_m}{\sigma_c}\leqslant0.835$$

式中：L 为临界悬跨长度；$\sigma_m=0.8\left[\sigma\right]$，$\left[\sigma\right]$ 为材料最小屈服应力；$\sigma_c=$

$EI^{1/4}/L_c$，E 为材料弹性模量，I 为钢管惯性矩；$L_c = (EI/W)^{1/3}$，W 为单位长度管线的质量除去管线所受静浮力。

②海底障碍物导致管线悬跨的临界跨长：

$$\frac{100\delta}{L_c} = 0.02323 + 1.251 \times \left(\frac{\sigma_m}{\sigma_c}\right) + 52.18 \times \left(\frac{\sigma_m}{\sigma_c}\right)^2 - 16.02 \times \left(\frac{\sigma_m}{\sigma_c}\right)^3 \quad (5\text{-}57)$$

$$0 \leqslant \frac{\sigma_m}{\sigma_c} \leqslant 0.405$$

式中：δ 为管道允许最大升高。

计算时，首先根据式（5-57）计算出管线允许 6 s 最大升高，再由表 5-18 中的公式计算悬跨的临界跨长。当参数 β 取值 0~10 时，可采用线性插值的方法进行计算。

表 5-18　临界跨长计算公式

轴向力参数	允许最大升高	临界跨长
$\beta = \dfrac{T}{WL_c} = 0$	$0 \leqslant \dfrac{100\delta}{L_c} \leqslant 1$	$L = 5.667 \times \dfrac{100\delta}{L_c} - 7.600 \times \left(\dfrac{100\delta}{L_c}\right)^2 + 3.733 \times \left(\dfrac{100\delta}{L_c}\right)^3$
	$1 < \dfrac{100\delta}{L_c} \leqslant 7$	$L = 1.409 + 0.4239 \times \dfrac{100\delta}{L_c} - 3.437 \times 10^{-2} \times \left(\dfrac{100\delta}{L_c}\right)^2 + 1.042 \times 10^{-3} \times \left(\dfrac{100\delta}{L_c}\right)^3$
$\beta = \dfrac{T}{WL_c} = 10$	$0 \leqslant \dfrac{100\delta}{L_c} \leqslant 1$	$L = 5.150 \times \dfrac{100\delta}{L_c} - 5.100 \times \left(\dfrac{100\delta}{L_c}\right)^2 + 2.000 \times \left(\dfrac{100\delta}{L_c}\right)^3$
	$1 < \dfrac{100\delta}{L_c} \leqslant 7$	$L = 1.609 + 0.4239 \times \dfrac{100\delta}{L_c} - 3.437 \times 10^{-2} \times \left(\dfrac{100\delta}{L_c}\right)^2 + 1.042 \times 10^{-3} \times \left(\dfrac{100\delta}{L_c}\right)^3$

（2）动态法

管跨的存在会改变周围流场分布，伴随着海水流经管线时可能产生的周期性涡旋发放，管线将产生周期性振动，即涡激振动。当涡旋发放频率与管跨的各阶固有频率重合时，管线将发生涡激共振。研究显示，管跨同向共振的振幅较小，而横向共振的振幅很大，往往造成管线的疲劳失效。

CAM 方法中的动态法就是以避免管道发生横向共振为原则而提出的计算临界跨长的方法，该方法以挪威船级社（DNV）发布的海底悬跨管道的推荐做法规范文件 DNV-OS-F101 为依据，有三种具体的计算方法。

1）方法一

管线临界跨长根据以下公式确定：

$$v_r = \frac{u}{f_n D} > 3.0 \sim 5.0 \tag{5-58}$$

$$f_n \geqslant (0.7)^{-1} f_s \tag{5-59}$$

式中：v_r 为简化速度，无量纲参数，由《海底管道系统》（SY/T 10037—2018）确定；u 为垂直于管道的流速；f_n 为利用单跨梁理论估算的管道固有频率，$f_n = \frac{C}{L^2} \sqrt{\frac{EI}{M}}$，当悬跨边界约束为铰支约束时，$C$ 值取 1.54，为刚性固定约束时取 3.50；D 为管道外径；f_s 为涡旋发放频率；M 为单位长度管子的质量（含管内介质质量及附连水质量）。

2）方法二

考虑到管道的安全等级及周期变换、管道固有频率、最大流速的不确定性影响，CAM 以附加安全系数的方式对方法一中的公式进行了修正：

$$f_n \geqslant \frac{u}{v_{\text{ronset}} D} \gamma_T \psi_D \psi_R \psi_U \tag{5-60}$$

即

$$\frac{C}{L^2} \sqrt{\frac{EI}{M}} = \frac{u}{v_{\text{ronset}} D} \gamma_T \psi_D \psi_R \psi_U \tag{5-61}$$

式中：γ_T，ψ_D，ψ_R，ψ_U 分别为相对管道的安全等级、周期变换、管道固有频率、最大流速的不确定性的分项安全系数。该安全系数可从 DNV 1997 年版 DNV-OS-F101 文件中获得。

3）方法三

该方法由 H. S. Choi 提出，他依据 DNV 规范中的图例，得出涡放简化速度及横向涡激振动的最大振幅。在计算悬跨固有频率时采用复杂弯曲梁微分方程及能量法，可以很好地描述不同边界条件对管线振动特性的影响。考虑管道轴向力作用下的挠曲线方程为

$F_x = 0$ 时，

$$y = C_1 x^3 + C_2 x^2 + C_3 x + C_4 + \frac{m(x) x^4}{24EI} \tag{5-62}$$

$F_x > 0$ 或 $F_x < 0$ 时,

$$y = C_1 \sin(\lambda X) + C_2 \cos(\lambda x) + C_3 x + C_4 + \frac{m(x)x^4}{2F_x} \qquad (5\text{-}63)$$

式中：$m(x)$ 为管线单位长度质量；C_1，C_2，C_3，C_4 为与边界条件相关的参数；$\lambda = \sqrt{|F_x|/EI}$。

管道的固有频率为

$$\omega_n^2 = \frac{g \sum\limits_{i=1}^{n} m_i y_i}{\sum\limits_{i=1}^{n} m_i y_i^2} \qquad (5\text{-}64)$$

（3）计算实例

取 $W = 53.565$ N/m，$[\sigma] = 0.448 \times 10^9$ Pa，$E = 2.07 \times 10^{11}$ Pa，$D = 0.159$ m，$I = 3.475 \times 10^{-6}$ m^4，$M = 24.86$ kg/m，$f_s = 1.93$ Hz，根据式（5-56）至式（5-59）和表 5-18，计算管线的临界跨长，见表 5-19。

表 5-19　管线临界跨长

方法		计算结果/m
静态法	海床凹陷导致	60.838
	海底障碍物导致	2.296
动态法（方法一）		≤9.75 或 ≥12.91

从计算结果可以看出，由海底障碍物导致管线悬跨的临界跨长远远小于由海床凹陷导致的临界跨长。这是因为当障碍物顶起管线造成悬跨时，管线悬空段发生明显弯曲，局部应力急剧增大，很容易超过材料的许用应力；而当海床凹陷产生悬跨时，管线由于受到海水的浮力作用，在较大管跨下仍不会发生明显变形，从而增大了管线允许跨长。因此，管线展开时应选择较平整的海域进行铺设，尽量避免障碍物造成管线悬空，如有必要，需派潜水员提前勘察海床情况，移除海底障碍物或采取适当的抵消措施。采用动态法得到的跨长区间可作为避免管线发生横向涡阶共振的参考值。

无论是静态法还是动态法，针对的都是海底固定油气管线，而本书中的管线为槽头连接式应急管线，抗弯特性与固定管线不同。当海床凹陷导致管线悬跨，悬跨段的最大局部应力还未达到材料许用应力时，管线往往会先因为连接处弯折过大而失效。同样，当障碍物造成管线悬跨时，管线会因为具有一定弯曲能力而抵消其变形效果，从而增大允许跨长。野战管线作为应急装备，必须考虑恶劣海况的影响，而恶劣的海况将限制管线的允许跨长。为了更准确地掌握管线悬跨受力情况，应在设计海况下对管线悬跨问题进行数值模拟。

5.4.1.2　有限元模拟

(1) 模型建立

针对管线悬跨位置的不同，分别建立锚固段中点悬跨模型和锚固处悬跨模型进行分析。管线模型仍然选择 ANSYS 软件中的 PIPE59 单元，载荷通过设置各项参数由软件自动加载。

在锚固段中点悬跨模型中，锚固点约束全部自由度，未悬空段约束 z 轴方向自由度，悬空段不施加约束。锚固处悬跨模型与前者类似，不同之处在于悬空段的锚固处有一个对 x 轴方向自由度的约束，表示锚的固定作用。针对前文计算出的 2 m 水深时锚距 30 m、5 m 水深时锚距 54 m、10 m 水深时锚距 66 m 的情况，分别建立不同悬跨模式的模型，如图 5-61 所示。图中，(a) 模型表示管线悬空位置为两个相邻锚固点的中间，(b) 模型则表示管线悬空位置正好处于管线的锚固点处。

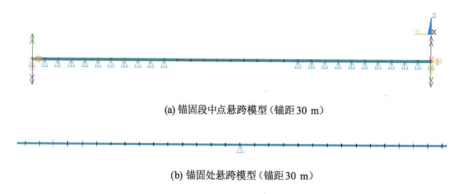

(a) 锚固段中点悬跨模型（锚距 30 m）

(b) 锚固处悬跨模型（锚距 30 m）

图 5-61　管跨模型

(2) 模型求解

在三种不同锚距（30，54，66 m）下分别建立图 5-61 所示的两类模型，每个模型均对几种不同悬跨长度的情况进行求解。

1）30 m 锚距

两种模型下，分别对三种不同的悬跨长度进行求解。其中，对 (a) 模型求解 10，20，30 m 三种跨长，对 (b) 模型求解 30，40，50 m 三种跨长。

　　图 5-62 为两类模型的部分位移分布图，图 5-63 为部分应力分布图，图 5-64 为部分应变分布图。表 5-20 为 30 m 锚距下两种模型的求解结果。

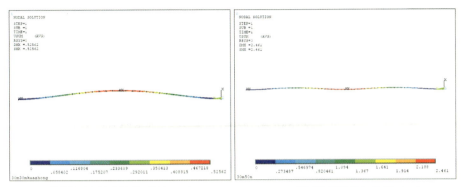

(a) 锚固段中点悬跨模型（跨长30 m）　　　　　(b) 锚固处悬跨模型（跨长50 m）

图 5-62　位移分布图（锚距 30 m）

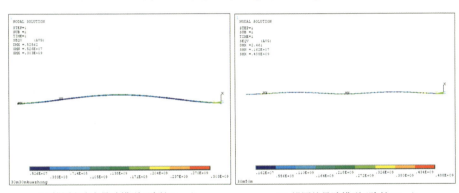

(a) 锚固段中点悬跨模型（跨长30 m）　　　　　(b) 锚固处悬跨模型（跨长50 m）

图 5-63　应力分布图（锚距 30 m）

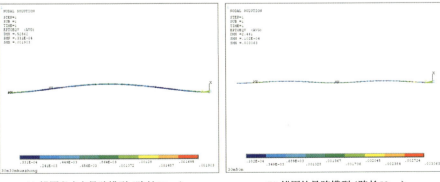

(a) 锚固段中点悬跨模型（跨长30 m）　　　　　(b) 锚固处悬跨模型（跨长50 m）

图 5-64　应变分布图（锚距 30 m）

表 5-20　30 m 锚距下模型求解结果

参数	(a) 模型中跨长			(b) 模型中跨长		
	10 m	20 m	30 m	30 m	40 m	50 m
位移/m	0.42878	0.43403	0.52562	0.42876	1.02	2.461
z 轴方向位移/m	0.00466	0.067436	0.30404	0.32902	1.02	2.461
应力/(10^9 Pa)	0.251	0.251	0.303	0.251	0.311	0.488
应变	0.001575	0.001575	0.001903	0.001575	0.001954	0.003063

2）54 m 锚距

54 m 锚距下两种模型的求解结果见表 5-21。图 5-65 为部分应力分布图。

表 5-21　54 m 锚距下模型求解结果

参数	(a) 模型中跨长			(b) 模型中跨长		
	30 m	40 m	50 m	30 m	40 m	50 m
位移/m	1.908	2.138	3.096	1.879	1.879	2.461
z 轴方向位移/m	0.32902	1.02	2.461	0.32902	1.02	2.461
应力/(10^9 Pa)	0.339	0.339	0.537	0.339	0.355	0.508
应变	0.002131	0.002131	0.003372	0.002131	0.002231	0.003187

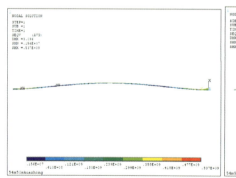

(a) 锚固段中点悬跨模型（跨长50 m）

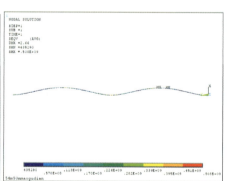

(b) 锚固处悬跨模型（跨长50 m）

图 5-65　应力分布图（锚距 54 m）

3）66 m 锚距

66 m 锚距下两种模型的求解结果见表 5-22。

表 5-22　66 m 锚距下模型求解结果

参数	(a) 模型中跨长			(b) 模型中跨长		
	30 m	40 m	50 m	30 m	40 m	50 m
位移/m	2.112	2.322	3.226	2.086	2.086	2.461
z 轴方向位移/m	0.32902	1.02	2.461	0.32902	1.02	2.461
应力/(10^9 Pa)	0.252	0.311	0.488	0.252	0.311	0.488
应变	0.001584	0.001955	0.003063	0.001584	0.001955	0.003063

（3）结果分析

分析对比以上计算结果，可得出如下结论：

① 为同时满足管线位移、应力和应变要求，管线悬跨距离均不得大于 50 m。其中，54 m 锚距下的锚固处悬跨模型中，悬跨距离不得大于 40 m。

② 不同悬跨模型中管跨长度对管线稳定性的影响不同，其中锚固处悬跨模型对悬跨的适应能力稍强。这是因为在锚固处发生悬跨时，锚对管线的固定作用降低了悬跨的影响。

③ 对比图 5-63 和图 5-65 可知，当管线悬跨距离增大时，两种模型下的应力最大值所在处均会发生变化。锚固段中点悬跨模型中，管跨增大时，峰值点由锚固处向中点方向移动了少许。锚固处悬跨模型中，当管跨增大时，峰值点则由中间的锚固处直接移至两侧的锚固段中点处，这是由管线悬跨产生的翘管现象导致的。当悬跨距离较大，悬跨段管线发生向下弯曲变形时，海床上的管线将从海床上翘起，从而产生应力集中。应力集中点发生的应力叠加现象很容易导致管线失效，应尽量避免出现这种情况。

5.4.2　涡激振动

当海流流经管线悬空段时，在一定条件下，管线两侧将发生周期性的涡旋泄放，从而产生作用在管线上的交变载荷，同时管线出现涡激振动。当涡旋泄放频率与管线的某一阶固有频率接近时，出现频率锁定现象，管线将会发生垂直于流向的强烈共振，此时作用在管线上的涡激力逼近简谐扰力，容易造成管线的疲劳破坏。管线运行中，应避免发生涡激共振。

5.4.2.1　模态分析

模态分析主要用于确定管线的振动特性，即固有频率和振型。前文提到，当管线固有频率接近由涡旋泄放频率决定的涡激升力频率时，管线就会发生简谐涡激振动。为避免管线发生简谐振动，本节对不同悬跨长度的管线进行模态分析，以确定管线应避开的悬跨长度。

涡旋泄放频率的计算公式为

$$f_0 = 2\pi S_t U / D \tag{5-65}$$

式中：S_t 通常与管线外流体雷诺数、管线粗糙度及运动状态等有关，对于圆柱体通常取 0.2；U 为来流速度；D 为管线外径。

（1）模型建立

模态分析仍然选用 ANSYS 软件进行，模型如图 5-66 所示。管段两端固定，未悬跨部分约束 y 轴、z 轴方向位移自由度，悬跨部分不约束。管线的基本参数设置同前。

图 5-66　模态分析模型

（2）分析结果

建立不同跨长的模型进行求解，结果见表 5-23。

表 5-23　不同悬跨长度管线的一到六阶固有频率　　　　Hz

阶数	跨长（锚距 30 m）				跨长（锚距 54 m）		
	10 m	17 m	20 m	30 m	17 m	20 m	30 m
一阶	5.0487	1.9077	1.3872	0.48590	1.8646	1.3688	0.61784
二阶	5.5623	1.9296	1.3947	0.27369	1.9296	1.3947	0.62020
三阶	9.5772	5.1269	3.7799	0.62020	4.5214	3.5887	1.6896
四阶	11.679	5.3103	3.8399	1.0944	5.3103	3.8399	1.7087
五阶	15.264	9.5128	7.2681	1.7087	5.9244	5.7871	3.2680
六阶	17.384	10.389	7.5161	2.4614	7.0725	6.7783	3.3473

本模型中，根据式（5-65）可得

$$f_0 = 2\pi \times 0.2 \times 0.75 \div 0.159 \approx 5.9245 \text{ Hz}$$

比较分析结果可知，当管跨为 17 m 左右时，管线的固有频率与载荷频率重合，此时管线会发生强烈共振。因此，管线悬跨长度不能接近 17 m。此外，悬跨管线的自振频率虽与管线的锚固长度有关，但锚固长度的影响不大。这是因为管线虽然也会发生顺流向的振荡，但垂直于流向的振动响应起主要作用，因此决定管线固有频率的因素主要是管线悬跨长度。

5.4.2.2　谐响应分析

谐响应分析是用于确定线性结构在承受随时间按简谐规律变化的载荷时的稳态响应的一种技术。在模态分析的基础上，对管线模型进行谐响应分析，以计算管线在不同频率下的响应并得到管线的频率对响应幅值的曲线，确定管线的涡致振动特性。

图 5-67 给出了管跨分别为 17 m 和 20 m 时管线 z 轴方向上的频率-位移曲线。从图中可以看出，作用在管线上的涡激力是具有一定带宽的窄带随机扰力。因此，管线的振动响应也是一个随机过程，其最大幅值发生在涡脱落频率与管线固有频率重合处，这与模态分析的结果是一致的。

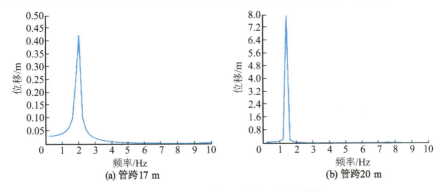

(a) 管跨17 m　　　　　(b) 管跨20 m

图 5-67　管线 z 轴方向频率-位移曲线

管跨为 17 m 时，管线跨中节点的 z 轴方向时间-位移曲线如图 5-68 所示。从图中可以看出，管线的涡激振动逼近简谐振动，这就是管线发生共振时的频率锁定现象，即涡激升力频率始终与管线振动响应频率一致。

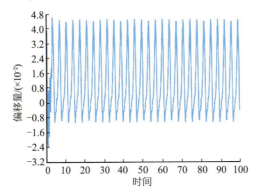

图 5-68　管线 z 轴方向时间-位移曲线（管跨 17 m）

从谐响应分析的结果可以看出，要避免管线因出现涡激共振而发生疲劳破坏，就要使管线悬跨长度不为 17 m。结合静力数值模拟的结果，要保证管线稳定，就应将管线悬跨长度控制在 15 m 以下。

5.4.3　管线冲刷

造成海底管线悬跨的原因可能有多种，如滑塌、塌陷、液化流沉积、海底滑坡、海床不平整、海底冲刷等，这里重点分析海底冲刷对管线悬空的影响。当海况超过一定等级时，波流在流经管道时将在管道周围形成强烈的旋涡水流，掀起管道周围的泥沙，并携带掀起的泥沙下行，使管道周围产生冲刷坑。当冲刷坑的深度和沿管线方向的长度增大时，就有可能造成管线的疲劳破坏或强度破坏。为此，本节需要计算设计海况下海底管线可能遭冲刷的最大深度和最大跨度。

5.4.3.1　冲刷机理

当波流作用于海床时，泥沙将承受拖曳力和举升力的作用。对很细的颗粒来说，自身的重力和相邻颗粒之间的黏结力同时起着抗海流力的作用。当大量泥沙以推移的形式运动时，由于推移质之间存在粒间离散力，这一部分离散力将最终以压力的形式作用在床面沙粒上，有助于床面泥沙的稳定。当海床渗流现象显著时，床面泥沙颗粒还要承受渗透压力的作用。当管线发生冲刷时，泥沙颗粒就是在上述几种力的共同作用下发生迁移的。

研究表明，当波浪的周期不变而波高逐渐加大时，海床上的泥沙将从静止状态变为少量颗粒跃起、滚动，再转为较普遍的沙粒运动，最后变为沙浪运动，造成泥沙的大量迁移。由于影响因素众多，且不少边界条件随机性较强，泥沙起动的判别标准带有较大的随意性。从目前的研究来看，多数学者将"普遍动"作为泥沙的起动状态，并以此展开研究。泥沙起动公式的研究方法大体可分为以下三类。

① 分析单个泥沙颗粒的受力情况，通过求解其运动平衡方程得到起动公式。例如，希尔兹（Shields）很早就推导出了无黏性均匀沙粒的起动拖曳力公式：

$$\frac{\tau_c}{(\gamma_s-\gamma)D}=\frac{4}{3}\times\frac{f}{(C_D+fC_L)\left[f_2\left(\frac{U\cdot D}{v}\right)\right]^2} \tag{5-66}$$

式中：τ_c 为作用在表层沙粒上的水流拖曳力；γ_s 为沙粒比重；γ 为海水比

重；C_D 为阻力系数；C_L 为举升力系数；f 为床面沙粒间的摩擦系数；f_2 ( ) 为与沙粒雷诺数有关的函数。其中，阻力系数和举升力系数均与雷诺数有关。

希尔兹起动拖曳力公式表明，当泥沙开始运动时，作用在海床表层沙粒上的水流拖曳力与表层泥沙质量的比值，应是沙粒雷诺数的函数。

② 将单向水流条件下得到的 Shields 曲线推广到波浪作用下。例如，周益人根据 Komar 和 Miller 的研究，通过分析单向水流条件下的 Shields 曲线，推导了无黏性均匀沙的起动剪应力公式。他将海床面的波浪边界层按沙粒直径划分为层流区和紊流区，得到下列经验公式。

层流区（泥沙粒径 $D<0.5$ mm）：

$$(\Psi_c)_{\max} = 0.094 S_{\Psi}^{-0.26} \tag{5-67}$$

式中：$(\Psi_c)_{\max}$ 和 S_{Ψ} 为无量纲参数，$(\Psi_c)_{\max} = \dfrac{(T_o)_{\max}}{(\gamma_s-1)\rho g d_s}$，$S_{\Psi} = \dfrac{d}{4\nu}\sqrt{(\gamma_s-1)g d_s}$；$\gamma_s$ 为沙粒比重；ρ 为海水密度；$(\tau_o)_{\max}$ 为泥沙颗粒起动时床面剪应力的最大瞬时值 $(T_o)_{\max} = \dfrac{1}{2} f_w \rho (u_h)_{\max}^2$，$f_w$ 为床面的摩擦系数，$(u_h)_{\max}$ 为床面附近水质点水平速度的最大瞬时值。

紊流区（泥沙粒径 $D\geqslant0.5$ mm）：

$$(\Psi_c)_{\max} = 0.05$$

③ 基于大量的试验数据，建立泥沙起动经验公式。很多学者通过模拟试验来研究泥沙的阻力系数及上浮力系数，不过各学者得到的试验结果出入很大，不具备普遍适用性。

从以上研究成果可以看出，影响海床表面泥沙起动的因素主要为泥沙性质和波浪参数两方面。不少学者在试验中采用河沙进行模拟，泥沙比重和颗粒直径等参数差别较大，因而使泥沙性质成为一个重要的影响因素。事实上，海沙粒径的变化范围远比河沙小，其密度也可以看成常数。因此，在研究海底管道冲刷问题时，一般只将波浪性质和管道参数作为影响管道冲刷尺寸的因素，并以此建立冲刷深度与波浪和管道参数之间的关系式。

5.4.3.2　冲刷尺寸

海底管线周围的泥沙起动一般经过以下过程：① 当波流力达到一定强度时，管线周围泥沙开始随水质点振荡，逐渐在管线周围形成沙波；② 随着波浪及海流的持续作用，管线周围的泥沙逐步侵蚀，沙粒随波发生输移；

③ 管线底部由于泥沙被掏空而出现小开口（其尺寸远小于管径），海流随之大量涌入，导致该处泥沙被大量带出，短时间内冲刷尺寸迅速增大，被带出的泥沙颗粒在管道两侧逐渐堆积，管道两侧局部范围内床面形态发生显著变化；④ 当管线与海床之间的间隙增大到一定程度后，流经管线底部的海水带出的泥沙逐渐减少，最终趋于平衡。此时，冲刷坑已经较为明显。由于波浪水质点的往复作用，冲刷逐渐向管线两侧发展，同时，侵蚀也会逐渐沿管线长度方向发展。

一般认为，管线冲刷达到平衡时，冲刷坑深度与管线的 Kc 数有关。Kc 数是表征阻力影响重要性的量，其表达式为

$$Kc = \frac{(u_h)_{\max} T}{D} \tag{5-68}$$

式中：$(u_h)_{\max}$ 为床面附近水质点水平速度的最大瞬时值；T 为波浪周期；D 为管线外径。

（1）平整海床上的管线冲刷

秦崇仁等认为，管线发生冲刷的原因是管线周围存在流场旋涡。管线的存在使海床附近的流场发生变化并在管线周围形成旋涡区（图 5-69），此旋涡场的存在导致管线发生冲刷。

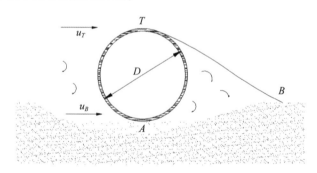

图 5-69　管线冲刷示意图

图中，ATB 为受管线影响形成的旋涡区，根据流体有旋流动基本方程，ATB 区内涡的表达式为

$$\bar{\omega} = \frac{1}{2}\left(\frac{\Delta u}{\Delta z} - \frac{\Delta w}{\Delta x}\right) = \frac{1}{2}\left(\frac{u_T - u_B}{TA} - \frac{w_T - w_B}{AB}\right) \tag{5-69}$$

由于 T、B 两点处垂直速度均为零，因此式（5-69）可化简为

$$\bar{\omega} \propto \frac{u_T - u_B}{D} \tag{5-70}$$

在一个波浪周期内涡的强度为 $\bar{\omega}T$，将涡表示成无因次形式，式（5-70）变为

$$\bar{\omega}T \propto \frac{u_T T - u_B T}{D} = \frac{u_T T}{D} - \frac{u_B T}{D} \tag{5-71}$$

式（5-71）表明，管线周围涡的强度与 T、B 两点的 Kc 数有关。

涡的强度决定管线平衡冲刷深度，由此得到管线相对平衡冲刷深度的表达式为

$$\frac{S}{D} = f(\bar{\omega}T) = F\left[(Kc)_T - (Kc)_B \right] \tag{5-72}$$

应该指出，管线平衡冲刷深度与波浪性质、管线几何特性及泥沙性质等都有关，式（5-72）推导过程中认为管线附近波浪的波长、波高不变，并忽略了泥沙粒径的影响。根据实验资料得出 F 的半经验半理论表达式：

$$\frac{S}{D} = 0.4\{1 - \exp[-0.36(K^2 - 1.3)]\} \tag{5-73}$$

式中：$K = (Kc)_T - (Kc)_B$。

式（5-73）中，K 值过小会造成冲刷深度 S 为负值，这表明当 K 值较大时（$K \geqslant 1.14$）管线才会发生冲刷。冲刷深度不会无限发展，而是趋向于一个稳定的值 $\left(\dfrac{S}{D} = 0.4\right)$。

类似地，可得到冲刷坑长度的半经验半理论表达式：

$$\frac{l}{D} = 2.5\{1 - \exp[-0.4(K^2 - 1.3)]\} \tag{5-74}$$

秦崇仁的研究方法值得参考，但由于受实验条件限制，该研究成果与实际情况出入较大，本书情况下，依照秦崇仁理论计算的平衡冲刷深度为 6.36 cm。

Sumer 和 Fredsoe 根据大量试验数据，拟合了裸露海底管线相对平衡冲刷深度与 Kc 数之间的关系：

$$S/D = 0.1\sqrt{Kc}, e/D = 0 \tag{5-75}$$

管线冲刷起动判据为

$$\left[\frac{(u_h)^2_{\max}}{gD(1-n)(\gamma_s - 1)}\right]_{cr} \geqslant f\left(\frac{e}{D}, Kc\right) \tag{5-76}$$

式中：S 为平衡冲刷深度；e 为管线埋置深度；n 为底床泥沙的孔隙率；γ_s

为泥沙比重。

Cevik 和 Yuksel 则根据自己的实验结果拟合出以下关系式：

$$S/D = 0.11Kc^{0.45}, e/D = 0 \tag{5-77}$$

一些学者在随后的实验研究中，也都得出了与 Sumer 和 Cevik 等相似的结论，这说明，Sumer 等的研究成果较为可靠，适用性较强。

（2）微孔状态下裸露管线的冲刷

由冲刷演化过程可知，管线下方一旦出现缝隙就会使泥沙起动变得非常容易，因此在管线铺设初始阶段就应避免出现缝隙。然而，实际铺设中很难找到如此平整的海床，使管线正好平铺在床面上而不出现间隙，也就是说，本书中的海底管线在铺设初期就必然会出现孔道。显然，此时管线受冲蚀的概率较理想状态大大增加了。

在图 5-69 中，当管线下方的 A 点存在微小孔隙时，根据理想流体力学映射定理，A 点流速可用下式表示：

$$V_A = V_\infty \left(1 + 2\frac{a^2}{b^2}\right) \tag{5-78}$$

式中：V_∞ 为远方来流速度；a 为管线半径；b 为管线中心到 A 点的距离。

式（5-78）中，当 $b \to a$（管线间隙非常小）时 $V_A \approx 3V_\infty$，表明有孔隙时沙床表面的最大速度为远方来流速度的 3 倍，这就解释了为什么在有缝隙时管线更容易遭到冲刷。相关实验证明，当间隙超过管径一倍时，A 点的流速近似等于远方来流速度。

（3）起动速度和平衡冲刷深度

这里采用关见朝等给出的公式计算泥沙起动临界流速：

$$U_w = A\left(\frac{\pi d}{T}\right)^{\frac{-B}{1-B}} \left(\sqrt{gd\frac{\rho_s}{\rho} + C\frac{d_1}{d}}\right)^{\frac{1}{1-B}} \tag{5-79}$$

式中：U_w 为临界起动速度；ρ_s 为泥沙颗粒水下密度；ρ 为海水密度；T 为波浪周期；d 为泥沙粒径；d_1 为参考粒径，$d_1 = 1$ mm；A，B，C 为系数，$A = 0.4605$，$B = 0.2464$，$C = 3.31 \times 10^{-7}$。

取典型的中沙进行计算，粒径大小为 0.5~1 mm，波浪周期 $T = 3.55$ s，自然沙水下相对密度 $\rho_s/\rho = 1.65$，代入式（5-79）得

$$U_w = 0.2355 \sim 0.2974 \text{ m/s}$$

由式（5-79）可知，当管线与海床间存在缝隙时，来流速度只需要为上

述结果的三分之一便可促使泥沙起动，导致管线冲刷，即

$$V_\infty = U_w/3 = 0.0785 \sim 0.0991 \text{ m/s}$$

这表明，管线在运行过程中发生冲刷现象几乎是不可避免的。

根据理论计算，容易得到水深 2 m 时床面附近水质点水平速度的最大瞬时值 $(u_h)_{max} = 1.7163$ m/s，由式（5-68）得

$$Kc = \frac{(u_h)_{max} T}{D} = \frac{1.7163 \times 3.55}{0.159} \approx 38.32$$

采用应用较广的 Sumer 等的结论计算管线平衡冲刷深度，根据式（5-75）可得

$$S = 0.1D\sqrt{Kc} = 0.1 \times 0.159 \times \sqrt{38.32} \approx 0.098 \text{ m}$$

5.4.3.3　结果分析

计算结果表明，管线在海底会发生冲刷，但平衡冲刷深度不大（约为 1 dm）。当某一冲刷点达到平衡时，由于涡的作用，冲蚀会沿冲刷坑向两边发展。同时，随着管跨增大，管线发生弯曲变形，悬跨中点与海床间隙缩小，从而导致新的冲刷。因此，当冲蚀开始后，管线的悬空长度会逐渐增加。

需要说明的是，管线冲刷演变过程相当缓慢。例如，埕北海区三角洲侵蚀最大的 2~8 m 水深的前缘最大坡度带，平均最大冲刷速率为 61 cm/年；埕岛油田 10 m 水深处在海管设计寿命 15 年内，海床整体冲刷深度最大为 0.7 m。同时，由于滑塌、塌陷、液化流沉积、海底滑坡等诸多不稳定现象的存在，大部分海底管线的实际冲刷深度要比理论计算冲刷深度大：埕岛油田 61 根海底输油管道仅有 5 根未被冲刷悬空，管道悬空高度平均值为 1.33 m，最大值为 2.5 m，平均悬空长度为 15.1 m，最大值为 30 m。结合理论计算结果和统计数据可以看出，野战输油管线在海底铺设运行时，短期内不会发生大尺度的冲刷现象。

参考文献

［1］李明高,李昕,冯新,等.波流作用下海底管—土相互作用研究综述[J].中国海洋平台,2007,22(4):23-31.

［2］Lambrakos K F,Chao J C,Beckmann H,et al. Wake model of hydrodynamic forces on pipelines[J]. Ocean Engineering,1987,14（2）:117-136.

[3] Soedigdo I R. Wake Ⅱ model for hydrodynamic forces on marine pipe-lines[D]. Texas:Texas A&M University,1997.

[4] Soedigdo I R,Lambrakos K F,Edge B L. Prediction of hydrodynamic forces on submarine pipelines using an improved wake Ⅱ model[J]. Ocean Engineering,1998,26(5):431-462.

[5] Sabag S R,Edge B L,Soedigdo I. Wake Ⅱ model for hydrodynamic forces on marine pipelines including waves and currents[J]. Ocean Engineering,2000,27(12):1295-1319.

[6] 孙昭晨,邱大洪. 作用于可渗可压缩海床上的墩柱底面上的波浪力[J]. 海洋学报,1989,11(3):364-371.

[7] 孙昭晨,邱大洪. 浅水区海底埋设管线上非线性波浪力[J]. 大连理工大学学报,2000,40(S1):95-98.

[8] Clukey E C,Jackson C R,Vermersch J A,et al. Natural densification by wave action of sand surrounding a buried offshore pipeline [C]//Offshore Technology Conference. Houston, Texas. Offshore Technology Conference, 1989: 6151.

[9] Kalliontzis C. Numerical simulation of submarine pipelines in dynamic contact with a moving seabed[J]. Earthquake Engineering and Structural Dynamics,1998,27(5):465-486.

[10] 栾茂田,张小玲,张其一. 地震荷载作用下海底管线周围砂质海床的稳定性分析[J]. 岩石力学与工程学报,2008,27(6):1155-1161.

[11] Jeng D S,Postma P F,Lin Y S. Stresses and deformation of buried pipeline under wave loading [J]. Journal of Transportation Engineering, 2001, 127(5):398-407.

[12] 李玉成,陈兵,王革. 波浪对海底管线作用的物理模型实验及数值模拟研究[J].海洋通报,1996,15(4):58-65.

[13] 秦崇仁,彭亚. 波浪作用下海底裸置管道周围的冲刷[J].港工技术,1995(3):7-12.

[14] Chiew Y M. Effect of spoilers on wave-induced scour at submarine pipelines[J]. Journal of Waterway,Port,Coastal and Ocean Engineering,1993,119(4):417-428.

［15］杨兵,高福平,吴应湘.单向水流作用下近壁管道横向涡激振动实验研究［J］.中国海上油气,2006,18(1):52-57.

［16］Jensen B L,Sumer B M,Jensen H R,et al. Flow around and forces on a pipeline near a scoured bed in steady current［J］. Journal of Offshore Mechanics and Arctic Engineering,1990,112(3):206-213.

［17］羊皓平.振荡流中的冲蚀及其对管线所受水动力特性的影响［D］.北京:中国科学院力学研究所,2001.

［18］浦群,李坤.管线振荡绕流对砂床的冲蚀［J］.力学学报,1999,31(6):677-681.

第6章　漂浮转接平台研究

在海洋环境下，机动式钢质管线无法与船舶直接连接进行淡水、油料等介质的输转作业，解决方法之一是设置漂浮转接平台，通过该平台先将机动式钢质管线与软质管线对接，进而与船舶连接，完成整条作业管线的铺设。

漂浮转接平台是机动式钢质管线与连接船舶软管的过渡转接平台，同时也是钢质管线在海上末端的固定装置。因此，漂浮转接平台要能够作为稳固钢质管线的海上支点，消除钢质管线尾段的摆动，同时实现与船舶转接；软管可沿平台360°旋转，防止船舶漂移时损坏管线；能够在紧急情况下进行应急控制，并提供操作平台。目前漂浮转接平台没有统一的结构设计，而是各工程项目依据实际应用环境具体设计的。本章结合某项目中漂浮转接平台的理论设计及海上试验情况对漂浮转接平台进行介绍。

6.1　漂浮转接平台简介

6.1.1　主要组成部分

漂浮转接平台主要由四个浮筒、操作平台、球阀和两个可转动转换接头组成，其结构形式如图6-1所示。

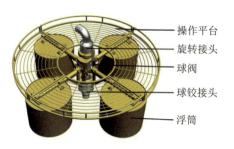

操作平台
旋转接头
球阀
球铰接头
浮筒

图6-1　漂浮转接平台结构示意图

（1）组成部分功能及特点

① 球铰接头。用于漂浮平台与软管的柔性转接，可沿轴线 45°摆动、360°旋转，并满足清管球作业要求。

② 旋转接头。该接头采用 90°弯头形式，阀体内部采用两层钢珠作为支撑，保证接头旋转灵活，同时又满足强度需求；内部采用通体式结构，保证清管球能够顺利通过。

③ 球阀。用于作业操作和危险情况下的紧急控制，防止泄漏等情况发生。

④ 操作平台。采用四片扇形叶拼接而成，为管线的安装、紧急控制阀的操作等提供平台。

⑤ 浮筒。为转接平台提供浮力，外层为钢板，内部填充泡沫，保证管线被海水腐蚀、撞击或者武器破坏后仍能有效工作。

（2）性能要求

漂浮转接平台的设计要充分考虑波流作用，以保证其稳定性和安全性，避免因稳定性较差而猛烈摇荡，因载荷过大而倾覆，甚至拉断缆绳或走锚。根据转接平台应用环境，其性能要求如下：

① 转接平台能在 4 级海况下生存，在 3 级海况下正常工作；

② 转接平台满足稳定性、可靠性两方面的要求，既满足结构摇荡幅值在规定范围内，又保证系泊安全；

③ 在满足条件①和②的前提下，尽量降低平台的总体质量、缩小储存体积，方便装备的存储、展开和撤收。

（3）平台参数

在某项目中根据两个不同的试验海域，设计了主要组成部件相同，尺寸、质量等参数略有区别的 A、B 两个漂浮转接平台，具体如表 6-1 所示。

表 6-1　漂浮转接平台结构参数

平台编号	平台总重/kg	浮筒外径/m	浮筒高度/m	配重/kg
A	724	0.73	0.859	
B	1172	0.96	0.696	395

6.1.2　浮力及波浪力计算

下面以漂浮转接平台 A 相关参数及其试验海域水文参数进行浮力及波

浪力计算。

6.1.2.1 浮力计算

假设四个浮筒完全沉入水面以下，则平台所受的浮力为浮筒所排开的海水总质量，即

$$F_浮 = \pi d^2 h \rho g \tag{6-1}$$

式中：$F_浮$ 为漂浮转接平台所受浮力；d 为浮筒外径；h 为浮筒高度；ρ 为海水密度。

平台所受浮力减去自身重力就是平台能承载的力，即

$$F_承 = F_浮 - G \tag{6-2}$$

海水密度取 1030 kg/m³，其他参数见表 6-1，代入式（6-2）得

$$F_承 = F_浮 - G = 3.14 \times 0.73^2 \times 0.859 \times 1030 \times 9.8 - 724 \times 9.8 \approx 7.42 \text{ kN}$$

浮筒沉入水面以下的高度为

$$h_1 = G/(\pi d^2 \rho g) = 0.42 \text{ m}$$

则浮筒高出水面的高度为

$$h_2 = h - h_1 = 0.439 \text{ m}$$

由计算结果可以看出，漂浮转接平台的浮力足够大，可以满足人员在平台上进行操作的需要。

6.1.2.2 波浪力计算

浮筒在海面上受到的载荷有波浪载荷、海流载荷和风载荷，各种载荷的性质和计算方法已经在前文中分析过，此处不再赘述。现在分析平台的最恶劣受力模式。

如图 6-2 所示，当载荷作用方向为图示箭头方向时，平台的四个浮筒均独立地承受正面载荷作用，假设浮筒间的受力互不影响，即浮筒的存在不影响周围流场，则平台的受力面为四个浮筒的受力面之和。

平台受波流载荷的面积（即水面以下浮筒截面积）为

$$A_1 = 4dh_1 = 4 \times 0.73 \times 0.42 = 1.2264 \text{ m}^2$$

平台受风载荷的面积为

$$A_2 = 4dh_2 = 4 \times 0.73 \times 0.439 \approx 1.2819 \text{ m}^2$$

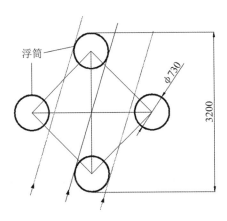

图 6-2　平台受力示意图（单位：mm）

取设计海况进行校核，波浪等级为 4 级自由波，海流速度为 1.5 节，风速为 26 m/s。波浪载荷计算采用自由波理论，根据式（4-2），漂浮转接平台所受的水平波浪力为

$$F_H = A |C\cos\theta| C\cos\theta + BD\sin\theta$$

式中：A 为与构件受力面积相关的参数，$A = \dfrac{1}{2}C_D\rho_w D$，此处应该将管径 D 改为上面计算出的 A_1；$B = \rho_w C_I \dfrac{\pi D^2}{4}$，此处直接写为 $B = 724 C_M$，计算得

$$(F_H)_{max} = 3.1143 \text{ kN}$$

海流载荷根据式（2-37）计算，得

$$F_D = \dfrac{1}{2}C_D\rho A u_c^2$$

式中：A 在此处应为上面计算出的 A_1，其他符号意义不变，经计算得

$$F_D = 346 \text{ N}$$

风载荷根据式（2-41）计算，风压 $P = 414.39$ Pa，高度系数取 0.64，形状系数取 1.0，可得

$$F_f = K_z \cdot K \cdot S \cdot P = 0.64 \times 1 \times 1.2819 \times 414.39 \approx 339.97 \text{ N}$$

假定波浪载荷和风载荷都以同一方向作用在平台上，则平台所受的最大力为

$$F_{和} = (F_H)_{max} + F_D + F_f = 3.80 \text{ kN}$$

根据锚抓力计算结果可知，50 kg 海军锚最大抓力为 3924 N。因此，将三个海军锚按 12° 角均匀布置，能够稳固平台，确保不出现超规定平移。

6.2 抗倾覆稳定性

漂浮转接平台的作用之一是为操作人员提供作业空间，因此在确保平台不发生大尺度平面漂移的基础上，还要保证在有人员作业时，其有足够的抗倾覆稳定性，防止倾覆失稳，造成安全事故。下面根据漂浮转接平台的结构，以最危险的状况进行分析。当操作人员站在平台的外侧时，漂浮转接平台最容易倾覆，如图 6-3 所示，选取图中 A、B 两个极端点进行分析（以 A 平台相关参数为例进行计算）。

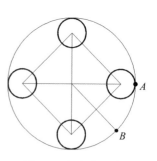

图 6-3 危险点示意图

6.2.1 A 点稳定性分析

当在 A 位置施加作用力时，假定浮筒的浮力作用点在浮筒的中心，漂浮转接平台的重力作用点也在平台中心，则漂浮转接平台的受力状况如图 6-4 所示，倾斜状况如图 6-5 所示。

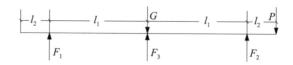

图 6-4 作用力作用在 A 位置时平台的受力图

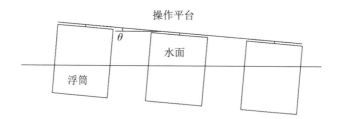

图 6-5 漂浮转接平台的倾斜状况

图 6-4 中，F_1 为左边浮筒的浮力，F_2 为右边浮筒的浮力，F_3 为中间两个浮筒的浮力，G 为漂浮转接平台的重力，P 为 A 点处的作用力。

$$F_1 = \pi R^2 H_1 \rho g \qquad (6-3)$$

$$F_2 = \pi R^2 H_2 \rho g \qquad (6-4)$$

$$F_3 = 2\pi R^2 H_3 \rho g \tag{6-5}$$

式中：H_1，H_2，H_3 分别为对应的浮筒在海水中的高度。

在垂直方向列平衡方程为

$$F_1 + F_2 + F_3 = G + P \tag{6-6}$$

以 F_2 的作用点列弯矩方程为

$$F_1 \cdot 2l_1 \cdot \sin\theta + F_3 \cdot l_1 \cdot \sin\theta + P \cdot l_2 \cdot \sin\theta = G \cdot l_1 \cdot \sin\theta \tag{6-7}$$

根据对称原理有

$$F_1 + F_2 = F_3 \tag{6-8}$$

将式（6-8）代入式（6-6）、式（6-7）解得

$$F_1 = \frac{G}{4} - \frac{P}{4} - P\frac{l_2}{2l_1} \tag{6-9}$$

$$F_2 = \frac{G}{4} + \frac{3P}{4} + P\frac{l_2}{2l_1} \tag{6-10}$$

将式（6-9）、式（6-10）代入式（6-3）、式（6-4）有

$$H_1 = \left(\frac{G}{4} - \frac{P}{4} - P\frac{l_2}{2l_1} \right) \Big/ \pi R^2 \rho g \tag{6-11}$$

$$H_2 = \left(\frac{G}{4} + \frac{3P}{4} + P\frac{l_2}{2l_1} \right) \Big/ \pi R^2 \rho g \tag{6-12}$$

$$\sin\theta = (H_2 - H_1)/2l_1 = \left(P + P\frac{l_2}{l_1} \right) \Big/ 2l_1 \pi R^2 \rho g \tag{6-13}$$

式中：θ 为漂浮转接平台的倾斜角度。

从式（6-13）中可以看出，要想提高漂浮转接平台的稳定性，缩小漂浮转接平台在边缘受到作用力时的倾斜角度，就需要增大浮筒之间的距离或增大浮筒的直径。

以漂浮转接平台 A 的尺寸为依据，计算漂浮转接平台在危险点 A 处能承受的最大作用力。漂浮转接平台的质量为 724 kg，浮筒半径为 0.365 m，浮筒高度 h 为 0.86 m，浮筒之间的距离 l_1 为 1.235 m，l_2 为 0.365 m。以左边的浮筒离开水面、右边的浮筒完全沉没在水下及漂浮转接平台的倾斜角度 $\theta = 30°$ 为漂浮转接平台倾覆的依据，即

$$H_1 = \left(\frac{G}{4} - \frac{P}{4} - P\frac{l_2}{2l_1} \right) \Big/ \pi R^2 \rho g \geqslant 0 \tag{6-14}$$

$$H_2 = \left(\frac{G}{4} + \frac{3P}{4} + P\frac{l_2}{2l_1} \right) \Big/ \pi R^2 \rho g \leqslant h \tag{6-15}$$

解式（6-14）和式（6-15）得

$$P \leqslant 2073 \text{ N}$$

将结果代入式（6-13）得

$$\sin \theta_1 = 0.2575$$

即 $\theta_1 = 14.92°$。

根据漂浮转接平台的设计要求，以最恶劣的工作海况进行计算。设定海况为 3 级，浪高约为 1 m，波长为 20 m，则系泊平台在此海况时的最大倾角约为

$$\tan \theta_2 = \frac{4H}{L} = 0.2$$

解得 $\theta_2 = 11.53°$，则漂浮转接平台总的倾斜角度为

$$\theta = \theta_1 + \theta_2 = 14.92° + 11.53° = 26.45°$$

该角度没有超过漂浮转接平台的最大允许倾斜角度。

通过上面的计算可知，该平台能满足 2~3 个 75 kg 的操作人员同时站在 A 点工作，因此漂浮转接平台在该位置能安全稳定地工作，不会倾覆。

6.2.2 B 点稳定性分析

当在 B 点位置施加作用力时，同样假定浮筒的浮力作用点在浮筒的中心，漂浮转接平台的重力作用点也在平台的中心，则漂浮转接平台的受力状况如图 6-6 所示，倾斜状况如图 6-7 所示。

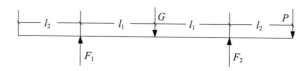

图 6-6 作用力作用在 B 位置时平台的受力图

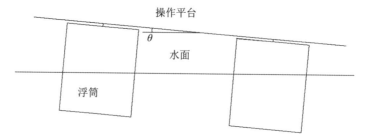

图 6-7 漂浮转接平台的倾斜状况

图 6-7 中，F_1 为左边浮筒的浮力，F_2 为右边浮筒的浮力，G 为漂浮转接平台的重力，P 为作用在 B 点的作用力。

$$F_1 = 2\pi R^2 H_1 \rho g \tag{6-16}$$

$$F_2 = 2\pi R^2 H_2 \rho g \tag{6-17}$$

式中：H_1，H_2 分别为对应的浮筒在海水中的高度。

在垂直方向列平衡方程为

$$F_1 + F_2 = G + P \tag{6-18}$$

以 F_2 的作用点列弯矩方程为

$$F_1 \cdot 2l_1 + P \cdot l_2 = G \cdot l_1 \tag{6-19}$$

由式（6-18）和式（6-19）解得

$$F_1 = \frac{G}{2} - P\frac{l_2}{l_1} \tag{6-20}$$

$$F_2 = \frac{G}{2} + P + P\frac{l_2}{l_1} \tag{6-21}$$

将式（6-20）、式（6-21）代入式（6-16）、式（6-17）有

$$H_1 = \left(\frac{G}{2} - P\frac{l_2}{l_1}\right) / 2\pi R^2 \rho g \tag{6-22}$$

$$H_2 = \left(\frac{G}{2} + P + P\frac{l_2}{l_1}\right) / 2\pi R^2 \rho g \tag{6-23}$$

$$\sin\theta = (H_2 - H_1)/2l_1 = \left(P + 2P\frac{l_2}{l_1}\right) / 2l_1 \pi R^2 \rho g \tag{6-24}$$

式中：θ 为漂浮转接平台的倾斜角度。

同样以漂浮转接平台 A 的尺寸为依据，计算漂浮转接平台在危险点 B 处能承受的最大作用力。两浮筒之间的距离通过三角关系计算，得到 l_1 为 0.873 m，l_2 为 0.727 m。

$$H_1 = \left(\frac{G}{2} - P\frac{l_2}{l_1}\right) / 2\pi R^2 \rho g \geqslant 0 \tag{6-25}$$

$$H_2 = \left(\frac{G}{2} + P + P\frac{l_2}{l_1}\right) / 2\pi R^2 \rho g \leqslant h \tag{6-26}$$

解式（6-25）和式（6-26）得

$$P \leqslant 2027 \text{ N}$$

将结果代入式（6-24）解得

$$\sin \theta_1 = 0.7321$$

即 $\theta_1 = 47.06°$，则漂浮转接平台总的倾斜角度为

$$\theta = \theta_1 + \theta_2 = 47.06° + 11.53° = 58.59°$$

该角度超出了漂浮转接平台的允许倾角，因此需要利用最大允许倾角反推漂浮转接平台能承受的载荷。

将最大允许倾角和相关参数代入式（6-27），求得允许载荷造成的最大角度为 $\theta \leqslant 18.47°$，代入式（6-24）得允许最大载荷为

$$P \leqslant 880 \text{ N}$$

该最大载荷能够支持一个操作人员于 B 点工作。

在某项目海上试验中，漂浮转接平台 A 通过了 4 级海况生存、3 级海况工作的验证，该平台设计合理，工作可靠。

6.3　动态响应分析

以漂浮转接平台 B 为例进行平台动态响应分析，其结构尺寸如图 6-8 所示，其他参数如表 6-1 所示。

该漂浮转接平台为了降低重心和平台露出水面的高度，在四个浮筒上添加了配重，配重采用在浮筒底部下挂的方式，由数个等质量模块构成，可根据需要确定具体挂载数量，操作方便。

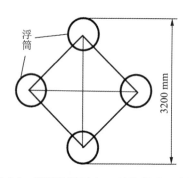

图 6-8　漂浮转接平台 B 结构尺寸示意图

6.3.1　理论分析

6.3.1.1　运动方程

漂浮转接平台作为一个整体，相对于平衡位置做摇荡运动，由牛顿运动定律可以得到在风、浪、流联合作用下的运动方程为

$$(\boldsymbol{M} + \boldsymbol{m})x + \boldsymbol{\mu}\,\dot{x} + \boldsymbol{k}x = F_z \qquad (6\text{-}27)$$

式中：$\boldsymbol{M}$ 为转接平台质量矩阵；$\boldsymbol{m}$ 为附加质量矩阵；x 为幅值响应算子；$\dot{x}$ 为幅值响应算子一阶导数；$\boldsymbol{\mu}$ 为附加阻尼矩阵；$\boldsymbol{k}$ 为静水恢复力矩阵；F_z 为主要考虑风、浪、流的外部载荷。

6.3.1.2 三维线性势流理论

以单个浮筒为研究对象，$D/L<0.15$，符合使用 Morison 方程计算波浪载荷的条件，但若以漂浮转接平台整体为研究对象，$D/L=0.16$，漂浮转接平台已进入大尺度结构物范畴，超出了 Morison 方程适用范围，因此使用三维线性势流理论进行分析与计算。

三维线性势流理论有如下假设：流体为理想流体，不可压缩并忽略表面张力，运动是无旋的，存在速度势，波浪为微幅波，水底为光滑的水平壁面，水深为常数，水中没有流。

速度势 Φ 在整个流域内满足质量连续性方程：

$$\nabla\Phi(x,y,z,t)=0 \tag{6-28}$$

并且速度势还应满足底部条件、自由面条件、物面条件、远方条件等边界条件。流场中总的速度势由入射波速度势、绕射势和辐射势叠加而成：

$$\Phi(x,y,z,t)=\Phi^I(x,y,z,t)+\Phi^D(x,y,z,t)+\Phi^R(x,y,z,t) \tag{6-29}$$

式中：Φ^I 为入射波速度势，表示流场中速度分布情况，但是不考虑入射波对流场的影响；Φ^D 为绕射势，表示结构物对流场速度势的影响；Φ^R 为辐射势，表示结构物六个自由度的运动和振荡对流场的影响。

求得速度势 $\Phi(x,y,z,t)$ 后，流场内的任一点压力可由伯努利方程给出，再通过求解压力分布函数即可得到作用在结构物上的载荷。

漂浮转接平台湿表面的水动压力、波浪力和力矩可以表示为

$$p=-\rho\frac{\partial\Phi(x,y,z,t)}{\partial t} \tag{6-30}$$

$$F_w=\iint\limits_{S_B}-p\boldsymbol{n}\mathrm{d}s \tag{6-31}$$

$$M_W=\iint\limits_{S_B}-p(\boldsymbol{r}\times\boldsymbol{n})\mathrm{d}s \tag{6-32}$$

式中：ρ 为海水密度；s 为单元面积；S_B 为平台湿表面；$\boldsymbol{r}$ 为浮体湿表面外切向量；$\boldsymbol{n}$ 为浮体湿表面外法向量。

6.3.2 模型建立及参数设置

大型分析软件可以用来解决浮体在环境载荷作用下的运动响应、系泊定位、海上安装作业、船舶航行及波浪载荷传递等问题。下文先建立漂浮转接平台系泊模型，再通过软件计算和分析漂浮转接平台的动态响应。

6.3.2.1 建立模型

考虑到模型结构会影响网格划分的质量和复杂度，从而影响计算结果的精度和计算用时，因此实际计算中需要对模型进行合理简化。转接平台上部的操作平台和接头部分受到的载荷主要为风载荷，而风载荷由于数值太小通常被忽略，所以将转接平台上部的操作平台及接头部分质量等效到浮筒上，从而将其简化。以水线面中心为原点建立坐标系，如图 6-9 所示。

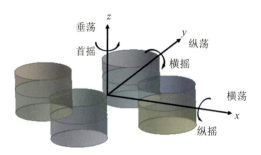

图 6-9　模型及坐标系示意图

6.3.2.2 参数设置

建好漂浮转接平台模型以后，对相关参数进行设置。

① 网格划分：容差 0.05 m，最大单元尺寸 0.1 m，划分为 4664 个单元。

② 环境载荷设置：由于在转接平台上的风载荷过小，故在计算中常将其忽略；海流载荷使用恒定流进行计算；波浪载荷选用不规则波，使用 Pierson-Moskowitz 谱，这种波谱适应于充分发展的海浪，其表达式为

$$S(\omega) = 0.0081 \frac{g^2}{\omega^5} \exp\left[-0.032\left(\frac{g}{\omega^2 H_s}\right)^2\right] \qquad (6-33)$$

式中：$S(\omega)$ 为海浪谱密度，$\text{m}^2 \cdot \text{s}$；$\omega$ 为波浪圆频率，rad/s；H_s 为有义波高，m。

③ 缆绳模型：缆绳使用非线性模型，使用八股 40 mm 涤纶缆绳对转接平台进行系泊，其参数如表 6-2 所示。

表 6-2　八股 40 mm 涤纶缆绳参数

名义直径/mm	直径/mm	单位长度质量/(kg·m^{-1})	最小破断力/kN	轴向刚度/kN
40	34	1.276	272.747	1744

④ 计算参数：频域计算 100 个频率的 RAO（幅值响应算子）值，频率范围由程序自主控制；时域计算，时间间隔 0.001 s，共计算 1000 s。

6.3.3　基于频域分析的 RAO 值研究

RAO 对应单位波幅规则波每个频率流过浮体引起的某个自由度幅值，反映了海上构造物每个自由度的波频响应。漂浮转接平台共有六个自由度，分别是横荡、纵荡、垂荡、纵摇、横摇和首摇，频域仿真 Aqwa 模型如图 6-10 所示。

图 6-10　频域仿真 Aqwa 模型

由于转接平台的结构形式为绕 z 轴中心对称分布，因此研究波浪方向角度对转接平台的影响时，考虑 0°~45°即可，选取 0°，15°，30°，45°四个波浪方向角度进行频域幅值响应算子的研究。当作用的波浪方向角度小于 45°时，横荡、垂荡和横摇三个自由度上的运动响应最大，不同波浪方向的对比计算结果如图 6-11 所示。

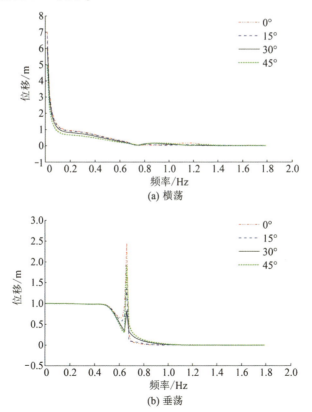

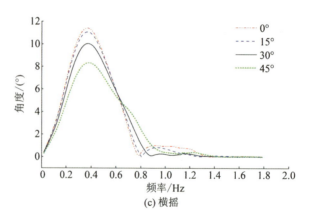

图 6-11 不同波浪方向频域幅值响应算子曲线对比

从图 6-11 中可见，三个自由度有着不同的运动响应变化，但每个自由度都有其对应的峰值频率。横荡方向上，幅值总体上随着频率和波浪方向角度的增加而减小，在波浪方向角度为 0° 时对应的峰值最大。垂荡方向上，四个波浪方向幅值随频率的变化规律基本一致，低频段位移幅值均接近于单位波幅，这与实际情况相符，当频率增加到某个数值后快速减小，但是在频率减小的过程中，四个波浪方向角度均在频率 0.66 Hz 时出现幅值突增，其中 0° 波浪方向角度幅值最大，考虑是转接平台在该频率发生共振造成的。横摇方向上，四个波浪方向角度随着频率的增加幅值存在起伏，0° 波浪方向角度峰值最大。总体而言，转接平台的运动响应主要集中在低频范围内，高频范围的运动响应较小；运动响应随着波浪方向角度的增加而减小，0° 波浪方向角度时的峰值最大，所以考虑转接平台的极限情况时应选择 0° 波浪方向角度。

6.3.4 基于时域分析的动态响应研究

下面分别对漂浮转接平台不同系泊方式、不同锚固位置和不同海况时的动态响应进行计算分析。漂浮转接平台的使用在深水区，因此选取计算海深为 20 m，使用浪、流方向均为 0° 的极限情况。

6.3.4.1 不同系泊方式

对单点系泊、四点系泊和八点系泊三种系泊方式进行动态响应分析，通过比较选择合适的系泊方式。水文参数选取转接平台的设计生存海况（4 级海况）相关参数，系泊参数如表 6-3 所示，具体系泊示意图如图 6-12 所示。

表 6-3　三种系泊方式详细参数

系泊方式	缆绳数目	缆绳长度/m	连接点位置/m	固定点位置
单点系泊	1	21	(0, 0, 0)	(0, 0, -20)
四点系泊	4	41	(0, 1.6, 0.3) (1.6, 0, 0.3) (0, -1.6, 0.3) (-1.6, 0, 0.3)	位于海底，绕 z 轴四点均匀对称分布，锚固点距离 z 轴 35 m
八点系泊	8	41	(0, 1.6, 0.3) (1.6, 0, 0.3) (0, -1.6, 0.3) (-1.6, 0, 0.3)	位于海底，绕 z 轴八点均匀对称分布，锚固点距离 z 轴 35 m

  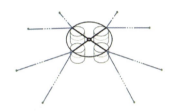

(a) 单点系泊　　　　(b) 四点系泊　　　　　　(c) 八点系泊

图 6-12　三种系泊方式示意图

三种系泊方式的动态响应最大值如表 6-4 所示，其运动响应曲线对比如图 6-13 所示。

表 6-4　不同系泊方式转接平台动态响应最大值

系泊方式	横荡/m	垂荡/m	横摇/(°)	缆绳拉力/N	起锚力/N
单点系泊	1.09	1.34	9.71	48720.43	47852.75
四点系泊	1.14	1.34	9.46	12027.10	3703.20
八点系泊	1.10	1.28	9.99	6668.55	2246.66

从表 6-4 和图 6-13 中可以看出，不同自由度上三种系泊方式的运动响应差别不大，其运动响应峰值也非常接近，三种系泊方式的最大横荡为 1.14 m，最大垂荡为 1.34 m，最大横摇为 9.99°，均对转接平台运动进行了有效约束，满足转接平台在生存海况下的要求。各缆绳因浪、流方向受力存在差异，选取每种系泊方式最大的缆绳拉力和其对应的起锚力，受力曲线对比如图 6-14 所示。

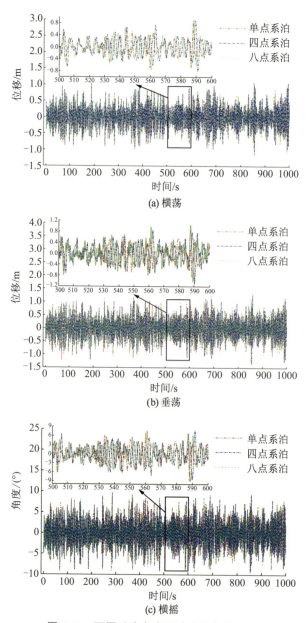

图 6-13　不同系泊方式运动响应曲线对比

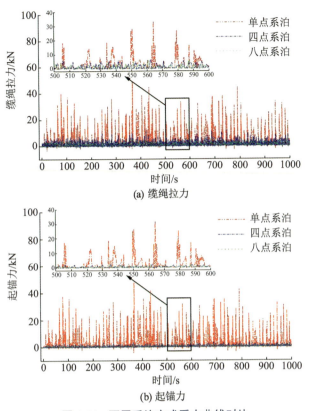

图 6-14　不同系泊方式受力曲线对比

从图 6-14 和表 6-4 中可以看出，单点系泊的缆绳拉力和起锚力分别达到了 48720.43 N 和 47852.75 N，明显高于四点系泊和八点系泊，这是由于单点系泊中只有一根缆绳和一个锚固点承受载荷，虽然缆绳安全系数 5.60 满足安全条件，但是由于所需锚固力过大，需要大型锚或者海底固定装置进行锚固，不符合设计要求中"便于展开、撤收"的规定。

四点系泊和八点系泊相比较，八点系泊的缆绳拉力和起锚力的值均小于四点系泊，但是增加了一倍缆绳数量和锚固点，考虑到八点系泊运动响应没有得到提升，并且四点系泊的起锚力最大值 3703.20 N 满足较小锚固的要求，因此综合考虑认为四点系泊方式更加符合转接平台的设计要求。

6.3.4.2　不同锚固位置

前文中四点系泊的锚固是按照锚固点距离 z 轴 35 m 进行计算的，下面对锚固点距离 z 轴从 15 m 到 85 m，每间隔 10 m 进行一次计算，分析转接平台动态响应的变化，计算结果如表 6-5 所示。

表 6-5 不同锚固位置转接平台动态响应最大值

锚固位置	横荡/m	垂荡/m	横摇/(°)	缆绳拉力/N	起锚力/N
15 m	1.148	1.362	9.491	14544.89	11413.99
25 m	1.142	1.361	9.559	11869.51	6485.19
35 m	1.141	1.344	9.460	12027.10	3703.20
45 m	1.128	1.356	9.543	12655.36	3083.51
55 m	1.142	1.353	9.685	12290.93	2514.00
65 m	1.144	1.359	9.657	14482.54	2055.36
75 m	1.142	1.363	9.596	14989.23	1783.50
85 m	1.140	1.362	9.560	15888.74	1625.48

从表 6-5 中可以看出，不同锚固位置情况下转接平台的横荡、垂荡和横摇运动响应非常接近，它们的最大差值占比分别仅为 1.74%，1.39%，2.32%，可见锚固点位置对转接平台的运动响应影响不大。缆绳拉力随着距离的增加虽存在数值上的起伏，但是其安全系数的最大值仍为 17.2，故锚固位置的选择不影响缆绳的安全。起锚力随着锚固点与 z 轴的距离的增加而减小，将其变化绘制成曲线，如图 6-15 所示。

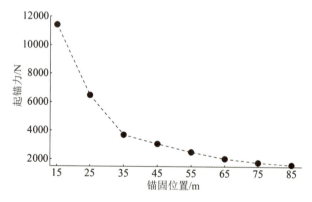

图 6-15 不同锚固位置起锚力变化曲线

从图 6-15 中可以看出，锚固位置 15～35 m 起锚力下降迅速，斜率为 385.5 N/m，而由 35～85 m 的位置起锚力下降变得缓慢，斜率仅为 41.6 N/m。锚固位置选择过远会增加装备展开人工成本，所以尽量选择在 35 m 以内较远的距离锚固，这样既能有效节省人工，又能降低对锚固力的要求。

比较漂浮转接平台与漂浮钢质输油管线在锚固位置对锚固力的影响，发现两个模型同样使用 20 m 水深进行计算，其结果非常类似，均是在锚固位置超过 35 m 后起锚力的变化才较缓慢，在漂浮钢质管线中称这个距离为锚固适宜极限，对于漂浮转接平台也可以称其为锚固适宜极限。

6.3.4.3　不同海况

为了更加全面地考察转接平台的性能，分别对不同海况下的计算结果进行对比，由前文可知四点系泊方式更加适合转接平台的设计要求，因此在四点系泊方式下分别对 2 级、3 级、4 级海况的平台动态响应进行计算，海况参数见表 6-6，计算结果见表 6-7。

表 6-6　海况参数

海况等级	有义波高/m	波浪周期/s	海流/(m·s^{-1})
2 级	0.50	2.5	0.514
3 级	1.00	3.1	0.600
4 级	1.45	3.6	0.772

表 6-7　不同海况下转接平台动态响应最大值

海况等级	横荡/m	垂荡/m	横摇/(°)	缆绳拉力/N	起锚力/N
2 级	0.397	0.461	4.90	4367.99	1225.10
3 级	0.756	0.879	7.62	8830.99	2529.92
4 级	1.140	1.340	9.46	12027.10	3703.20

由表 6-7 可见，随着海况等级的增加，转接平台的运动响应、缆绳拉力和起锚力都增加，即使在最恶劣的 4 级海况下，转接平台的系泊系统依然非常可靠，满足转接平台在 4 级海况下生存的要求。在 3 级海况下，转接平台的最大倾角为 7.62°，而平台的入水角为 10.62°，其抗倾安全系数为 1.39，而一般要求漂浮平台最大倾角小于 10°，所以转接平台在抗倾覆性能上符合要求；在横荡、垂荡、缆绳拉力和起锚力上，与 4 级海况相比均明显减小，远远小于要求值，故在 3 级海况下该转接平台各项性能符合输转作业的要求。在 2 级海况下转接平台的运动响应非常小，平台可稳定运行。

参考文献

［1］谢建华. 关于浮体的平衡与稳定性［J］. 力学与实践，2010,32（5）：77-80.

［2］岳曾元. 浮体平衡稳定性的研究和应用［J］. 力学与实践，2020,42（1）：1-12.

［3］沈庆,陈徐均,江召兵. 浮体和浮式多体系统流固耦合动力分析［M］. 北京:科学出版社,2011.

［4］戴仰山,沈进威,宋竞正. 船舶波浪载荷［M］. 北京:国防工业出版社,2007.

［5］高巍. ANSYS AQWA 软件入门与提高［M］. 北京:中国水利水电出版社, 2018.

［6］Sultania A,Manuel L. Long-term reliability analysis of a spar buoy-supported floating offshore wind turbine［C］∥ASME 2011 30th International Conference on Ocean, Offshore and Arctic Engineering, 2011:809-818.

第7章 机动式应急管线水域救援应用实例

7.1 装备系统简介

船载液态危化品快速应急输转系统为国家重点研发计划项目课题"水上大规模遇险人员快速撤离与船载液态危化品快速应急输转技术研究"（课题编号：2018YFC0810402）研究成果，由陆军勤务学院国家救灾应急装备工程技术研究中心和中国船舶重工集团应急预警与救援装备股份有限公司联合研制。系统基于机动式应急管线，主要用于内河与近海船载散装液态危化品应急输转，具备危化品卸载、输转和岸滩应急储存等功能。

该套系统作业环境包括近海和内海，具体指标如表 7-1 所示。

表 7-1 船载液态危化品快速应急输转系统具体指标

指标	近海条件	内河条件
离岸距离	≥700 m	≥700 m
适应水深	10~20 m	10~20 m
适应流速	2 节（≈1.0 m/s）	2.0 m/s
适应海况	2 级（展开/撤收）、3 级（输转）、4 级生存	—
适应环境温度	0~46 ℃	0~46 ℃

由于该套系统需要人工辅助操作，且系统运行前需向遇险船舶投放潜油泵以抽取危化品，因此对事故船状态有一定要求，即运输船离岸搁浅且系泊可靠、运输船失去动力且系泊可靠、人孔盖开关正常或具备甲板开孔条件。危化品状态应具备人员接近和现场作业的安全保障条件。

2021 年 9 月 28 日至 29 日，该系统在湖北省赤壁市陆水湖试验场进行了系统全过程试验及应用示范。来自中国人民解放军陆军研究院、武汉理工大学等单位的 9 名评估专家及用户代表对系统进行了实地评估，并给出高度评价。

7.2 系统组成

船载液态危化品快速应急输转系统主要由 1 个动力平台、1 套输转系统、1 台动力平台作业车、1 艘辅助作业艇和辅助设备等组成，如图 7-1 所示。

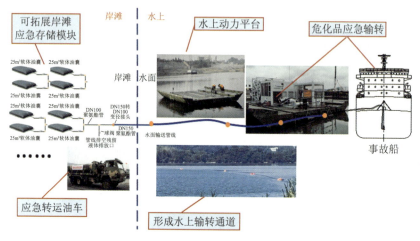

图 7-1　船载液态危化品快速应急输转系统装备

7.2.1 动力平台

动力平台为四折式舟桥结构（图 7-2），作为系统布设的基本平台结构，根据输转系统布局，在平台甲板内安装地铃、护舷扣、栏杆座等组件，用来固定作业模块，该平台主尺寸能适应公路、铁路和水路运输，采用动力平台作业车进行运输及泛水作业。

图 7-2　动力平台

动力平台采用内置动力推进系统，主要由船外机、转向机构、油门控制结构、燃油箱和蓄电池等组成。地铃等安装后不影响平台正常折收。

7.2.2　输转系统

输转系统用于在内河及沿海合适区域建立快速输转卸载通道，由软管绞车总成、动力模块、输转模块、岸滩模块、锚固系统、吊架、导向滚轮、液压系统和气动系统等组成，如图 7-3 所示。

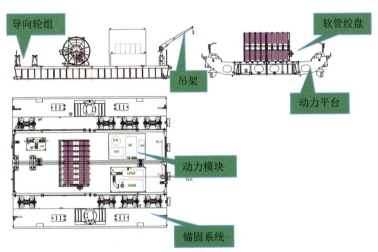

图 7-3　输转系统

7.2.2.1　软管绞车总成

软管绞车总成由软管绞盘和软管组成，是实现危化品输转的基础。
软管绞盘用于盘卷、铺设和回收水上漂浮软管，主要由软管卷盘、轮盘限位装置及轮盘刹车装置等组成,由液压马达驱动,如图7-4所示。其中,软管卷盘用于盘卷软管,驱动系统由操纵、制动、液压系统等组成,其动力源由动力模块提供。内圈直径400 mm,软管压扁厚度20 mm,卷绕后直径1720 mm。软管收放速度15 m/min,额定拉力36.2 kN,减速比1∶9,马达转速范围为37~107 r/min,最小扭矩2500 N·m。软管卷盘技术性能参数见表7-2。

图7-4 软管绞盘

表7-2 软管卷盘技术性能参数

序号	性能	参数
1	总长	≈3.1 m
2	总宽	≈1.55 m
3	总高	≈1.53 m
4	盘卷容量	900 m
5	额定负载	≥36 kN
6	系统压力	16~20 MPa
7	收放速度	≥15 m/min
8	整备质量	≤3 t

软管采用$\Phi150/1.6$ mm的聚氨酯软管,额定压力为1.0 MPa,抗拉强度为127 kN,单位管长重约2.5 kg。根据软管锚定要求,软管按照115 m长

7 根、50 m 长 2 根、30 m 长 2 根配置，其软管接头采用 Φ150CRJ 接头（图 7-5）。

图 7-5　CRJ 接头

CRJ 接头为铝合金材质，带挂锚挂耳，最大抗拉力为 200 kN。

7.2.2.2　动力模块

动力模块主要用于为各机构动作提供液压动力源和气源，主要由液压泵站和气动泵组组成，如图 7-6 所示。液压泵站额定工作压力为 25 MPa，柴油机带动功率为 152 kW；气动泵组压力为 0.5 MPa，排气量为 4~5 m³/h。

图 7-6　动力模块

液压系统主要用于驱动液压执行元件，主要由多路阀、液压泵站、液压马达和管路等组成。系统以柴油机为动力，通过油泵将软管绞车回转马达的液压能转换成机械能，完成软管的展开与撤收工作；油泵驱动输转泵马达、潜油泵马达完成危化品的输转，油泵驱动气动泵组马达、回油冷却马达完成危化品输转后气动扫线。系统额定工作压力为 25 MPa，共包含软管卷盘马达、输转泵马达、潜油泵马达、气动泵组马达、回油冷却马达五个回路，各执行机构与液压泵站均通过带快插接头的液压软管连接。气动系统为扫线清管提供气源。

动力模块的主要技术参数如下：

① 泵站额定工作压力为 25 MPa；

② 泵站额定工作流量为 200 L/min；

③ 泵站柴油机型号为 WP6C140，额定功率为 103 kW；

④ 泵站连续工作时间应不小于 12 h；

⑤ 油箱容积为 800 L；

⑥ 液压油清洁度按《液压传动 油液 固体颗粒污染等级代号》（GB/T 14039—2002）规定的 17/14 级要求执行；

⑦ 泵站外形尺寸为 2.5 m×1.5 m×1.6 m。

7.2.2.3 输转模块

输转模块主要包含泵送系统和扫线系统两部分。其中，泵送系统用于完成危化品从船舱内汲取及长距离输转，主要包含输转泵和潜油泵两部分，如图 7-7 所示。输转泵最大扬程为 100 m，可满足长距离输转及翻坝需要；潜油泵最大扬程为 40 m，可满足各类危化品船只汲油要求。两泵流量互相匹配，可保证系统连续、稳定地运转。

(a) 输转泵　　　　　　　　　　　　　　(b) 潜油泵

图 7-7　输转泵和潜油泵

泵送系统配置见表 7-3。

表 7-3　泵送系统配置表

序号	名称		数量	单位	备注
1	液压驱动潜油泵组	潜油泵	1	台	
		马达	1	台	
		联轴器	1	套	
		马达连接架	1	件	
		吊装盘	1	套	
		出口转接装置	1	套	
		泵组支吊架	1	套	
2	液力驱动输转泵组	输转泵	1	台	
		马达	1	台	
		联轴器	1	套	
		马达连接架	1	件	
		焊接底座	1	件	
		减震垫	4	套	
		进口变径管	1	件	管顶平接 DN150-DN100
		进出口转换装置	2	套	进出口各 1
3	三通球阀		1	个	DN150
4	液压油管 M27		2	根	每根 40 m
5	液压油管 M33		2	根	每根 5 m
6	手动油管卷盘		1	套	可同时卷 2 根 40 m 长油管
7	软管支架		1	套	
8	测温装置		2	套	PT100
9	测压装置		2	套	防爆感应式，压力表测量范围为 0~2.5 MPa

　　扫线系统由气源驱动，用于危化品输送、卸载完成后进行残余危化品的清理，主要包括发球装置（图 7-8）、收球装置（图 7-9）和扫线球。扫线球采用简易海绵球。收、发球装置均直接接入输转管线，其中发球装置接入输转泵后的管线，收球装置接入岸滩模块后的管线。使用扫线系统时，先关闭发球装置的换向阀，使其与输转泵断开；再关闭收球装置换向阀，使其与存储模块分离；然后打开发球端盖，放入扫线球，随后关闭端盖，连接气源，开始扫线，残余危化品及扫线球从收球装置处排出。

图 7-8　发球装置　　　　　　　　图 7-9　收球装置

7.2.2.4　岸滩模块

岸滩模块（图 7-10）具有截止、系固、终端压力显示、功能转换等功能，由金属框架结构、阀门、三通阀、压力表组成，终端一端与输油软管连接，另外两端与存储单元连接。

岸滩模块系固示意图如图 7-11 所示。

图 7-10　岸滩模块

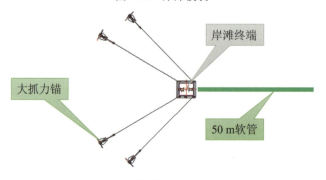

图 7-11　岸滩模块系固示意图

7.2.2.5　锚固系统

根据计算及设计需要，每间隔 100 m 在软管接头处布设一个或两个 75 kg 大抓力丹福斯锚，其带有 Φ10 mm 锚绳 70 m；为防止接头处下沉严重，每个接头上系两个 Φ400 mm 浮球，单个浮球浮力 50 kg，如图 7-12 所示。根据装备应用场景，内河高流速区域和沿海湖泊区域选用单面投锚和双面投锚的方式。系固装置参数见表 7-4。

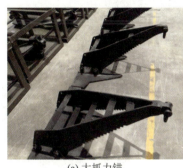

(a) 大抓力锚　　　　　　　　　　(b) 单耳浮球

图 7-12　大抓力锚及单耳浮球

表 7-4　系固装置参数

装置	性能	参数
75 kg 丹福斯锚	总长	1080 mm
	总宽	830 mm
	总高	260 mm
锚绳	总长	70 m
浮球	直径	400 mm
	浮力	50 kg

7.2.2.6　吊架

吊架主要用于辅助漂浮软管布设平台起吊各种设备到事故船上，由吊杆、底座、绞盘等部件组成，重约 119 kg，额定吊重 250 kg，如图 7-13 所示。吊架通过下部底座与动力平台连接，采用手摇绞盘起吊潜油泵等设备，上部可回转。

图 7-13　吊架

7.2.2.7　导向滚轮

为了便于软管在动力平台上连接与收放，在电缆卷盘前端设置了一组导向滚轮（图7-14），包含减摩滚筒和接头固定器。减摩滚筒起软管导向作用，接头固定器在两软管连接时牵拉已释放的软管接头，最大可承受拉力 50 kN。

7.2.3　动力平台作业车

动力平台作业车主要用于动力平台的运

图 7-14　导向滚轮

输、泛水作业和撤收作业，有效提升装备的陆路运输效率，如图7-15 所示。

图 7-15　动力平台作业车

7.2.4　辅助设备

辅助设备由集装托盘、岸滩危化品储存软囊、海上系固装置和辅助工具等组成。

7.2.4.1　集装托盘

本系统所有作业模块（动力平台和辅助作业艇除外）均采用集装托盘放置及运输，系统共有 2 件托盘（图 7-16）。

图 7-16　托盘

托盘按集装箱标准尺寸设计，预留有叉车孔、集装箱锁紧接口及系留固定拉环。

7.2.4.2　岸滩危化品储存软囊

储存软囊主要用于临时存放泵送到岸上的危化品，由囊体、进出口、排污口、安全阀和提手组成，囊体外形呈枕形，内部设有防波板，容积为 25 m³，软体油囊指标参数见表 7-5。

表 7-5　软体油囊指标参数

序号	指标	参数
1	额定容量	25 m³
2	空罐折叠尺寸	1.05 m×0.8 m×0.4 m
3	空罐质量	120 kg
4	进出口数量	1 个
5	进口法兰尺寸	DN100

岸滩系统结构包括 2 个 25 m³ 软体油囊、1 个 DN150 转 DN100 变径接头、DN100 聚氨酯管线、球阀、接头等，如图 7-17 所示。

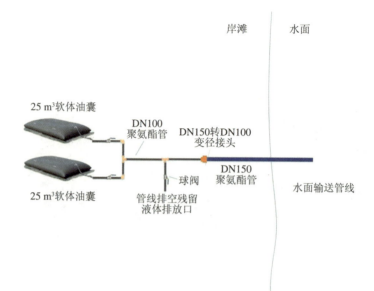

图 7-17 岸滩系统

7.2.4.3 海上系固装置

海上系固装置的作用是防止管线布设初期被拽入海中，设置了 2 根 30 m 长的 Φ10 mm 系留索系固于事故船上（图 7-18）。

7.2.4.4 辅助工具

辅助工具主要用于作业人员安全防护、操作及维修。

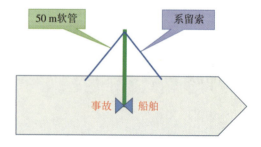

图 7-18 海上系固装置

7.3　关键技术

装备研制过程中攻克的关键技术有以下几种。

7.3.1　漂浮管线输送技术

相比于以沉底机动式管线为基本形式的应急输转系统，利用漂浮管线输送（图7-19）具有布设快速、轻量便携的优点，更加符合应急救援的要求。借鉴漂浮管线油料卸载系统、岸滩油料补给系统等成熟的漂浮管线输转系统，在船载危化品快速输转应用场景中，应用漂浮软管技术构建一条由岸到事故船的液货快速输转通道，可在船舶还未倾覆时及时将危化品回收上岸，减轻对海洋（内河）环境造成的污染。但漂浮管线在大流速水面上易出现漂移，从而易造成管线断裂。因此，管线的稳固对系统正常运行意义重大。

图 7-19　漂浮管线油料输送

根据系统的总体输送要求，综合考虑输送阻力、卸载泵组等选型设计，拟采用 $\Phi150/1.6$ mm 聚氨酯软管作为输送通道，额定压力为 1.6 MPa，抗拉强度为 127 kN。不同管径的流量、长度的总摩阻损失见表 7-6 和表 7-7。

表 7-6　流量、长度的总摩阻损失（管径 100 mm）　　　　　　　m

长度/m	流量（100 m³/h）	流量（150 m³/h）
700	1.594	3.538
800	1.816	4.037
900	2.039	4.537

表 7-7　流量、长度的总摩阻损失（管径 150 mm）　　　　　　　　m

长度/m	流量（100 m³/h）	流量（150 m³/h）
700	0.225	0.470
800	0.251	0.532
900	0.278	0.594

7.3.2　管线轻型锚泊技术

为了提高管线输转作业的稳定性和展开撤收的安全性，采用拉锚对海上（内河）漂浮软管进行定位。该锚泊系统由 75 kg 大抓力锚和轻型锚链组成，软管每隔 100 m 便在接头处设置一个锚泊系统，这不仅可以降低软管受到的力，还能够有效地降低大抓力锚的质量和尺度。锚泊系统布设见表 7-8。

表 7-8　锚泊系统布设

锚点数量/个	间距/m	软管张力/N	软管矢度/m	拉锚拉力/N	锚间软管长度/m
3	300	15455	92	23944	375
4	200	10303	61	15962	250
7	100	5152	31	7980	125

根据国内外管线锚固的使用经验，基本使用轻量化的有杆大抓力锚，如 75 kg 斯达托锚，75 kg、100 kg 丹福斯锚（图 7-20）。大抓力锚性能参数见表 7-9。这些类型的锚的啮土面积大，抓持的深度大且底质多，抓力特大，其横杆还可防锚爪倾翻。通过计算，在技术设计中选用 75 kg 丹福斯锚。

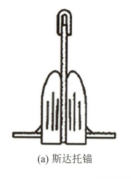
(a) 斯达托锚

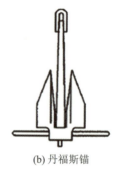
(b) 丹福斯锚

图 7-20　有杆大抓力锚

表 7-9　大抓力锚性能参数

锚型	主尺寸	抓力系数
75 kg 斯达托锚	990 mm×840 mm×280 mm	20~25
75 kg 丹福斯锚	1080 mm×830 mm×260 mm	25~30

7.3.3　管线快速展开/撤收技术

为了提高管线展开、撤收等作业的效率，采用液压式软管绞车盘卷展开和撤收漂浮软管。现役软管绞车大致有整体排管式和分盘式（无排管）两种，结合本方案的应用环境，采用分盘式（无排管）绞车。

软管漂浮在水面，主要承受以下几种力的作用：软管与水之间的摩擦力、水流对软管的作用力、风对软管的作用力、软管与承载物之间的摩擦力（表 7-10）。因此，软管绞车只有克服上述作用力，才能有效地展开和撤收，根据外购协议，绞车额定抗拉力为 40 kN，满足使用要求。

表 7-10　软管漂浮在水面时的受力情况

环境	软管长度/m	水流速度/(m·s⁻¹)	软管与水之间的摩擦力/N	水流对软管的作用力/N	风对软管的作用力/N	软管与承载物之间的摩擦力/N	软管绞车所需拉力/N
近海条件	900	1	6563	1835	780（4 级）	2203	12520
内河条件	900	2	17551	7020	2415（6 级）	5990	36274

7.3.4　危化品舱内泵送技术

由于卸载船舱里的危化品时需要采用潜泵进行卸载作业，而危化品为易燃易爆品，因此潜泵只能选择液压驱动方式。若一次性泵送上岸，则潜泵需要具有大流量、高扬程、高可靠性等性能；另外，船舱盖开口较小，液压潜泵的体积也受到一定限制。因此，本方案选择两次接力泵送上岸的方式。

本方案中危化品船端的潜泵具备扬程 40 m 的输送能力，因此中端接力泵组需要 54 m 的扬程输送能力。实际设计时按扬程 100 m 进行，有一定冗余。

计算管径为 150 mm，满足流量为 100 m³/h 的指标，其油泵所需的压头值见表 7-11。

表 7-11　管径 150 mm、流量 100 m³/h 下油泵所需压头值

管径/ mm	软管 长度/m	管内流速/ (m·s⁻¹)	沿程摩 阻因数	管路阻力 损失/m	输送 高差/m	管线终 端剩余 压头/m	油泵所需 压头/N
150	900	1.57	0.029	44	20	20	84

7.3.5　清管扫线技术

漂浮软管输转后，管内充满液体，撤收漂浮软管前，必须先对软管进行清管扫线作业。特别是本系统在岸边作业，若扫线不干净，很容易污染海洋（内河）环境。传统扫线手段分为两类：一是球扫，即高压气体顶推扫线球清管残余液体，球扫装置主要由扫线球、收发球筒、空压机等组成；二是气扫，即高压气体顶推残余液体实现清管作业。

本方案在高压气体顶推扫线球清管残余液体的基础上对其作业原理及执行机构进行优化，采用非常简洁的收、发球装置，实现对残余液体较好的清扫效果。

7.4　系统作业过程

7.4.1　作业平台及作业艇入水

当内河或近海船载危化品发生泄漏时，集成装载了系统的专用车辆机动运输至岸边，通过液压驱动的车载专用作业机构将作业平台投放至水面，作业平台利用水的浮力和自身扭力杆作用泛水自动展开。由于系统的布设和运行需要人工辅助，因此在作业平台入水后，作业艇也应同时投入水域作业，如图 7-21 所示。

图 7-21　动力平台入水

7.4.2　作业平台搭载

通过辅助吊车依次将泵送系统、软管绞车（含软管）、扫线气动泵组、液压泵站、吊架、防护栏杆、锚固系统、护舷等吊装至作业平台，通过螺栓连接将以上部件固定至动力平台的相应位置。作业平台自带动力，可通过左右两侧设置的舷外机航渡，并能够在水域中实现前进、后退、转向等操作。

7.4.3　搭载部件连接

通过干式自封液压快速接头将液压泵站的液压管与泵送系统、软管绞车、扫线气动泵组等部件的驱动装置和液压管路连接。

7.4.4　水上管线展开

① 在岸滩开挖地锚坑，通过锚绳固定管线端部。

② 起动动力平台前行，同步起动软管绞车释放管线，控制前行速度和释放速度，避免管线张紧或堆积。

③ 当释放到 110 m 处的管线接头时，在接头上加挂 2 个 $\Phi 400$ mm 浮球，单个浮球浮力为 50 kg，防止管线下沉。

④ 起动辅助动力平台，将固定锚抛至预定水域，并将锚绳与接头可靠连接，直至管线铺设完成。

7.4.5 潜油泵投送

① 利用动力平台上自带的专用吊架，将潜油泵、输送管线和液压管路吊装至事故船的甲板并进行可靠连接，根据事故船船舷的高度调节吊架高度。

② 通过吊装三脚架将潜油泵投放至液货舱并固定。

7.5 装备系统主要创新技术

系统研制过程中，我们揭示了在复杂载荷耦合作用下水面管线系统力学特性及动力响应规律，攻克了复杂水域工况装备系统快速展开技术、水面漂浮管线系统安全稳固技术、管线排空及岸滩应急储存技术等关键技术，开发了自行式水上作业平台、岸滩液压辅助回收装置以及集成式收、发球装置等关键部件，研发了国内首套船载液态危化品快速应急输转系统。主要创新技术如下。

7.5.1 复杂水域工况装备系统快速展开技术

围绕系统快速展开，攻克和研发了三项关键技术。

① 针对近海港口码头及内河水域特点，采用高强度聚氨酯软质管线，开发了基于加强钢索端头稳固、钢索悬度动态调整、管线悬挂牵引的快速展开技术，和基于软质管线水面分段牵引、分段锚固、分段连接的快速展开技术；

② 攻克了平台高流速压浪、整体结构优化、动力合理匹配、岸滩液压辅助回收、平台整体自装卸车载集成等关键技术难题，创新研发了自带动力和吊装机构的折叠式水上作业平台，在无需人工或其他吊装设备辅助的情况下，实现了平台自动入水和即时展开，适应水流速度达 3 m/s，可在 2 级海况下展开，3 级海况下作业，4 级海况下生存；

③ 开发了管线密闭输送及控制技术，保障了管线系统"进站不欠压、出口不超压"，实现了管线系统的一键起动和连续可靠运行。

7.5.2　水面漂浮管线系统安全稳固技术

围绕大流速、高海情水域环境管线稳定性及可靠性，避免管线拉断和大范围漂移，开发和优化了三项关键技术。

① 基于水域环境下管线受到的复杂载荷计算方法及耦合作用机理，研究了管线系统的沉浮条件，开发了动态平衡技术，优化了适应管线系统自重的浮体布置跨距及结构尺寸，保障了管线系统合理的浸没深度；

② 综合分析管线展开效率、管线强度及作业强度等因素，基于不同锚型及水底锚固条件，优化了布锚间距，保障了管线系统的稳定性；

③ 开发了基于加强钢索的管线稳定技术，实现了管线集中载荷均匀化，并可根据水面载荷状况动态调整钢索悬度及张力，保持了管线系统在水面的合理受力状态，创新研制了高强度快速接头。

7.5.3　管线排空及岸滩应急储存技术

围绕水上管线系统内输送介质高效排空、安全保障及岸滩应急储存，实现了以下技术突破。

① 基于气顶隔离球排空方法，设计了适应岸滩软体储油囊的气顶排空工艺流程；

② 创新研制了集成式收、发球装置，大幅简化了收发球工艺流程，减小了体积质量，研究的阻力控制技术能够适应气液两相流流速变化，维持排空流速的总体稳定，避免了排空末端危险混合气体高速冲击造成的管线失稳、静电积聚及火灾爆炸等安全事故发生，保障了气顶排空安全；

③ 研究了适应岸滩复杂地形的模块化储油囊及快速连接组件，能够根据现场条件快速构建相应的组合模式和储备容量，软体储油囊及输出接口、连接管线等配套组件可满足地面管线输送、罐车运输及油船输送等要求的不同的二次转运方式。

在以上基础上，研发了由抽油及加压方舱、水上作业平台、水上管线系统、岸滩储存油囊四个单元构成的成套装备系统，实现了地面快速机动、水上快速展收、系统快速投运，满足了近海港口码头及内河遇险危化品船舶高效救援的需要，填补了研究空白。